Secrets of the Baby Whisperer
for Toddlers

婴语的秘密②

美国超级育儿师教你养育1-3岁宝宝

〔美〕特蕾西·霍格 梅琳达·布劳 /著 张利新 /译

天津出版传媒集团

天津人民出版社

图书在版编目（CIP）数据

婴语的秘密. 2，美国超级育儿师教你养育1—3岁宝
宝 ／（美）特蕾西·霍格，（美）梅琳达·布劳著；张利
新译. -- 天津：天津人民出版社，2017.6
　　ISBN 978-7-201-11757-7

　Ⅰ．①婴… Ⅱ．①特… ②梅… ③张… Ⅲ．①婴幼儿
－哺育－基本知识 Ⅳ．①TS976.31

　　中国版本图书馆CIP数据核字(2017)第107923号

婴语的秘密2
SECRETS OF THE BABY WHISPERER FOR TODDLERS
（美）特蕾西·霍格（美）梅琳达·布劳　著

出　　版	天津人民出版社
出 版 人	黄　沛
地　　址	天津市和平区西康路35号康岳大厦
邮政编码	300051
邮购电话	(022) 23332469
网　　址	http://www.tjrmcbs.com
电子信箱	tjrmcbs@126.com

责任编辑	伍绍东
版式设计	刘增工作室版式设计制作（电话：13521101105）

制版印刷	三河市人民印务有限公司
经　　销	新华书店
开　　本	710×1000毫米　1/16
印　　张	17.5
字　　数	300千字
版次印次	2017年6月第1版　2017年6月第1次印刷
定　　价	42.80元

前　言

蹒跚学步时期的挑战

有这样一句古老的谚语："认真对待你许下的愿望，这样你才可能实现它。"宝宝已经八个月大了，像大多数父母一样，我想你会希望育儿之事变得简单起来。做妈妈的祈祷着宝宝不再因为肚子痛而哭闹，能整夜安睡，能吃些固体食物；做爸爸的盼望着宝宝成为想象中真正的小男子汉，能跟他一块儿玩耍，一起踢足球，而不再是个软弱无力的小家伙。家长们都翘首以盼，希望看到宝宝迈出人生的第一步，听他说出人生的第一句话。他们满心喜悦地盼望着宝宝自己拿起餐勺，穿上袜子，甚至能坐上自己的便盆——真是谢天谢地！

尽管他仍然是个蹒跚学步的小家伙，但你的愿望已经可以实现了——我敢打赌，你很快就会希望时间能够倒流！作为父母，最艰难也是最令人振奋的时期来到了！

在字典里，"1~3岁"这一年龄阶段被定义为幼儿的"学步期"，有些书把宝宝蹒跚迈出不稳定的小步子定义为蹒跚学步期的开始。一般来说，孩子八九个月大就进入学步期了。假如你手中正牵着一个蹒跚学步的宝宝，无论书中如何定义，你都会清楚知道这一时期是何时开始的。

尽管宝宝学步开始时摇摇晃晃，但是这个小可爱正鼓足勇气，准备着摆脱你的束缚，独自去接触和探索周围的世界了。他变得善于交流，喜欢模仿，能唱歌、会跳舞，能和小朋友一起玩游戏。总之，他不再是一个小婴儿，他长成了一个"小大人儿"了！他稚嫩的大眼睛里充满了好奇和活力；他不断地给你制造麻烦；他身体发育速度快得惊人，动作幅度越来越大，经常让照看他的你手忙脚乱。家里的瓶瓶罐罐、电器插座、珍爱的小摆设，只要他够得着，都会成为他手中的玩物。周围的一切让他感到既新奇又刺激，而在你眼里，他的蹒跚学步、他的忙忙碌碌更像是对你、你的房子，甚至你眼前的一切的一次又一次的突然袭击。

现在，恭喜你！你的宝宝已经是学步期的幼儿了！

我曾经询问过很多妈妈，想知道她们的宝宝从婴儿期到学步期最明显的变化是什么。她们给我如下的回答：

- "属于我自己的时间越来越少了。"
- "宝宝越来越多地坚持自己的主张。"
- "带宝宝去餐厅吃饭变得越来越难了。"
- "宝宝变得很难对付。"
- "我很容易就能知道宝宝的想法。"
- "他很不容易午睡。"
- "我不得不时刻跟紧他。"
- "我要不断地对宝宝重复'不'。"
- "宝宝有惊人的学习能力。"
- "无论我做什么，宝宝都能模仿。"
- "宝宝对什么事儿都着迷。"
- "宝宝时刻给我出难题。"
- "宝宝对什么事儿都好奇。"
- "宝宝越来越像一个'小大人儿'了！"
- ……

学步期标志着婴儿时期的结束，也是青春期的一场预演。事实上，许多专家认为这一时期和青春期有许多相似之处，因为在这两个时期中都有类似的"亲子分离"的现象出现。在学步期，家长不再是宝宝唯一面对的"世界"。由于宝宝迅速获得了生理、认知，以及社交方面的新技能，他也学会了如何对家长的要求说"不"，这和青春期的情况非常类似。

毫无疑问，宝宝进入了学步期，无论对宝宝还是家长，这都是一个好消息。事实上，你的孩子正是通过探索和抗争（经常是与父母的抗争）才开始逐渐认识周围世界的，更重要的是，作为一个独立能干的个体，他获得了对自己的认知。当然，尽管照看一个学步期的幼儿很不轻松，而且有时候让人抓狂，但是你还是希望自己的宝宝健康成长，变得更加自立和自信。我深知这一点，因为我和我的孩子们共同经历过这一阶段，她们是我最初的研究对象，也是我最好的学生。我认为无论是我还是我的女儿们（她们现在已经分别19岁和17岁了）都做得很出色，但这并不意味着整个过程顺风顺水。我承认，养育孩子是一件十分艰难的事业，过程中充满了沮丧和挫折，有时甚至充满泪水和怒火。

理解"婴语童言"，做个好爸爸好妈妈

除了自身的育儿经历之外，作为顾问，我曾经指导帮助过无数孕育宝宝的家长们，我帮助这些父母克服困难，度过这段养育孩子最艰难的学步期，这个时期大致从宝宝八个月开始一直到两周岁左右结束——顺便说一下，好多宝宝都是我的"老相识"，因为我初次见到他们的时候，他们还是尚在襁褓中的新生儿。如果你曾经读过我的第一本育儿著作《婴语的秘密》①，你就会了解我的育儿理念。假如你曾使用过我书中介绍的育儿方法，并且按照步骤在宝宝身上实践，那就再好不过了。这些育儿方法对你养育一个学步期的宝宝依然适用，所以在这场比赛中你已经先声夺人地取得了优势。

然而，我承认有很多家长对于我的育儿方法还缺乏了解。我曾经接触过一些在身体上或者情感上有缺陷（通常失去语言能力）的宝宝。和他们交流的时候，我不得不通过观察他们的肢体语言，辨别他们行动的微小差异，并依据他们发出的那些莫名其妙的声音来判断他们真实的意图和需求。正是这个经历促使我对童言婴语做进一步研究的。

后来，在近乎奢侈地花费大量时间和婴儿们（包括我自己的孩子）接触之后，我发现这些在残疾儿童身上积累的技能同样适用于育婴的过程。在观察和接触五千多个婴儿之后，我总结了一种被我的一个客户称为"婴语"的语言。和"马语者"感知马语的方法类似，"婴语者"感知的是婴儿的语言。婴儿和马一样都是鲜活的生命，可以感知外部的刺激，虽然不能进行真正意义上的交谈，但他们却能够用独特的方式表达自己的想法。为了更好地照顾他们，理解他们的意图，我们必须掌握他们表达的方式。因此，掌握婴语意味着换个

① 本书已由天津社会科学院出版社出版，成为育儿畅销书。

视角，从婴儿的角度出发，去熟悉、观察、倾听，从而理解婴儿身上所发生的一切。

学步期的宝宝已经开始学习语言，比起新生儿，他们能更清晰地表达自己的意图。同样，适用于了解襁褓里的婴儿的"婴语"也适用于学步期的宝宝。有很多父母并没有读过我的第一本书，下面我先对第一本书的内容进行简单的回顾。如果你已经读过，接下来的内容你会感到熟悉，那就把它当成复习好了。

每个孩子都是独立的生命体——宝宝从出生开始就拥有独特的个性和喜好，因此世界上根本没有应付一切宝宝的通用法则。对于学步期的宝宝，你应该知道杜绝千篇一律，要正确地使用有针对性的育儿方法。在第一章里，我提供一份自我测试，让你知道你的宝宝的性格属于何种类型，反过来也帮助你发现什么样的育儿策略对你的宝宝最有效。事实上，宝宝可以归类于不同的气质类型，但每个宝宝都是世间独一无二的奇迹。

每一个宝宝都值得被尊重，而且他们必须学会如何去尊重他人——如果你在照顾一位不能自理的成年人，在向他解释你的意图并获得许可之前，你决不会触碰他的身体，或者为他脱去衣服。为什么照顾宝宝的时候就不这么做呢？作为宝宝的看护人，我们需要在宝宝的周围勾画出一个无形的界限，表明一个受到尊重的清晰范围，在有所行动之前提前告知并征得许可。我们需要倾听宝宝的声音，而不是盲目地自以为是地冒进；我们必须考虑宝宝的感受，了解他的愿望，而不是一厢情愿或者越俎代庖地做我们想做的事。诚然，学步期的幼儿固执而且偏强，在照顾这个年龄段的宝宝的时候，做到上述这些已经实属不易，而且我们还要让宝宝理解他不但受到我们的尊重，也要尊重我们。在这本书中，我将指导你如何尊重学步期的宝宝，并且在彼此充分尊重的前提下满足宝宝的需求。

花时间去观察宝宝，倾听他的语言，和他交谈——从宝宝出生那一刻我们就开始了解宝宝。我常常预先警告那些为人父母者："不要认为你们的宝宝听不懂你的话，他们知道的比你以为的要多得多。"即使一个没有语言能力的学步的幼儿也可以表达出他的想法。因此，你必须有敏锐的感觉和专注力。通过观察，我们开始了解宝宝独特的个性气质；通过倾听他的语言（即使他还不能使用真正的语言表达），我们也可以了解他的需要；通过对话交流——一定是会话式的，而非教训式的——我们允许宝宝表达他们真实的自我。

每一个宝宝都需要有规律日程安排，这会让他感到生活的可预见性，给他们足够的安全感——对于刚刚出生几个月的新生儿来说，这一原则至关重要，而对于摇摇晃晃、蹒跚学步的宝宝来说，其重要性也不可小觑。作为家长和参与照顾宝宝的人，我们通过给宝宝建立稳定长期的生活习惯和固定日程来给宝宝提供安全的生活环境，让孩子自由地发挥他们的天性，得到机会施展日益成长的各项技能，炫耀着他能做到的最大极限。但是也不要忘记我们是成年人，我们对他的行为负有责任。我们既要鼓励宝宝大胆探索，又要让宝宝知道他必须待在我们为他营造的安乐窝里，这听起来像一个悖论，但我们必须如此。

这些既简单又现实的指导原则提供了家庭稳固的基础。在这样的家庭中，宝宝被倾听、被理解、被尊重，感受到别人对他的期待，同时，他也会对这个世界充满企盼，在这样关爱的氛围下，他们得以苗壮成长。宝宝成长的第一环境是家庭，在这里，空间相对狭小，接触的人局限在固定的家庭成员里，以及偶尔的外出。如果这个小世界既安全又舒适，积极向上并且有规律可循，能够进行探索和接受考验，而且，最关键的是，这里有可以依恋的亲人，宝宝才能整装待发，勇敢地去接纳新环境，和陌生人交往。记住，无论你的宝宝表现得多么精力充沛，充满好奇，或者有时候多么执拗和爱发脾气，对他来说，在世界这个舞台为他拉开大幕之前，他要为日后的表演做精心地彩排。所以，为了配合他，请把你自己装扮成舞台教练、导演或者最崇拜他的观众吧。

我的目标：打造通往和谐之路

或许你以为这不过是常识，尤其谈到如何教养学步时期的宝宝，你会不屑地说：说得容易做起来难！好吧，这的确是事实，但至少我的锦囊妙计会帮助你理解尚在蹒跚的宝宝，而且至少它们会让你在遇到麻烦的时候因为有章可循而感到力量倍增。

尽管在这本书里，我穿插引用很多当代令人尊敬的育儿专家的研究成果，但是记录着当今的科学发现的书籍实在是浩如烟海，不胜枚举。如果科学不能指导你的生活，那么科学还有什么意义？为了这一目的，这本书告诉你用崭新的视角看待你蹒跚学步的宝宝，并且有效地与之互动。用宝宝的视角观察世界，全新地认识宝宝小脑袋里的想法和小身体里迸发的能力并与他一起感受。运用这些技巧，亲自处理每天面临的不可避免的问题，你会觉得"有剑在手"从而让一切尽在掌握中。

以下我列出一些明确的目标，它们会创造让你的家庭稳固的基础。另外，这些目标同样也适用于家中稍大的儿童，甚至是青春期的少年（尽管他们已经不需要坐马桶训练了！）

这本书会用真实的案例来鼓励、传授你育儿的理念和方法，并用实际的效果证明给你看：

把你蹒跚学步的宝宝当成一个独立的人并给予尊重——我们不能按照年龄把宝宝分类，但是无论宝宝多大，请允许他们展现真实的自我。我相信，每一个宝宝都有权利表达他们的喜怒哀乐，我也相信，尽管有时候宝宝的想法我们不能认同，甚至让我们感到沮丧，但是我们不能否认宝宝想法的价值。

鼓励而不是催促宝宝，让他们更加独立——为了这个目标，我提供一些辅助工具来衡量宝宝是否准备就绪，教宝宝学习一些实用技能，例如吃饭、穿衣、坐便盆和一些简单的卫生保健行为。"我怎么做能让宝宝走路不跌跌撞撞？"或者"我怎么做能让宝宝早些说话？"当听到有的家长打电话问这些问题的时候，我就忍不住发火。生长发育是一个自然现象，不是死板的课程作业。另外，逼迫宝宝的行为也没有展现我们对他应有的尊重。更糟糕的是，这会让宝宝感受到失败和挫折，而你也难免会失望和沮丧。

学习掌握宝宝口头的和非口头的语言——尽管理解一个蹒跚学步的宝宝要比理解一个新生儿要容易得多，但是宝宝们沟通能力的个体差异还是非常明显的。当宝宝和你说话的时候，你必须保持耐心和克制，并在恰当的时候进行干预和帮助。

面对现实，宝宝在学步期会经历不断变化的过程——有的宝宝突然半夜醒来玩耍，父母就会问："宝宝怎么了？"事实上，他们的小家伙儿正在迈向成长发育的下一个阶段。当父母们已经习惯了宝宝的某些行为并自以为非常了解宝宝的能力的时候，宝宝的行为和能力又发生了新的变化，应对这些变化是父母们面临的最大挑战之一。猜猜明天宝宝会有什么变化？他会一直变化下去的！

促进宝宝发育和家庭和谐——我的第一本著作《婴语的秘密》提出了我的"整体家庭"的观点：婴儿是家庭的一名参与者，而不是处于支配地位的独裁者。这个道理现在越来越重要了。重要的是我们要为宝宝营造一个幸福，安全的环境，让宝宝既能够小试拳脚又能够使他远离伤害，他滑稽笨拙的动作不会扰乱家庭的平静。请把你的家想象成剧院的排演大厅，你的孩子在排练，努力地记忆台词、磨炼演技、学习如何入场和出场……而你是他的导演、帮助他精心地准备着人生剧目的华美演出。

帮助宝宝管理情绪，尤其当他感到沮丧的时候——到了学步期，宝宝的情感日益丰富起来。婴儿期的宝宝的情绪主要受到身体感觉的支配，例如饥饿、疲劳、冷或者热，如果这种感觉超出他可以忍受的范围，他就会哭闹。而学步时期的宝宝已经拥有了人类所具有的所有情感，包括恐惧、喜悦、骄傲、害羞、内疚、难堪等等，这些复杂的情感源于他日益成长的对自我和社会环境的认知。我们知道，控制管理情绪的方法是可以通过学习来获取的。有研究表明，十四个月大的宝宝就可以开始辨识并预知情感的变化（既包括他自己的也包括照顾他的人的）。宝宝会随着这种情感的变化用口头的或者其他的方式来表达自己的情感。我们知道，发脾气是可以预防的，即使不能立即阻止，至少也能控制一下。但是情绪的管理和控制要比阻止发脾气重要得多。那些学会调节情绪的宝宝比不会调节的宝宝吃得多、睡得好、学习新技能比较容易、更喜欢和别人交往互动。反之，通常情况下，缺乏情感控制能力的孩子得不到大人的喜爱和小朋友的欢迎。

在父子之间培养坚固的亲情纽带——我知道，妈妈和宝宝待在一起的时间较长，尽管这样的做法在今天已非主流观点，但我们不得不承认在现实生活中，这依然是实际情况。在大多数家庭中，父亲依然是充当"周末帮工"的角色，所以，我们需要采用一些方法让父亲发自内心地参与到养育孩子的行动中，而不是仅仅做宝宝暂时的游戏伙伴。

鼓励宝宝参与到社会生活中——学步时期的宝宝开始与他人建立社交联

系，培养自己的人际关系。最初，宝宝有限的社交圈里可能只有两三个固定的"朋友"，但是，随着宝宝的年龄向学龄前儿童的推进，他的社交能力会变得越来越重要。因此，宝宝需要有同情心，需要为他人着想，还需要谈判和解决实际问题的能力。这些社交能力可以通过家长举例子示范，亲自指导和反复重复等方式传授给宝宝。

管理你自己的情绪——养育一个蹒跚学步的宝宝是一件难度很大的事情，所以你必须学会保持足够的耐心，知道何时表扬或者如何表扬，理性看待"让步不等于爱"这一观点（无论宝宝表现得多么可爱）；把你的爱表现在行动中，而不仅仅表现在口头上；当你感到气愤和沮丧的时候应该善待宝宝。事实上，针对幼儿的最新研究表明：儿童的性格气质并不仅仅决定他身上的优点和缺陷，还会影响父母对待他的方式。想要成为优秀的父母，这点至关重要。如果你的宝宝在公共场所乱发脾气，除非你知道如何正确回应并寻求帮助，或是知道如何做才能扭转这个难堪的境遇，否则你极有可能失去耐心，莽撞应对，甚至寻求用身体的力量来解决问题。不幸的是，这样做只会让你的宝宝的行为变得更加乖张跋扈，不可理喻。

培养你自己的人际交往——一个蹒跚学步的宝宝足以阻断母亲与外界的一切社会交往。你需要学会在不影响大局的前提下暂时离开你的宝宝，并且抓住机会（机不可失）来补充生活的动力。简单地说，你需要尽可能多地利用时间来提升自己的生活品质，把最好的自己呈现在宝宝面前。

这些目标难以企及吗？我认为不是的。每一天我在很多家庭中都会见到这些目标得以实现。当然，实现这些目标需要时间、耐心和奉献精神。对于外出工作的父母来说，有时候还需要他们艰难地做出抉择——例如，是否尽早下班回家，好让你的宝宝早些进入梦乡。

本书将为你提供大量信息，帮助你在育儿的过程中做出理性的判断和最正确的决定，并在你应对得当的时候，给你充分的肯定和支持。最后，我希望你成为一名敏感而理性的家长，一个对宝宝充分了解的、有自信的、充满爱意的"婴语者"。

本书的设计方法

我知道，当宝宝开始蹒跚学步的时候，作为家长，你更没有时间和精力用来阅读大量的书籍，所以我把这本书设计成适合快速阅读的版式。而且你从中间任何一段开始阅读这本书都可以。书中的很多图标、侧边栏和方框栏会让你的精力更加集中于重要的部分，从而理解我想说明的观点。当你忙于工作抽不出时间仔细阅读的时候，你也可以扫上几眼就领会和学习。

但是，为了能够让你了解我的育儿理念，我建议你首先阅读第一章、第二章和第三章的内容，然后再根据需要有选择地阅读书中的其他章节（现在你应该正在阅读前言部分，如果你还没有阅读过前言，请立即阅读）。

第一章是关于先天和后天的讨论，它们是相辅相成、互相制约的关系。其中的小测试"宝宝属于哪种气质类型？"将帮助你理解宝宝的天赋秉性——换句话说，是宝宝与生俱来的品质。

第二章里我提出了"H.E.L.P."的育儿策略，它会帮助你全面应对育儿过程中遇到的挑战。

第三章里我重点强调"宝宝从重复活动中获取技能"的理念，以及"R & R"方法的重要性——建立有序的日常习惯和创建可靠的生活规律和秩序等。

第四章到第九章，我主要针对性地解决宝宝在学步期出现的特定问题。请按照顺序阅读或者根据个别问题进行选择性阅读。

第四章"抛弃尿布"，告诉你如何鼓励宝宝更加独立——但是在他没有准备好之前，不要拔苗助长。

第五章"与宝宝对话"，是关于和宝宝交流的话题——既包括交谈也包括倾听——在和很多1-3岁的宝宝相处的过程中，我发现这是个既让人感到兴奋又让人沮丧的话题。

第六章"探索世界"，关注的是宝宝的活动范围的扩大——从家里到户外，以及到外地旅行等等，帮助你制定"活动预案"，在这些可控的情况下，让你的宝宝充分锻炼他的社交能力并考验他的新行为。

第七章"自觉守纪"，教会宝宝行为举止要得当。孩子不是生来就懂得行为规范和社交规矩的。如果你不亲自教，社会也会教他的！

第八章"时间的捣蛋鬼"。长期的不良行为会摧残亲子关系，让美好时光流逝，使所有家庭成员感到心力交瘁。通常情况下，父母们在没有意识的情况下"训练"和"强化"宝宝身上出现的不良行为……直到出现了让他们心烦的结果。这种非故意的教养方式是导致宝宝出现睡眠、吃饭、或者行为失当等问题的重要原因，我在第一本书里曾经提到过，如果父母不清楚问题的缘由或者不知如何纠正这些失当的行为，这些问题就会变成耗费家长大量时间和精力的"时间的捣蛋鬼"。

第九章"两个宝宝的家"，这是一个关于家庭成长的话题——是否决定养育第二个宝宝。在做出决定之前，你必须让学步期的宝宝有充分的准备，帮助他接受小弟弟或者小妹妹，和新的家庭成员融洽地相处，保护好夫妻关系，维系成年人之间的社会交往，并利用一切可以利用的机会提升自己的生活品质。

在这本书中，我不会过多地阐述与宝宝年龄相关的发育指标，因为我相信你应该了解自己的宝宝，而不是依靠书本才知道什么对他是最合适的。无论是教孩子使用马桶或者控制他们发脾气，我都不会告诉你"只有这么做才是正确的"。因为你的能力是我给你的最大礼物，它会让你知道怎么做会对你的宝宝和你的家庭最好。

最后，我再次提醒你，眼光要放长远，要保持头脑冷静。就像当你的宝宝还是婴儿的时候，你会觉得那段时光永远不会冻结，似乎宝宝的婴儿期永无止境一样，宝宝的学步期也终将有其终点。在这期间，请收拾好贵重的物品，把装药品的柜门紧锁，做深呼吸：在接下来的18个月里，你手中会始终牵着一个蹒跚学步的幼儿。在你的注视下，你将亲眼看见你的小宝宝从一个弱小的婴儿成长为一个用自己的头脑能说话，用自己的脚能走路的儿童。尽情享受这次不可思议的旅程吧！我们会从宝宝的每一次令人激动的进步和惊喜中获得巨大的满足感！总之，你所要经历的绝不仅仅是和宝宝居住在一起，给宝宝爱和照顾那么简单的事，这是个既会让你激动兴奋又会让你精疲力竭的时期。

目 录

第六章
外面的世界：帮助宝宝练习生活的技能 130

第七章
有意识的管教：教育宝宝自我约束 166

第八章
偷窃时间的坏行为：睡眠困难、分离焦虑症以及其他耗费
家长时间和精力的问题 194

第九章
家庭的成长：第二个宝宝为家庭带来的改变

第一章
热爱你蹒跚学步的宝宝

只有聪明的父亲才能了解自己的儿子。

——威廉·莎士比亚
《威尼斯商人》

与宝宝们的重逢

在执笔写作我的第二本著作期间，我和我的合著者一起为加入到我们研究项目的宝宝们举办了一场久别重逢的聚会。这五个宝宝现在正处于学步期，还记得他们与我最后一次见面时才1~4个月大。在这一年半的时间里到底能有多少变化呢？尽管我们能够识别出他们略显成熟的小脸儿，但这些一下子涌到游戏室里的"小发动机"们，与我曾经认识的婴儿有着明显的不同——他们曾经可爱又无助，除了盯着墙纸上的纹路看之外什么都做不了。那时候，他们能抬起头或者用腹部支撑着摆出"游泳"的姿势就已经是惊人之举了，而眼前的宝宝们对什么都好奇，对什么都感兴趣。只要妈妈把他放在地板上，他就要么迅速地爬行，要么蹒跚地或者跟跄地向前走，有时候扶着东西，有时候完全凭自己的能力独立向前，不顾一切地去探索。可爱的眼睛闪闪发亮，嘴里咿呀地说着似是而非的语句，小手到处碰触和抚摸。

我惊讶于亲眼目睹瞬间成长的奇迹——就好像是去掉了中间部分的延时摄影。我花了好一段时间才从惊讶中回过神来，开始回忆这些我曾经熟悉的宝宝们。

一个叫瑞琪儿的小女孩，正坐在她妈妈的膝盖上，好奇地注视着其他的小伙伴，似乎不敢亲自尝试离开妈妈独立地去探索。正是这个瑞琪儿，小的

时候曾经一看到陌生人的脸就害怕得哭闹，也曾经抵触为她做抚触按摩，似乎非常不愿意接受外界对她的刺激。

贝琪，曾经是所有宝宝中最活跃、最愿意与人互动的一个，对每件玩具都充满好奇，对每件事儿都感兴趣，也是第一个伸出手去碰触其他小伙伴的宝宝之一。贝琪在她还是婴儿的时候就非常活跃，因此，当看到她脸上带着勇者无惧的神色，像小猴子一样爬上桌子的时候，我一点也不觉得惊讶。（不用担心，显然她的妈妈已经习惯了像运动员一样敏捷的贝琪，紧紧地盯着她一举一动，随时准备伸手保护。）

塔克正在活动游戏桌旁玩耍，这是一个在每个阶段都表现出色的孩子。他时常注视贝琪的一举一动，但那些形状各异、颜色鲜亮的盒子可能更让他着迷。聪明的塔克依然出色——他能分辨盒子的颜色，知道根据孔洞的形状把不同形状的盒子放进去，和书上说的20个月大的宝宝的情况完全一致。

艾伦独自在游乐园里玩耍，和其他孩子保持着距离，让我想起他才三个月大的时候，脸上就有了严肃的神情。甚至还是婴儿的时候，艾伦看起来就显得特立独行。现在，他正神情专注地试图把一封"信"插到玩具邮箱里。

我无法把目光从一个叫安德莉亚的宝宝身上移开，她是我最喜爱的宝宝之一，因为她非常友善和随和，没有什么事能让她发愁，甚至她在婴儿期也是如此。观察她和贝琪一起游戏的时候，我看到了她依旧从容随和的性格。贝琪正从一根栖木上爬下来，用力拽着安德莉亚手里的卡车。安德莉亚，这个有自制力的孩子，一边观察着贝琪的一举一动，一边冷静地评估着形势。最终，安德莉亚毫不介意地松开了拿着卡车的手，愉快地开始玩那个吸引她的娃娃。

尽管这些孩子成长迅速，今非昔比——事实上，他们的年龄已经是我最后一次见到他们的时候的六至七倍——但是他们每一个身上都留着婴儿时期的影子。现在，他们的性格已经演变成个性，他们不再是婴儿，他们已经成长成五个独特的"小大人儿"了。

个性和教养：微妙的平衡

那些和我一样，接触过许多婴幼儿的人，对于婴儿期到学步期宝宝个性的延续已经不会感到奇怪了。正如我从前强调的那样，每一个孩子的个性都是与生俱来，从他们出生那一刻开始，宝宝们就表现出他们独特的个性气质。有些孩子天生害羞，有些天性顽固，还有些孩子活泼好动、乐于冒险。多亏有视频录像、脑部扫面仪和破译基因密码的知识，在它们的辅助下，从前的直觉和预感成为有价值的结论。科学家在实验室里已经证明个性是具有延续性的。特别是在过去的十年，有研究证明，人类的基因和大脑的化学成分影响他们的个性气质、优点和缺陷，以及他们的喜好。

最新研究成果表明，父母的教养方式在塑造宝宝性格方面的重要性在削弱——这和曾经一度非常流行的观点（父母的教养方式对宝宝的性格产生重要影响）正好相反。但是，要谨慎对待这个结论，以免进入另一个误区。也就是说，我们不要认为性格的形成与父母的教养方式毫无关系。（否则，亲爱的，我就不会和你继续分享如何做一位成功父母的想法了。）

事实上，个性和教养之争是一个动态的、不断变化的过程。根据一项最新的研究成果（见侧边栏），与其说个性与教养"对抗"，不如说"个性通过教养而形成"。科学家们通过分析和研究多个同卵双生的双胞胎以及寄养家庭的孩子（不是他们父母亲生），最终得到这一结论：这些案例表明个性与教养之间复杂地相互影响。

例如，具有相同染色体构成和相同亲子影响的双胞胎，他们的个性也不一定相同。科学家还观察了一些亲生父母是嗜酒者或者患有某种精神疾病的领养儿童，他们发现在这些案例中，由寄养家庭所提供的亲子教养纠正了他们本身基因的一些倾向。但是，还有一些案例也证明，即使有最好的亲子教养，个性基因的遗传性也不能彻底被忽视。

事实上，没有人确切地知道本性和教养是如何发挥作用的，但是我们可以肯定的是，他们确实在互相作用、互相影响着。因此，我们必须尊重自然赐予我们的每一个孩子，同时给予他们需要

先天因素和教养

"对于双胞胎儿童和领养儿童的研究有着非常重要的意义。由于家长的教养和环境因素的影响可以缓和由先天因素造成的性格上的倾向，而且，这些研究可以帮助家长敏感地意识到孩子行为上的天生倾向，为他们营造支持的环境，这是非常有价值的。环境条件和孩子的个性特点之间的平衡被反映在家庭的日常生活规律中，对于活泼型的宝宝，家庭需要给他们提供更多高强度游戏的机会，或者为那些害羞的宝宝提供安静的空间，让他们有机会在激烈的游戏活动中获得喘息的时间。精心设计的生活习惯可以包含有益的缓冲空间，通过多提供选择的机会、暖化关系的方式或者有规律的起居习惯和其他的辅助措施来抵御那些由先天因素影响的宝宝行为问题的出现和发展。"

的任何帮助。无可否认，这是一个微妙的平衡，特别是对于处在学步时期的孩子和他们的父母们，以下内容非常重要，务必牢记。

首先，你必须去理解并接受你的孩子。想要做一名优秀的家长，前提是你要了解你的孩子。在我的第一本书里，我把婴儿的气质禀性划分为五种类型，分别称其为"天使型""模范型""易怒型""活跃型"和"暴怒型"。在本章里我们会看到这些气质类型如何在学步的幼童中表现出来，在本书的第7~11页，有一张问卷调查表，它可以帮助你确定你的孩子属于何种气质类型。他有什么天赋？有什么事情会让他困扰？他需要一些额外的鼓励还是需要更多的自我控制能力？他会愿意接触新环境吗？他表现鲁莽还是根本就不在意？你必须仔细观察你的宝宝，认真地回答这些问题。

如果你的回答基于你的宝宝的现实情况，而不是基于你心中宝宝的样子，我认为你尊重宝宝，这份尊重是每一个父母都应该寄予宝宝的。观察你的宝宝，爱他真实的样子，不断修正你的想法和行为，去做对他有好处的事。

想一想：你决不会梦想着要求一个憎恨运动的成年人和你进行一场橄榄球比赛；你也可能不会要求一个盲人和你一起参加观察候鸟的远征队。同样，如果你清楚孩子的性格禀性，了解他的能力和他的缺点，你就能更好地确定什么事对他有好处，知道他愿意做什么，你就能够指引他，为他提供适合他的环境，当他遇到挑战的时候，给予他所需要的解决办法。

你可以帮助宝宝达到他最好的状态。有研究证明，生命不是无期徒刑。所有的人类——甚至包括其他动物（见下页侧边栏）——都是生命和他所出生的环境共同缔造的结果。一个天生害羞的孩子，是因为他继承的基因让他在不熟悉的事物面前心生恐惧，但是他的家长可以帮助他获得安全感，并教会他如何克服羞怯。另一个孩子可能是一个"天生的冒险家"，因为他身体里的血清素的水平高，但是他的家长可以教他如何克制冲动的情绪。总之，了解宝宝的性情禀性可以让你有目的地提前做出培养宝宝的计划。

即使不顾及宝宝的需要，你也必须对你所做的事负责。在人生的舞台上，你是宝宝的第一个教练和导演，你的指导，会像他体内的DNA一样对他产生深刻的影响。在第一本书里我曾说过，家长们通过日常的行为告诉宝宝他们对他的期望和他们对世界的期望。拿一个经常哼唧抱怨的宝宝举例。如果我遇到这样的孩子，我不认为他任性或者心怀恶意，他只不过是做了他的父母教他做的事而已。

到底发生了什么？每当这个小男孩哀鸣抱怨的时候，他的家长就会停下他们之间的谈话，把宝宝抱起来，陪着他玩耍。妈妈和爸爸以为他们这样做是在对宝宝的要求作出回应，但是他们并没有意识到宝宝从他们的举动中得到这样的经验：哦！我成功了！哀鸣抱怨是吸引家长注意力的法宝。这个现象，我称之为附带的教养方式（在第八章会详细阐述），这种教养方式可以从婴儿期开始一直延续到幼儿期，除非家长意识到他们自己的行为所造成的后果有多严重。请相信我，后果会是非常严重的，因为幼儿会迅速地成为控制父母的"行家里手"。

你对孩子天性的看法决定你的应对策略。有证据表明：孩子的个性也可以影响家长的行为和反应。大多数人认为如果一个孩子性格随和、擅于合作，家长就容易

> ### 史蒂芬·素昧的猴子：生命不是天注定
>
> 史蒂芬·素昧和国家儿童健康与人类发展研究所有目的地把一群恒河猴培养成"好冲动"的性格。像人类一样，这些猴子缺乏控制力和爱冒险的特点与它们大脑中的血清素的低含量有关（这种化学物质能产生抑制冲动行为的作用）。最近发现的血清素转运体基因（人类同样具有这种基因）有效地阻止血清素的新陈代谢。素昧发现由正常母亲养育的猴宝宝，如果它大脑里缺乏这种基因，就会表现出"爱惹事儿"的行为，长大以后在猴群中的等级也比较低。但是，如果它的妈妈给予它额外的照顾，情况就会完全不同。这些猴子不仅学会避免压力，和解决压力的办法，而且，猴妈妈的额外照顾确实会让猴宝宝大脑中的血清素的新陈代谢提高到正常水平。"事实上，早期的经验可以很大程度上改善所有的结论"，素昧说，"生物学提供了不同的可能性。"
>
> ——摘自新闻周刊《健康意识》2000年秋冬版

保持心境平和；而如果孩子暴躁、爱发脾气，家长就很难在平和的心态下应对。尽管如此，我还是要告诉你：你的看法决定一切。一位妈妈这样评价她任性的女儿："她是个不可救药的人"；而另一位妈妈可能会把这样的性格当成好事儿——孩子有自己的主见啦！对于第二位母亲来说，她会更容易做到帮助孩子，把宝宝性格中好强、爱挑衅的趋势引向正确的方向（比如领导能力）。同样地，一位父亲可能会因为他的孩子害羞而感到痛苦，而另一位父亲却把孩子的沉默寡言当成一个优点———个能够审时度势的孩子。第二位父亲更可能对他的孩子充满耐心，而不是像第一位父亲那样总是感到不耐烦地催促宝宝做事，这样只会让他的儿子更胆小怯懦。

认识你的宝宝

在宝宝经历学步期的时候，我们应该更多地关注宝宝天赋禀性的培养，因为这个时期的宝宝正在形成自己独特的个性，而且他们每一天都在接受新鲜事物的挑战。性情决定着你的宝宝处理应对陌生事物和环境的能力，他的若干个"第一次"。你可能已经确定了你的宝宝的性格属于何种气质类型——天使型、模范型、易怒型、活跃型和暴怒型。如果是这样的话，下面的问卷调查将会肯定你的判断。那就意味着你提前对你的宝宝进行了解——你已经知道他的个性了。

拿出两页干净的纸，你和你的伴侣独立地回答下面这个问卷调查表里面的所有问题。如果你是一位单亲家长，你可以寻求参与照顾宝宝的家人或者朋友的帮助。这样做的目的是让你多一个视角看问题，并在两种看法上进行对比。两个人不会用一种方式看待孩子，而孩子也不会用一种方式来应对两个不同的大人。

这些答案没有对错之分。这是一场游戏，可以让你发现问题，因此，如果你们有不同的答案，也不必产生争执，要允许别人有不同的看法，因为目标是帮助你认识你的宝宝。

你可以对结果产生质疑，就像很多看过《婴语的秘密》这本书的家长一样，他们会说："我的宝宝介于两种类型之间。"这样很好，那就把应对两种气质类型的方法都掌握好了。不过我发现如果宝宝具有两种气质类型的特征，其中之一通常起决定作用。就拿我自己为例，我曾经是"易怒型"宝宝，做事谨慎又胆小，直到现在我还是一个"易怒型"的成年人，尽管有时候我表现出"暴躁型"的性格，还有些时候更像"活跃型"的人，但是我的主要性格倾向于"易怒型"。

请记住这只是一次帮助你观察和了解宝宝的性格倾向的游戏而已。但是你要确信，除了天赋的因素之外，作为家长的你和宝宝周围的环境在塑造宝宝的个性中发挥巨大的影响力。事实上，宝宝的每一次尝试和经历都是冒险，也是考验。这个问卷调查会帮助你了解宝宝最主要的行为特点——他是活跃积极的吗？他容易分神吗？他是好激动的还是随和的？他如何面对陌生事物？他对外界环境的变化如何反映？他是外向性格还是内向性格？注意，在回答这些问题的时候，需要你考虑的不仅仅是宝宝现在的表现，而是宝宝从婴儿时期就开始的一贯表现。选择宝宝最典型的行为——通常的行为和反应——并用笔标注下来。

认识你的宝宝

1. 宝宝在婴儿期的时候 _____ 。
   A. 几乎不哭
   B. 仅仅在饥饿、疲劳或者遇到强烈刺激的时候才会哭闹
   C. 经常没有理由的哭
   D. 哭声大，如果没有得到及时安慰，就会哭得更厉害
   E. 经常愤怒地大哭，通常会发生在我们改变常规做法或者没有按照他希望的去做的时候

2. 当他早上睡醒的时候，宝宝会 _____ 。
   A. 很少哭泣——他会在婴儿床里玩耍，直到我进来
   B. 咿呀叫着并四周观望，直到厌倦为止
   C. 需要立即照顾，否则就开始哭
   D. 尖叫着让我进来
   E. 低声呜咽，让我知道他醒了

3. 回忆他第一次洗澡，我记得宝宝 _____ 。
   A. 像小鸭子一样喜欢水
   B. 开始有些吃惊，不过很快就喜欢了
   C. 很敏感——他有点震惊，看起来害怕的样子
   D. 近乎疯狂——连踢带打
   E. 憎恨洗澡并且哭喊

4. 宝宝语言的典型特点 _____ 。
   A. 婴儿期总是轻松地发出儿语
   B. 婴儿期经常轻松地发出儿语
   C. 在紧张的和对外界刺激有反应的时候发出儿语

D. 口吃——婴儿期他的胳膊和腿经常连踢带打

E. 僵硬——婴儿期胳膊和腿经常处于僵直状态

5. 我把他的饮食从液体换成固体，我的宝宝 _____。

A. 毫无问题

B. 适应得相当好，只要我给他时间让他适应新口味和新的食材

C. 小脸扭曲，嘴唇颤抖，好像说："这是什么鬼东西？"

D. 非常热衷，就好像他从前品尝过固体食物一样

E. 抓住勺子，坚持自己拿着吃

6. 当他正在玩游戏的时候，你突然打断他，你的宝宝 _____。

A. 很容易停下来

B. 有时会哭闹，但会被轻易说服做其他活动

C. 在他想通之前哭闹几分钟

D. 恸哭，并且乱踢，躺在地上耍闹

E. 哭得撕心裂肺

7. 我的宝宝生气了，他会 _____。

A. 小声哼哼，但只要安慰或者让他转移注意力就可以

B. 表现出明显的生气的样子（攥紧拳头、表情古怪或者哭闹），需要安抚才可以

C. 就像经历了一次灾难一样

D. 失去控制，常会乱扔东西

E. 带有攻击性，动手推搡或者用身体顶撞别人

8. 带宝宝外出，例如参加游戏小组的聚会，当见到其他宝宝的时候，我的宝宝 _____。

A. 感到快乐并乐于参与活动

B. 参与活动，但会经常和其他宝宝闹别扭

C. 很容易抱怨和哭泣，特别是其他的小朋友抢他的玩具的时候

D. 到处跑动，对每个游戏都很热衷

E. 不想参加任何游戏，在一旁观望

9. 午睡或者晚上就寝的时候，下面的一句话可以概括宝宝的状态 _____。

A. 睡得很沉

B. 睡前有些焦躁不安，但对轻拍和安抚有很好的反应

C. 很容易被房间里或者窗外的声音吵醒

D. 哄着才能上床——总是害怕错过什么

E. 必须在特别安静的情况下才能上床睡觉，否则就开始无法安慰地哭闹

10. 当宝宝到一个新环境的时候 _____。

A. 很容易适应，露出笑容，并很快被周围的新东西吸引

B. 需要一点时间来适应，露出笑容但转瞬即逝

C. 看起来很不自在，藏在我身后，或者躲在我的衣襟里

D. 直接跳着进来，但是不知道自己要做什么

E. 止步不前，生气，或者独自离开

11. 如果宝宝正在玩一件特殊的玩具，此时有另一个宝宝加入，他会 _____。

A. 注意到有陌生人加入，但专注于自己的游戏中

B. 有小伙伴吸引了他的注意，很难继续集中注意玩自己的玩具

C. 生气，很容易哭闹

D. 别的小朋友在玩什么，他就想要什么

E. 更愿意自己玩，如果有其他孩子靠前，就会哭闹

12. 当我离开房间的时候，宝宝会 _____。

A. 最开始的时候会注意到我的离开，但不会停止自己的游戏

B. 可能会关注，但通常不介意，除非他累了或者病了

C. 马上哭闹起来，就像被遗弃的孩子一样

D. 急忙追上我

E. 大声哭，举起手让我抱起他

13. 当我们从外面回家的时候，他会 _____。

A. 很容易就安顿下来

B. 花点时间才能适应

C. 大惊小怪

D. 常常过度兴奋，很难安静下来

E. 表现气愤和痛苦的样子

婴语的秘密 2

14. 宝宝现在最明显的特点是 _____。

    A. 非常乖巧，很随和

    B. 与儿童发育时间表非常吻合，与育儿书上说的发育标准都非常契合

    C. 对任何事都很敏感

    D. 有进攻性，好挑衅

    E. 整天不快乐

15. 当我带宝宝参加家族聚会的时候，见到他认识的大人或者孩子时，我的宝宝 _____。

    A. 开始的时候会谨慎小心，但是很快就恢复正常的行为

    B. 需要几分钟才能适应新环境，特别是人多的场合

    C. 害羞，总是粘着我，如果我不抱着他，就会哭闹

    D. 马上成为活动的中心人物，特别是有其他孩子在场的时候

    E. 除非我催促，否则他不会加入到任何活动中，他会表现出极不情愿的样子

16. 去饭店吃饭，我的宝宝 _____。

    A. 表现得很乖

    B. 能够在桌子旁边坐上30分钟

    C. 如果人多或者环境嘈杂，或者有陌生人和他说话的时候，他很容易害怕

    D. 除非他吃东西，否则在桌子旁边坐不上10分钟

    E. 能坐上15-20分钟，但是他吃完就需要马上离开

17. 我对宝宝的评价和描述 _____。

    A. 几乎看不出来这个家里有个孩子

    B. 是个很容易应付的宝宝，他的行动也很容易预测

    C. 他是非常娇弱的宝宝

    D. 他热衷任何事，只要离开婴儿床和婴儿围栏，我就得时刻盯紧他

    E. 他是个严肃的宝宝——总是显得退缩不前，仔细考量

18. 从他还是一个婴儿的时候，我和他之间的交流情况是 _____。

    A. 他总能让我及时了解他的所需

    B. 大多数情况下他的暗示很容易分辨

    C. 经常哭闹，让人不知所措

D. 他用身体语言清楚地表明他的喜好，经常会发出很大的声音

E. 他经常用大声，或者愤怒的哭泣来吸引我的注意

19. 当我给他换尿布的时候 _____。

　　A. 总是配合

　　B. 为了让他安静地躺着，我需要把他的注意力引开

　　C. 生气，有时候会哭闹，特别是在我催促他的时候

　　D. 拒绝，因为他憎恨躺着或者一动不动地坐着

　　E. 如果我花费的时间过长就会生气

20. 我的宝宝最喜欢的活动类型和玩具是 _____。

　　A. 能产生结果的玩具，比如简单的积木玩具

　　B. 与他的年龄相称的玩具

　　C. 有单一目的性的玩具，不会发出巨大声音的玩具或者有刺激性的玩具

　　D. 任何用来击打的玩具或者能发出很大噪音的玩具

　　E. 几乎所有的类型都喜欢，只要没有人干扰他

接下来请为以上进行的自我测试打分，在一张白纸上写下A、B、C、D、E五个字母，分别核算出选择每个选项的次数，这些选项表示宝宝相应的气质类型。

A = 天使型宝宝

B = 模范型宝宝

C = 易怒型宝宝

D = 活跃型宝宝

E = 暴怒型宝宝

你好，蹒跚的小天使!

核算完分数之后，你可能会发现其中有一两个选项被选择的频率比较高。当你阅读下文的时候，不要忘记我们正在讨论的是一种一般意义上的行为，而不是临时的或者特殊情况下发生的行为，更不是在宝宝特殊的发育阶段（例如出牙期）里出现的非常规性的行为。

你可能发现你的宝宝的气质特点酷似于某种类型，或者发现不能只用一种类型来概括你的宝宝的气质禀性。我建议你详细阅读这五种类型的所有概述，无论你自己的宝宝属于何种气质类型或者不只属于一种气质类型，通过阅读它们所有的特征，你将会知道朋友的宝宝、亲戚的宝宝的个性气质，因为他们可能是你的宝宝的社交圈子的一部分，你也需要对他们进行了解。我采用本章一开始提到的宝宝们做范例进行分别阐述说明。

"天使型"宝宝——乖巧无比、"集所有优点于一身"的婴儿已经成长为"天使型"的学步宝宝。他善于交往，合群并能很快适应大多数的新环境。他的语言能力可能会比同龄的宝宝更早发育，至少在表达自己需求的时候会表现得更加聪明。当他得不到想要的东西的时候，只要把他的注意力引开，他就不会纠结，更不会发脾气；当他心情不佳的时候，只要得到及时的安慰，就会很容易安静下来；在游戏的时候，他对单一的游戏有持久的定力；他是一个很容易照顾，很容易携带的宝宝。例如，我们在本章的开头认识的安德莉亚就是一个"天使型"的宝宝。她的父母多次带着她做长途旅行，在旅途中安德莉亚从不给父母添麻烦，甚至在经历倒时差的时候，安德莉亚也能很快适应过来。有一次，由于母亲节的活动正好和安德莉亚的午睡时间冲突，妈妈想改变她的午睡时间。结果仅仅花了两天的时间，这个小家伙儿就完全调整过来了。安德莉亚也曾经有过对换尿布不耐烦的阶段——这是所有的宝宝都会经历的阶段，但是在换尿布的时候，只要给她一个摇曳的玩具就可以让她转移注意力。

"模范型"宝宝——当这种类型的宝宝还是婴儿的时候，他的发育情况与参考书上的指标严格契合。你可能会说他们是"照书本成长的宝宝"。通常情况下，他会喜欢和别人交际互动，但是在初次见到陌生人的时候，可能会感到害羞；他在自己熟悉的环境中感到自在轻松，不过，如果你在外出之前给他充分的准备时间，他也能较快地适应新的环境；他是一个热爱"按部就班"生活的宝宝，喜欢对接下来的活动进行预测。塔克就是这样一个孩子。塔克的家长始终感到照料塔克很轻松，他性格温顺，行动又有可预见性。他的妈妈一直惊讶于塔克的发育时间表和书上的指标是如此地契合，甚至在不是那么受欢迎的学步期也是如此：还差一天八个月的时候，塔克开始表现出亲子分离的焦虑情形；九个月大的时候，他长出了第一颗牙齿；一周岁的时候，他能下地走路了。

"易怒型"宝宝——和宝宝在婴儿期的表现一样，这种类型的宝宝敏感，比较不容易适应新的环境。他喜欢有秩序的、熟悉的生活；当他的注意力集中于一件事情的时候，不喜欢被打扰。例如，当他在摆弄一个玩具或者做一种游戏的时候，如果你要求他停下来，他就会发脾气，或者会哭闹起来。这种类型的宝宝经常被贴上"害羞"的标签，很少有人会认为："哦，这就是他的性格！"当然，这种类型的宝宝在社交场合也表现得不好，特别是当他感到有压力的时候，他会更不愿意与别人分享。瑞琪儿就是这种"易怒型"的宝宝，如果有人试图强迫她做事，她就会哭闹不止。他的妈妈安妮带瑞琪儿上一个主题为"妈妈与宝宝"的亲子课，课上她们会见到许多安妮的朋友和她们的宝宝。瑞琪儿认识其中一些参加活动的宝宝，但是她还是花了三周的时间才从妈妈的膝盖上下来参加游戏，这使安妮对她的决定产生质疑："我应该继续坚持带着她上课吗？继续坚持让她适应这个集体，还是应该把她留在家里，让她与外界隔离？"她最终选择了前者，但是代价是痛苦的——每接触一个新环境，这样的代价就会重复一次。"易怒型"的宝宝在不受到强迫的情况下能够慢慢成熟并适应起来，变成一个敏感的、有思想的、能够审时度势的、喜欢考虑问题的思想家。

"暴躁型"宝宝——这样疯狂得"不可救药"的个性从宝宝的婴儿期会一直延伸到学步期。这种类型的宝宝思想顽固，想让世界按照他的方式运作；如果他不想让你抱而你又强抱的话，他就会在你怀里拼命扭动；妈妈可能会试图指导他的行为，但是他从不听从妈妈的指教；他最喜欢自己玩，在独立的游戏中表现得更好；然而，他缺乏学习上的专注力或者达成任务所需要的持久力，因此这样的宝宝很容易感到沮丧；当感到不愉快的时候，他会绝望地大哭；这种类型的宝宝在表达自己的要求方面有困难，他可能有爱咬人、爱打人的进攻性的行为。我告诫那些想把这类宝宝推到我面前的父母们："不要强迫他靠近我，也不要要求他做任何事。不要为他规定时间，让

他按照自己的时间表和自己的方式逐渐地接近我。"这些原则对属于"暴躁型"的宝宝特别重要。你越催促他，他们越固执。艾伦的父母发现他们不敢去要求艾伦任何行为。如果你把这个小男孩放任不管，听凭他自主选择自己的活动，他就是一个特别乖巧懂事的好孩子；但是，当有人给他提建议让他如何如何做的时候（比如："告诉阿姨你是怎么做的这块蛋糕。"）这个小男孩就会一脸愁容（事实上，我不喜欢任何孩子脸上带着这样的表情，见侧边栏，第15页）。同时，"暴躁型"的宝宝都是"老道的思想家"——他们擅于思考、对事物有深刻的洞察力、敏感而机智、有见地并且富有创造力，有时甚至很智慧，就好像他们什么都经历过一样。

"活跃型"宝宝——这种类型的宝宝做事最积极，他体力好，经常任着自己的性子做事，不过也爱发脾气；他非常爱交际，总是充满好奇，他们经常用手指着东西，自己伸手去够取，或者帮助其他的小伙伴够取物品；这种类型的孩子是完美的"冒险家"，无论什么样的事都愿意去尝试，而且决心很大；在完成任务的时候，他会获得巨大的成就感；同时，他需要很清晰的界限来约束他的行为，不至于让他成为"压路机"，碾碎前进道路上的一切；一旦他们哭闹起来，这些孩子有足够的体力和持久力，假如在半夜里你没有预先准备好的应对之法，他会哭起来没完没了；他们热衷于观察照顾他们的人的一举一动。贝琪，在我的工作室里爬到活动桌子上蹦跳的小家伙儿，就在时刻考验着她妈妈兰迪的耐心。贝琪会一直盯住某件东西不放——比如妈妈兰迪告诉她不要碰的电源插头——当她向电源插头移动的时候，她会回头观察妈妈，并评估妈妈的反应。像大多数这类宝宝一样，贝琪有她自己的思想。比如她和妈妈在一起的时候，爸爸想伸手抱她，她就会推开爸爸的手。然而，只要给予这种类型的宝宝充分的指导，并为他的精力找到合适的发泄口，"活跃型"的宝宝能够成长成一位领军人物，在他感兴趣的领域内成为有成就的人。

根据以上描述，你可能已经辨识出你的学步期的宝宝属于哪种气质类型了，或许你的宝宝介于两种气质类型之间。不管怎样，分析的结果旨在为你提供指导，给你启示，而不是向你发出警报。毕竟，所有的类型都有其优点

和缺点。况且，确定宝宝的类型
并不重要，重要的是了解宝宝，
对他们合理地期待，以及应对宝
宝的特殊情绪。事实上，为宝宝
贴标签是不对的。所有的人，包
括孩子，都具有多面性，脾气禀
性也不会是一成不变的。

例如，一个"害羞"的宝宝
可能心思缜密，思维敏捷，具有
音乐天赋。但是如果你仅仅考虑
到宝宝"害羞"的一面——更糟

> ### 是因为天性？还是因为宝宝尚处于学步期？
>
> 处于学步期的宝宝的一个常态特征是：变化。因为他们一直在成长、在探索、在尝试中，所以每天宝宝都有新变化。可能宝宝今天表现非常合作，明天会变得顽固起来；有时候可以轻轻松松地为宝宝穿上衣服，有时候必须追着给他穿衣服不可；宝宝可能在周五的时候胃口还是好好的，而到了周六就变得挑食起来。在这个艰难的时期，你可能会认为你的宝宝性格发生了变化，但是其实他只不过是步入了下一个发育阶段而已。面对宝宝的变化，最好的应对之法是不要大惊小怪。宝宝不是在经历挫折，他并没有朝着坏的方向发展，这是他成长发育的必经之路。

糕的是，如果你始终把宝宝的行为定性为"害羞"——你就只能看到宝宝大
体的轮廓，而看不到一个生动的、真实的、完整的宝宝，你也就不会让宝宝
成长为一个真实的、立体的人。

当你对一个人说他是一位"特别的人"的时候，他很快就成为一个"特
别的人"。我的弟弟曾经在孩童时代就被贴上"反社会"的标签。用现在的
眼光回顾过去的他，其实他属于"暴躁型"性格的孩子。他整个人的个性气
质比起他的标签有过之而无不及。他好奇、富有创造力、经常独出心裁。当
他成年以后，他仍然有强烈的好奇心、富有创造力并独出心裁——不过，他
依旧喜欢自己独处。如果你坚持找到他，希望和他待几天的话，只能事与愿
违了。但是如果你接受他喜欢独处的现实——不依据个人的评判，想一想他
自小就喜欢独处——他就会和你相处得很好。如果你不试图迫使他和你待在
一起，也许他会尽快地找你的。

你可能不喜欢宝宝的个性，可能你在心里更希望宝宝是另一种气质类
型的宝宝。但是不论怎样，你必须面对现实，理性地看待你的宝宝。作为家
长，你的职责是为宝宝创造最好的环境，减少危害他的隐患，培养宝宝发挥
个性上的优势。

接纳你所挚爱的宝宝的一切

只了解宝宝的气质类型还不够，你还需要接受你在宝宝身上发现的一切。不幸的是，我每天都会遇见不了解自己宝宝的家长们，看起来这些父母们在内心深处并不欣赏他们从宝宝身上发现的东西。即使宝宝特别可爱，特别温顺，其他的父母梦寐以求得到这样的孩子，但是这些家长仍然有疑问："难道宝宝不应该和其他的小朋友再亲密一些吗？"或者当地板上的宝宝由于没有得到另一块饼干而哭闹的时候，他们会说："我搞不明白——他以前从没这样小气过。"这样的父母总是否定而不是接受宝宝，他们为孩子找借口或者不停地质疑宝宝的天性。尽管是无心的，但是他们在用行动告诉宝宝："我不喜欢你这样——我要改变你。"

否认宝宝的迹象

一些不能接受宝宝天性的家长会说出各种论断。如果你听见自己在说如下的话，你就需要注意你的真实意图是在否认宝宝。

- "宝宝正处于这个阶段而已——他长大些就会变好的。"是现实还是你的愿望？可能你不得不一直等下去。
- 哦！你做得很棒。"难道你要一直这样哄骗你的宝宝吗？
- "如果他开始说话，就会好应付一些了。"成长的确会使宝宝的行为得到改善，但却没有可能改变宝宝的性格。
- "哦！宝宝不会总害羞的。"但是，面对新环境，宝宝可能永远不容易适应。
- "我希望他是这样的……""为什么他不能多一些……""他过去常常……"或者"他何时会……"无论你把什么词汇填入到这些空格里，都说明你不能接受宝宝现在的样子。
- "他……我感到很抱歉。"当家长替自己的孩子道歉，无论宝宝做了什么，家长都用这种方式告诉他：按照你的本性做事是不好的。我能想象出来有朝一日宝宝会出现在心理问题专家的办公室，说："我从未被允许做我自己。"

当然，没有哪位家长故意去否定自己的孩子，但是事实上，这样的情况每天都在发生。他们要么戴着有色眼镜，看到的是一个有问题的孩子；要么看不到孩子身上的闪光点。为什么？以下是我列出的几个原因，我会用我所认识的具有典型特点的家长们为例子来解释家长们的心理。

表现焦虑症——艾米丽。 今天有太多的年轻母亲在育儿的过程中患有表现焦虑症。这种症状一般从她们的妊娠期就开始了。她们阅读大量的唾手可得的育儿图书，希望能准确地掌握养育孩子的每一条"要义"。问题是每一本书中的建议都不是为你的孩子量身定做的。

你可以使用书中建议的特殊育儿技巧，但是这些技巧可能对你的宝宝根本不起作用。你据此推断出是你的做法出了问题，并为不能变成一位优秀的家长感到难过不已。

另外，表现焦虑症会蒙蔽你的双眼，让你不能清晰而理性地看待你面前的宝宝。以艾米丽为例，她27岁的时候生下了宝宝伊桑，而伊桑作为双方家族的长孙格外受到家人的重视。艾米丽阅读了大量的育儿书籍，参加"妈妈论坛"的网络聊天室讨论，并下了很大决心严格按照书籍去培养小伊桑。伊桑刚出生不久，艾米丽就开始定期地给我打电话，她的电话总是用下面这句话作为开头："在《我的期待》这本书里，说伊桑应该……"每一次电话她都会和我讲述她所关心的不同话题：伊桑什么时候会笑？何时翻身？何时坐稳？伊桑到了学步期，艾米丽的问题有了新的变化："我该做什么能让伊桑爬得更稳呢？"或者："伊桑应该能吃点小点心了，我给他吃什么才不会让他噎住？"有时候她会给我阅读一条新的理论——例如，如何教宝宝做手势——并立即匆忙地去尝试。遇到有针对于学步期宝宝的新课程，她充满热情地去参加，她坚称伊桑"需要培养运动技巧"或者"需要培养创造力"；遇到市场上出售新型玩具，她就购买。这位妈妈生活中的每一天都是特别的，她总能拿出新颖的小玩意儿来取悦宝宝或者和宝宝做新式的游戏，她相信这些新方法、新东西有助于伊桑的发育、教他学会新的技能，或者让他拥有其他孩子所没有的优势。

在伊桑18个月大的时候，艾米丽对我说："伊桑总是心情不好，我很担心他会成为一个问题儿童。"随后，我花了几个小时陪伴这对母子。在陪伴他们的时候，我发现妈妈在和儿子的游戏中得到的乐趣远比儿子得到的多，妈妈对玩具比儿子更加痴迷。艾米丽对待儿子更多采用的方式是催促和督促而不是观察和接纳。她为儿子购买大量的玩具，让儿子的房间看起来像一个玩具商店，可是她却不允许儿子自己探索玩具的玩法，不给儿子提供带头游戏的机会。

"伊桑还是从前的老样子，"我对艾米丽说，我想起伊桑刚出生时候满脸皱纹的小脸儿。"他没有变。他过去是一个'暴躁型'的婴儿，现在是

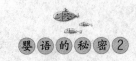

一个'暴躁型'的幼儿,他喜欢自己安排时间,按照自己的方式,选择自己的游戏活动。"我对这位一心想做全世界最优秀母亲的艾米丽说——显然,她的野心太大了——她并不了解她面前的这个小男孩儿。或许,在她潜意识里,她试图去改变伊桑的个性。无论如何,这样做是行不通的。她必须去接纳儿子的一切。

有一句古老的佛教谚语:当学生准备好了,老师就可以现身了。很明显,艾米丽出现在儿子面前的时候,儿子并未做好准备。艾米丽向我承认她的姑妈几个月之前就曾告诫过她:"你过分为儿子着想,为这么小的孩子制定过于苛刻的时间表,你把每件事都做过头了!"但是艾米丽说:"我当时并不理解她话里的含义。我猜想我这么做的原因可能是当所有人都对我说你是一位出色的妈妈的时候,我觉得我必须用实际行动来证明给他们看。"如果艾米丽放松心态,伊桑就会变得更乖,这是必然的。不过,这并不意味着伊桑会一夜之间变成天性快乐的孩子,但是他确实改变了从前的心态,不再回避做一些事情了。艾米丽身上也发生了变化,她意识到,养育孩子是一个过程,而不是一件举足轻重的大事,不必把每一分钟都当成宝贵的机会,让每一分钟都被有意义的活动来填满。她学会在伊桑做游戏的时候控制自己,尽量不去干涉,而且鼓励他展示自己愿意做的游戏活动,开始欣赏伊桑的独立意识和对游戏的热情。

完美主义——玛格达。完美主义者会把表现焦虑症发挥到极致——它会让原本玫瑰花般的人生阶段变得黯然失色的。我经常能在三四十岁的妇女身上看到这样的心态,这些女性一般都是在取得事业上的成就之后选择做母亲的,她们往往在职场上曾经是个"强者"。玛格达就是一个典型的例子。很多人认为她在42岁的时候选择生孩子是一件了不起的事。所以,她渴望向人们去证明她的决定是正确的,这样一来,她就在所难免地患上了"完美母亲焦虑症"。此外,她期待儿子像她姐姐的儿子一样是一个乖巧可爱的"天使型"宝宝,这样她就能工作家庭两不误了。

但是,玛格达的儿子亚当其实是一个"活跃型"的宝宝,她根本对付不了他,这让玛格达感到心灰意冷。玛格达是一家大公司的高管,董事会成员,身兼数职而且能力非凡。除了做一位母亲,她人生中其他的部分都是成功的，所以她认为她有足够的能力轻轻松松地成为一名完美的母亲。玛格达坚持认定亚当是一位"天使型"宝宝，所以当儿科医生把亚当的哭闹归因于"疝气痛"的时候，她觉得等到亚当长大些就不会再哭闹了。

但是等到亚当度过了"疝气痛"的自然发生阶段（至多5个月）还依然哭闹不休，当我在他13个月大的时候看到他的时候，他狂躁得像一个"暴君"。玛格达还在试图为他寻找借口："他今天的午睡没有睡好……他只是心情不佳；或许是因为要出牙的原因吧……"她拒绝承认亚当是一个"活跃型"的宝宝，甚至她为自己需要别人的帮助而感到羞愧。在她的几个朋友，也是我的客户的建议下，她给我打电话向我咨询，并且要求我不要把这件事告诉他人。

她倾向于"完美主义者"的心态让她把更多的精力投入到去控制亚当，而不是去倾听和观察。除此之外，她忽略了为亚当建立规矩，制定行为规范。反而，她用甜言蜜语，甚至奉承和贿赂来哄骗他，希望让他放弃顽劣的行为。另外，玛格达还缺乏交流。她生产完很快就回到自己的工作岗位上，尽管她留出一些时间来陪伴亚当，可是大多数时间都是她单独或者和亚当的父亲一起陪伴亚当，很少接触其他的宝宝和家长。我劝她加入一个亲子游戏小组，可以让她有机会观察到其他宝宝是如何互动的，而且也可以利用这个机会和其他母亲进行交流，让亚当多接触其他的宝宝，也许会帮助她获得新的认识。她不再坚持亚当会变好的这个幻想，她接受了亚当的天性，减少为他顽劣的行为找借口。她改变了从前对亚当的期待，为他立规矩，并心态平和地向儿子灌输好的行为方式。而且，她还在亚当的日程表里添加了许多活跃型的游戏项目，为他多余的精力找到发泄的出口。

当然，起步阶段一般来说都是非常艰苦的。对付一个"活跃型"的、不懂规矩的幼儿，任何家长都不会感到轻松。而且，玛格达仍然期待着人们把她看待成一个"完美的母亲"——现实点儿，对于所有女人来说这是一个根本不可能实现的目标。我对她说："做母亲其实是一个学习的过程，你需要学习和掌握很多育儿技能，就好比你在其他人生阶段需要学习其他技能一样。"当然，世界上根本没有为家长提供教学的学校，不过，我对玛格达说，她可以利用身边现成的资源，比如她尊敬的父亲和母亲，"家长成长工作坊"里面的咨询师等等。更重要的是，她需要把培养孩子遵守纪律看成教

育和抚养宝宝的一种方式，而不是用纪律和规矩来摧毁和惩罚她"活跃型"的儿子的人格。

来自外部的声音——波莉。许多父母不了解他们的宝宝是因为他们经常被其他人的意见和期望所左右，这些意见和期望有些是真实的，有些却是想象出来的。在某种程度上，我们每个人都会屈服于别人的看法。我们听从自己父母的建议；我们也会因为邻居、医生或者朋友们的意见而感到焦虑。无可否认，质疑是必要的，许多明智的父母给出的建议也是极有意义的。但是，有时候，这些来自外部的声音会淹没我们内心的智慧。

例如26岁的波莉，她嫁给了一位36岁的富豪，这位丈夫有来自中东的家庭背景，并且在前段婚姻中育有两个孩子。波莉在遇见她的丈夫的时候，是一位牙科保健师，尽管她是家中的独生女，但是家境比起她的丈夫要逊色得多。现在她居住在洛杉矶地区的富人区贝艾尔市的一所大房子里。波莉有一天哭着打电话给我，为她15个月大的女儿艾莉儿寻求帮助。"我期望这个小姑娘一切都好，可是我觉得我没有一件事做得正确。她是个非常任性难带的宝宝——我不知道我该怎么办。"

波莉既感到内疚又觉得力不从心。她自己的父母经常从中西部的家乡打来电话，会很自然地谈论起他们的外孙女。波莉把来自父母的关心当成对她的指责。（这也许不是事实，但由于我并没有见过他们，只是从波莉的嘴里了解他们的评论，所以是不是批评也不好判断。）波莉的婆婆（阿里的母亲）居住在她家附近，经常来看望他们。但是很明显，她更喜欢儿子的第一个老婆卡门，而且她对波莉养育孩子十分不放心。这位婆婆时常说一些不负责任的话来指点波莉，例如"卡门特别会照顾孩子"或者"我的其他孙子从来不会这么哭"。有时候还会肆无忌惮地发泄自己的不满："我不知道你都为孩子做了些什么！"

通过和波莉的进一步交流，我发现在她心中有一个荒诞却令人悲哀的标准：如果宝宝哭，就证明自己不是一个好妈妈。因此，她去年花了大量的时间尽一切可能地阻止艾莉儿哭。结果是，曾经的"模范型"婴儿此时却变成了一个任性刻薄的、没有丝毫耐心的、不懂得自我安慰的幼儿。现在，更糟糕的是，艾莉儿开始注意到妈妈的焦虑，她能够轻车熟路地操控妈妈的情绪。这个小女孩经常强抢别的小朋友的玩具，当她得不到的时候，不惜动用武力来解决。艾莉儿不再是游戏小组里受人欢迎的成员，其他的妈妈抱怨说波莉从来不管教自己的女儿。

针对波莉的问题，我先让她认识到来自外部的建议和声音干扰了她发现艾莉儿真实的个性。她需要去亲自观察艾莉儿的哪些行为和她的天性不符，这些行为是波莉放松管教的结果。艾莉儿不是生来就"坏""有恶意"或者"任性"的宝宝——事实上，她是一个"模范型"的幼儿，在明确的规矩和限制里面，她会具有相当强的适应力和合作的愿望。我们一起花了几个月的时间，在这个原则下帮助波莉与艾莉儿和谐相处，通过不断重复的干预帮助艾莉儿在情绪失控之前及时地缓解压力，从而避免更大的冲突。

波莉甚至坦率地告诉婆婆她的某些意见没必要，也是没有任何好处的。"有一天婆婆居然表扬艾莉儿，说她比从前乖多了，我对她的表扬表达了谢意。但是我告诉她其实艾莉儿一直很乖巧，只不过我需要时间来练习如何合理地回应她的需求。我对她说：'只要用心观察就会发现我的女儿其实是一个非常随和的宝宝。'说起来很有趣，不过我的婆婆从此变得不那么挑剔，反而多做一些对我们都有好处的事了。"

童年时期的困扰——罗杰。从宝宝出生那一刻开始，每一个家长就开始把宝宝身体的各个部位进行归类：他长着"爸爸的鼻子""妈妈的头发""爷爷的眉毛"等等。家长们几乎抑制不住地用这种方式来识别自己的宝宝。这是自然的过程，是基因遗传的结果。这个可爱的小家伙儿拥有着你的基因，你的血脉，基因的魅力是令人无法抗拒的。可是，当血缘的联系践踏了孩子本性的时候，问题就出现了。你的学步期的宝宝可能长得像你，甚至动作也像你，但是他却是一个与你完全不同的独立的人，他的个性可能像你，或者根本不像你。事实是：你的父母养育你的时候所使用的方法用在他的身上可能不会得到相同的结果。有时候，依靠血缘的判断会干扰父母们对宝宝个性的了解。罗杰就是这样的例子。他的父亲是一位空军军官，一直坚信他的儿子是"强壮的男子汉"。可是小罗杰却是一个羞涩的小男孩，所以

他的父亲决心用自己的行动把罗杰"打造成一个真正的男子汉",甚至在罗杰3岁的时候就开始实施他的"宏伟计划"了。

时间转到三十年以后,罗杰成为了父亲,他的儿子山姆是一个"易怒型"宝宝,一个与童年的罗杰非常相似的男孩子。小山姆会因为突然响起的声音而感到恐惧,而且非常不容易适应生活上的改变。罗杰经常问他的妻子玛丽"我们的儿子怎么了?"当山姆长到8个月的时候,罗杰觉得到了让他的儿子"强壮起来"的时候,就像他的父亲曾经对待他一样,他经常把山姆高高举起并抛向空中。尽管玛丽表示反对,但罗杰坚持做这个动作。他第一次把山姆抛向空中的时候,山姆害怕得大哭起来,而且哭了半个多小时。罗杰仍然不放弃,第二天晚上,他又一次尝试把山姆举过头顶,致使山姆呕吐不止。看到妻子玛丽发火了,罗杰为自己辩护说:"我小的时候我的爸爸就是这样做的,这让我成为一个强壮的男人。"

接下来的一年里,罗杰和玛丽为山姆的事争吵不休——罗杰觉得玛丽会把儿子培养成一个"胆小鬼";而玛丽认为罗杰不为山姆着想,不考虑山姆的感受。当山姆两岁的时候,玛丽为山姆报名参加一个音乐兴趣班。前几次课,玛丽耐心地陪胆小的山姆上课,让山姆一直坐在她的膝盖上。当罗杰听说以后,他对玛丽说:"让我带他上课吧,我保证他会很乖的。"在课堂上,小山姆连一件乐器都挑选不出来,更别提和其他的孩子做互动游戏了,感到沮丧的罗杰便使用了他的爸爸曾经的办法,他驱赶儿子参加游戏活动。"拿着这个小手鼓,"他把小手鼓塞给了山姆,对他说:"到那儿去。"

从这一天开始,山姆退步很大,这是意料之中的事。只要发现玛丽把车停在音乐教室外面的停车场,车里的山姆就会发出尖叫声,他觉得妈妈逼着他又回到这个可怕的地方。玛丽只好给我打电话求助。听她说完事情的经过,我建议让罗杰参加进来,我们共同开一个家庭会议。"你们的宝宝是一个敏感的小家伙,"我对这对夫妻说,"他有自己明确的喜好。为了尽量配合他的天性,你们必须对他充满耐心,允许他按照他自己认为舒服的方式尝试一些活动。"罗杰一开始对我的建议很抗拒,他说了一大堆"我就是这么强壮起来的"的话。他解释说,无论在家庭聚会的时候还是在空军基地和其他小朋友一起游戏的时候,不管小罗杰舒不舒服,也不管他是否有做好准备,他的父亲总是逼着他向前冲。"我经受住了考验。"他坚定地说。

"罗杰，可能你父亲的方法对你的确有用，"我说，"或许你现在已经忘了你当时是多么害怕。可是我们也看到了，这种方法的的确确对你的儿子不合适。我想说，你们应该尝试一下其他的方法——至少，尝试一下也没什么坏处。比如你们可以购买一个小手鼓，让他在家里玩。如果你们给他机会，让他按照自己的方式去探索，给他时间让他有充分的心理准备，而不是你们逼迫他去做事，或许有朝一日他也能够成为一个敢于冒险的人。但是，请记住，山姆需要的是家长的耐心和鼓励，而不是贬低。贬低只能让他更加缺乏自信，畏首畏尾。"感谢罗杰，他的态度终于软化了下来。很多父亲不得不汲取这个教训，特别是对他们的儿子来说，这些小男孩需要温柔的支持而不是粗暴的强迫，要让他们的内心渐渐强大起来，只有这样，这些小家伙儿才更愿意去探索，在探索中掌握更多的技能。

糟糕的组合——梅丽莎。父母和子女之间性格上的反差已经不是一个全新的话题了。二十多年前，心理学家就认为人的个性是与生俱来的，所以很自然地，他们也会观察父母的个性，从而试图建立两者之间的关系。一些家长与子女在性格上反差巨大，可是，即使这样，我们也不能把孩子"退回去"！当然了，我们不得不意识到父母与子女之间在个性上潜在有发生冲突的可能性，并可能因此导致破坏性的后果。例如，梅丽莎是一位"活跃型"的妇女，她是一位电视片制作人，可以不费吹灰之力地一口气工作十六个小时。她的女儿拉尼，是一位"天使型"的乖巧宝宝。从拉尼出生开始，我就一直为这个家庭服务。我清楚记得当拉尼才4个月大的时候，梅丽莎甚至开始筹划着让她的女儿进入哪家"合适"的幼儿园就读了。她已经想好让拉尼成为一位舞蹈家。好家伙！可怜的拉尼还没有学会自己站立就已经穿上了芭蕾舞裙！梅丽莎觉得无所谓，或者她认为对两岁大的拉尼过度的安排不会对她造成太大的影响——但是在一次有很多宝宝参加的聚会中，我发现了一个特别的情况。

"我们要离开去别的地方上音乐课了。"梅丽莎对其他的母亲宣布。

"真的吗？"凯利问，"每次聚会之后，肖恩都会感到非常疲惫。所以我不得不让他小睡一会儿……否则我就要忍受他在我怀里哭闹不止了。"

"哦，拉尼会在车上打个小盹儿，"梅丽莎说，"她不会疲倦的，她天生是舞蹈家的料。"她骄傲地说。

那天，等到其他母亲离开之后，我把梅丽莎叫到身边，对她说："你曾经向我提起过拉尼这几天看起来脾气不大好，梅丽莎，我觉得是不是因为她感到疲倦了？"梅丽莎看起来有点恼火，不过我继续对她说，"她整天不是参加你为她报的各种兴趣班，就是和你一起待在电视节目的录制棚里。她刚刚才两岁，一整天也得不到休息，还要对发生的任何事保持兴趣，是不是有点太难为她了？"

梅丽莎第一反应就是反驳，她说拉尼喜欢和她一起工作，并且对她安排的各项活动都感兴趣，但是我又对她说出了另外一种可能性："有可能她不是快乐地接受。她之所以这么做是因为她很乖巧。但是这些天她实在太疲惫了，这就是她发脾气的直接原因。如果你不留心她的情绪变化，她就会成为在你温暖的怀里最苦恼的孩子。你的'天使型'的乖宝宝也会变成坏脾气'暴躁型'宝宝的。"

我建议梅丽莎放慢节奏。"为了让拉尼更投入，更愿意参加活动，我们可以把活动的种类精简一下。"梅丽莎是个聪明的妈妈，她立即明白了我的意思。她向我承认：作为一个"活跃型"的妈妈，她自己非常喜欢带着拉尼参加这些活动，她可以和其他妈妈闲聊，交流想法，互相比较。拉尼是公认的乖乖女，很懂事，别的妈妈都羡慕她有这样一位"天使型"的宝宝，她和其他的小朋友在一起游戏的时候，为妈妈梅丽莎挣足了面子。她希望这种令人愉快的事情在不同的聚会里多发生几次，很高兴与她的家人和朋友分享这种快乐。

"除此之外，特蕾西，这些活动难道对她就没有一点好处吗？"梅丽莎问，"难道她不需要和其他的小伙伴在一起吗？让她拥有更多的阅历，这难道不是好事吗？"

"好啊！她的人生有很长很长的学习时间，"我回答，"是的，她需要和伙伴一起游戏，但是，她也会感到疲惫，这是人之常情，她需要你的理解。当她发脾气的时候，你不理解她疲惫的感觉，反而想知道：'她怎么了？'她不是被宠坏的孩子想去故意刁难你，她只是想告诉你：'我受够了！如果你再把讨厌的小手鼓推到我面前，我就会把它向你扔过去！'"

改变的计划

在上述的案例中，我尽量先让家长们意识到他们的盲区，从而开始更加现实地看待自己的宝宝或者他们自己。对于一些家长来说，做到客观看待是很容易的，例如梅丽莎，在听取我的建议之后，就认真地尝试"放慢节奏"，把拉尼的需要当成"拉尼的需求"而不是她自己欲望的反射。但是她还有很长的路要走。前几天我听说，她在其他妈妈面前夸耀她可爱的拉尼看动画剧《狮子王》的时候安静地坐着，一直看完全场的表演，因此我断定她的老毛病又犯了。

如果你在这些故事里看到你的影子，如果你听见你自己正在做出类似的事情（见侧边栏），你可能在接纳真实的宝宝方面遇到了问题。如果是这样，你需要改变自己的计划：

1. 往回走一步。真诚地看待你的宝宝。你是不是忽略或者低估了他的天性？回忆他小时候的样子，从他出生开始就表现出来的个性就是他个性气质的线索。关注这个信息，而不是对它不理不睬。

2. 接受你所见到的事实。不要只在口头上爱你的孩子——而是真正地接纳孩子的一切。

3. 找出你违背孩子个性的做法。你的什么样的行动、反应或者语言违背了孩子的天性？例如，你是否给予你的"暴躁型"的宝宝足够的空间？你是否对你的"易怒型"宝宝大声喊叫或者行动过于迅速？你是否为"活跃型"宝宝提供了足够的参与活动的机会？

如何认识我们的宝宝？

在这些不能正确接纳宝宝个性的家长的故事中，你可能会找到自己的影子。如果是这样的话，以下的清单会帮助你认识到自己的不足。

- 自我反思。想想你自己的脾气秉性，无论在童年时期还是成年以后，你属于何种气质类型。
- 参加游戏小组的活动，从而了解其他宝宝的行为和反应。留心观察其他宝宝的情况和宝宝之间的互动情况是非常重要的。
- 回忆你所听过的最有价值的意见。和值得你尊敬的家长们交谈，听听他们对你的宝宝开诚布公的看法。不要把他们真诚的意见当作对你和宝宝的诋毁，也不要用防御的心态来面对别人的意见。
- 假装宝宝是别人家的孩子——你会怎么看待他？尽量客观地，站在远处观察宝宝。这样的假设对宝宝和你都有好处。
- 制定改变的计划。用为宝宝制定量身打造的计划来满足宝宝独特的需求。不过要记住：改变是需要时间的。

4. 改变你的行为，为满足宝宝的需求创造良好的环境。当然，改变是需要时间的。而且，我并不能为你提供最佳路线图，因为你的宝宝是独特的，是独一无二的。但是在下一章里，我为你们提供H.E.L.P.策略，让你们不走弯路，尊重你的宝宝的真实自我，同时，为他们提供必要的支持和约束，使之得以健康成长。

第二章
H.E.L.P.策略：亲子教育的准则

我一直在寻求你的谅解，

我本该倾听的时候却滔滔不绝；

本该有耐心却大发雷霆；

本该喜悦却担忧恐惧；

本该鼓励却责骂呵斥；

本该赞扬却批评指责；

本该同意却拒绝，本该拒绝却说同意。

——玛丽安·赖特·埃德尔曼

《衡量成功》

两位妈妈的故事

我不承认世间有"坏"孩子——所谓的"坏"孩子，是大人没有把正确的品行教给他。我也不承认世间存在"坏"妈妈或者"坏"爸爸。当然，我的确遇见过一些家长，在为人父母方面，他们确有过人之处，但是以我的经验来看（还有研究报告的结论），几乎所有的父母都是"边学边做"。我要为你讲述两位妈妈的故事来印证这个观点。

一个游戏小组正在活动。四个两周岁左右的可爱的宝宝，在凌乱的玩具中间蹦蹦跳跳地游戏，他们的妈妈——从这些宝宝还是小婴儿的时候就彼此熟悉——坐在房间四周的椅子或沙发上。在这四位妈妈中间，贝蒂和玛丽安被认为是最幸运的。贝蒂的女儿塔拉和玛丽安的儿子戴维是典型的"天使型"宝宝，他们很早就能整夜睡眠，非常好带，而且到了学步期，他们也非常轻松

地适应不同种类的社交活动。尽管这样，戴维最近开始有些抱怨哭闹的行为。经过仔细观察这两位妈妈的差异，我们就不难发现戴维哭闹的真实原因。一位妈妈天性敏感，凭直觉就能判断哪些事对宝宝最有利；而另一位妈妈，心存善意，但是需要一些指点。你可能很快就猜出这两位妈妈是谁了。

　　贝蒂在孩子们游戏的时候轻松地坐在一旁休息，但眼睛仔细观察着孩子们的举动；而玛丽安只坐在椅子边儿上，似乎随时准备冲出去的样子。如果塔拉对参加游戏略显迟疑，贝蒂给她时间让她自己选择。相反，玛丽安催促戴维去参加各种活动。如果戴维反抗，玛丽安就对他说，"别难过！你不是喜欢和汉娜、吉米和塔拉一起玩吗？"

　　当孩子们专心游戏的时候——对于学步期的幼儿来说，这是一件非常严肃的事儿——贝蒂让塔拉自己照顾自己。有一次，其中有一个宝宝干扰了塔拉的游戏，致使两个宝宝之间发生了一点小摩擦，可是细心的贝蒂并没有立即冲过去干预，她静静地等着这两个小家伙儿自己解决问题——毕竟，小摩擦还没有演变成"武力冲突"。相反，玛丽安有点警觉过度了。她的眼睛一刻也不曾离开戴维，一旦有点小麻烦，她立刻走过去干预。不管是戴维欺负别人还是别人欺负戴维，她都会说："别这么做，这么做是不好的。"

　　中间休息的时候，戴维会走到其他的妈妈身边找零食吃。他像一只小狗一样，可以敏锐地感觉到你的口袋里一定有好吃的东西要招待他。一直为塔拉准备零食的贝蒂，带着一个里面装着婴儿胡萝卜的塑料口袋走过来，递给戴维一根胡萝卜。玛丽安有些不好意思地说："谢谢你，贝蒂。我们今天早上走得太匆忙，没有时间准备零食。"其他的妈妈都心照不宣地看着贝蒂。很明显，玛丽安已经不止一次"因为匆忙而忘记"了。

　　过了一个小时左右的时间，孩子们的游戏节奏开始慢下来了，塔拉表现得有点烦躁。贝蒂果断地说："塔拉累了，我们要回去了。"她不想为难她的小宝宝。看到贝蒂带走塔拉，戴维也向他的妈妈玛丽安伸出求助的小手。他的动作和烦躁的哼哼声很清楚地说明"我也玩够了，妈妈，我也要离开"。玛丽安的反应是弯下身来，尽量引诱戴维继续他的游戏。她拿过来另一个玩具让戴维又玩了一会儿。尽管这样，几分钟以后，戴维彻底崩溃了。在试图爬上一辆游戏车的时候——当他没有感到疲倦的时候，这个动作可以轻松完成——戴维摔了下来，哭得极为伤心。

在我亲眼目睹的游戏小组里发生的这个小花絮，凸显了父母对子女养育方式上的差异，这个差异极为普遍却非常关键。贝蒂善于观察，尊重孩子的人格，敏感而理性，她预先准备计划随时处理任何形式的意外，她行动迅速以满足孩子的需求。玛丽安对戴维的爱并不比贝蒂对塔拉的少，但是，她需要一些指导。她需要H.E.L.P.策略的帮助。

H.E.L.P.策略的综述

如果读过我的第一本著作《婴语的秘密》，你就会了解我喜欢使用首字母缩略词，因为这些词汇会让读者更好地记忆重要的原理。在繁忙的日常生活中，任何的思想和理论都很难在我们的脑海中长期保存；特别是当我们还有一个婴儿或者学步期的幼儿需要照顾的时候，想记住一些东西更是难上加难。因此，我创造一些首字母缩略词汇，目的是时刻提醒你有四个创造和培养亲子之间纽带的关键因素，这些因素会让你的宝宝在学步时期避免伤害，同时，让宝宝健康成长，使之最终成为独立的人。我把这四个关键因素称为H.E.L.P.，它们分别意味着：

Hold yourself back　克制行动

Encourage exploration　鼓励探索

Limit　建立规矩

Praise　适度表扬

H.E.L.P.听起来似乎过于简单化，但它们其实是良好的亲子教育的精髓被高度浓缩成四个重要的原则（顺便提一下，并不完全针对学步期的幼儿）。最新的对于"依恋情感"的研究——亲子之间信心和信任的培养——明确表明当孩子有安全感的时候，他们更愿意独立探索外面的世

关于亲子依恋的好消息

对于大多数宝宝来说，他们最依恋的人当然是他们的母亲，尽管任何人，只要给宝宝提供长期不断地身体和情感的照顾，对宝宝进行情感的投入，都可以成为宝宝"最依恋的人"。可是有些人在宝宝心中的位置是不可被取代的，比如宝宝会马上察觉到他心爱的保姆的离去。最近的研究表明一个人不可以在宝宝心中取代或者破坏另一个人的地位。换句话说，尽管你的宝宝整天和爸爸或者保姆待在一起，但只要你走过来，他仍然会向你跑来，让你亲吻他。

界，更好地管理压力，更容易学会新技能和与其他人建立友谊，在解决问题方面表现得更加自信。H.E.L.P.策略就包含了如何建立安全的亲子依恋关系的主要因素。

通过克制自己的行动，你可以收集信息。你观察、倾听并充分地理解宝宝的一切从而决定你对待宝宝的方式——你可以提前了解他的需要，理解他对环境的反应。你也可以给宝宝传递信息，让他知道他有解决问题的能力，而且你非常信任他的才能。当然，如果他需要你的帮助，你马上伸出手来提供支持——但是这并不等同于"救援"。

你可以通过鼓励探索这个策略，来告诉你的宝宝你相信他有能力经历人生的任何考验，你鼓励他通过玩具物品，通过与人打交道，甚至通过接触不同的思想和意见来不断地进行体验。他会感知你的存在，会用余光确定你一直在他周围守望，你用你的方式让他明白："你可以出去冒冒风险，去寻找别处的宝藏。"

为宝宝建立规矩，你用这种合适的方式告诉宝宝你是一个负责任的成年人，时刻保证他处于安全的范围之内，帮助他做出合适的选择，并且避免身心受到伤害——因为作为一个成年人，你对这个世界了解更多。

通过适度的表扬和赞许，你会强化宝宝的知识和技能，让他拥有更加得体的行为和举止，这些宝贵的东西会促使你的宝宝自信地走出去和其他的孩子以及成年人交往，独立地面对这个世界。有研究表明经常得到适当赞许的孩子更愿意学习，与父母的关系更融洽。他们善于接受父母的指导，而不是被强行灌输，作为回报，他们的父母也更细心，更呵护自己的宝宝。

现在让我们开始详细地解释这四个字母所代表的含义吧。

H——为什么要克制行动？

一些被我称为"随时等待帮忙的家长"，是天生擅长克制的家长。通常情况下，他们从孩子还是婴儿的时候就学会了克制自己的行动。而另一些父母必须经过指导才能学会克制。像玛丽安一样的家长们，他们用心良苦，想用最好的方式对待他们的宝宝，但是却陷入了"过度干涉"的误区。他们像影子一样"遮蔽"着他们的孩子，正如我曾经认识的一位家长描述的那样："他们不停地徘徊在孩子周围，监视着宝宝的每一个动作。"对于这些父母，他们需要理解克制的重要性。

我最好先不要"王婆卖瓜"般地自吹自擂，不过不得不承认，接受过我辅导婴语的家长们（我希望还包括那些读过我第一本著作的家长们），在他们的宝宝进入学步期的时候，已经基本掌握了H.E.L.P.策略中H的含义。这是因为很多父母一直在使用S.L.O.W.策略，它教会父母和孩子沟通和协作，确定宝宝的想法。（S.L.O.W.策略提醒家长应该停下来、听一听、看一看，以便知道宝宝到底发生了什么。）记住S.L.O.W.策略的家长们，当他们看到宝宝哭闹的时候，会克制自己的行动，而不是匆忙应付。他们至多花费一两秒的时间来观察和倾听，其结果是他们能够和宝宝更好地沟通。当他们的宝宝成长到学步阶段的时候，这个训练会得到回报，这些宝宝可以更独立地游戏，而且这些家长也会感到带孩子越来越省力气。这些父母们信任自己的观察，他们了解宝宝的一切，知道他们的喜好，清楚什么事情可能引起宝宝的不爽——最重要的是，他们知道在什么情况下进行干预是最恰当的。

幸运的是，无论什么时候学会克制都不算晚（我建议你最好在你的孩子上高中之前学会这项技能！）。而且，我敢保证你也不想为你的无知买单：当你持续不断地进行干预、提示、评判对错或者试图越俎代庖地替宝宝节省精力和体力（除非那些危险的经历）的时候，事实上，你在为他制造前进中的障碍。你阻碍他培养必要的技能，打击他的信心，无意中告诉他如果没有你的帮助他什么都做不了。还有，当父母包办代替孩子的一切的时候，孩子会变得更加不可理喻（详见侧边栏）。

诚然，有些孩子需要，也盼望着他们的父母或者照顾他们的人和他们一

对"救援人员"的五种反应类型

几乎所有的孩子对家长的"救援行为"都会心怀不满，但是他们表达不满的方式会因人而异。

脾气和善的"天使型"和"模范型"宝宝，在你插手他们的活动的时候不会表示抗拒——可是假如你经常做一个"爱管闲事的人"，他们会阻止你，对你说："让我自己做。"

"活跃型"宝宝可能会大声叫嚷，或者用摔东西表达不满。

"暴躁型"宝宝可能会把你推走，或者扔东西表示抗议，如果这些方法都不奏效，他就会用哭声来表达不满。

"易怒型"宝宝可能不会哭，但他们会放弃解决问题。"干预型"家长会扼杀宝宝的好奇心，他们让宝宝相信没有他们的帮忙，宝宝不可能搞定任何事情。

起共同解决事情。但是决定是否出手相助的判断一定要基于克制自己的行动并观察孩子的情况的前提下。他是否充满好奇有胆量，还是沾沾自喜略带谨慎？他希望我参与处理还是更愿意独自处理？停下来看一看，你就会发现答案。

无论你看到什么，我劝告你不要试图把自己想象成孩子的人生编剧。父母的角色是为宝宝提供必要的支持，而不是引领宝宝的人生。下面这些建议会帮助你克制你自己的行为。

让你的孩子拥有主导权。如果有一件新玩具，尽量让你的孩子先玩儿。如果到了一个新环境，让他从你的膝盖上下来，或者在他感到合适的时候鼓励他放开你的手。如果遇到陌生人，等待宝宝自己主动伸出手来打招呼，而不要催促。当他需要你帮助的时候，当然你会随时在身边，但是也不要全权代劳，而要给予恰如其分的帮助，不要包办代替。

让情况自然地展开。当你观察孩子的时候，你的头脑中会充满无限的可能性："哦，我确定他不会喜欢这件玩具"，或者"如果这只狗靠近他，他一定会害怕的"。但是不要对孩子过早地下结论，也不要做"事后诸葛亮"。昨天不喜欢的味道有可能今天就喜欢了，昨天害怕的事情没准儿今天遇见也不会感到恐惧了。

别做"挡路人"。所有人，包括学步期的幼儿都不喜欢"爱管闲事的人"或者是自称"无所不知"之人。你当然知道如何搭建积木而不会垮塌，知道如何轻松地从架子上把物品取下来。但是请不要忘记，你是一个成年人！重要的是，当你替他做这些事的时候，他学不到解决问题的方法和技能。这种干预实际上在告诉孩子你对他没有信心，他做不了这件事——这样的信息如果持续的话，会影响他未来看待一切挑战的方式。

不要把宝宝和其他孩子进行比较。允许他按照自己的时间表成长。我深知做到这一点非常困难，特别是当有位妈妈在公园里和你坐在一起，把她的孩子和你的孩子相比较的时候（"哦，我发现安妮还不会走路，她还在爬呀！"）。当你感到焦虑不安的时候，你的孩子会第一时间感受到。把你自己放在他的处境上想一想，如果你被别人比较你和你的同事（甚至前夫或者前妻）的差距，你会怎么想？你把宝宝和别人比来比去，宝宝也不会好受的！（在第四章的开头部分会详细叙述比较的危害）。

时刻记住你不是他。不要把你自己的感情或者恐惧强加到宝宝的身上。有时候从树上掉落的苹果不会离苹果树太远，但是请让你的孩子远离偏见去成长，这是罗杰必须学会的课程（见22~23页）。如果你听见你自己下这样的结论："我不喜欢这么多人参加的活动"，或者"他的爸爸太羞涩了"，这些评论可能使宝宝心理产生过度的认同感。感同身受是好事情，但表达的方式应该是先等待你的孩子对你说出（用他的语言或者行为）他的切身感受，然后你再说"我知道你的想法"。

E——鼓励和救助之间的分界线

有时候，当我跟一位妈妈解释我的H. E. L. P.策略的时候，特别讲到不要轻易干预宝宝的活动这一部分的时候，她的眼睛呆呆地盯着我，露出疑惑的神情。我理解她的疑问，这再正常不过了。格蕾瑞雅的女儿特利西亚已经11个月大了。几天前，格蕾瑞雅送给女儿特利西亚一盒图形玩具，这是她第一次送这样的玩具给女儿。她们坐在一起，格蕾瑞雅从玩具里挑选出不同的图形，"看看，特利西亚，这个是方形，这个是圆形"，她边说边把这些图形按照盒子上洞口的形状扔到了盒子里。然后，她又重新做了一遍，而特利西亚，此时甚至连她的小手都没有碰到过她的新玩具。"现在轮到你做了。"格蕾瑞雅握着特利西亚的手，把一个方形的积木块放到她的手里，并指着盒子上方形的洞口对她说："把它扔进去。"就在那一刻，特利西亚对这件玩具完全失去了兴趣。

格蕾瑞雅的问题是她明显地越过了"帮助孩子学习"和"束缚孩子好奇心"中间的分界线。她通过所谓的"救助"方式试图让特利西亚避免挫折（老实说，孩子并没有表现出来挫败感），可是事实上，这位"救助型"妈妈没有考虑宝宝的感受，凭自己的感觉在做事。她没有对女儿多加鼓励，而是想"救助"她，其结果却掠夺了特利西亚的体验机会。

与此相反，在这种情况下一个擅于鼓励孩子的"辅助型"家长先不急于靠前，他会静下心来观察一会儿，看看孩子会怎么做。如果他看到孩子因为自己做得不够快、不够好而感到沮丧，但并没有因此想放弃的时候，他会对

孩子说："珍妮，你看看这个是方形的，它和这个方形的洞口是匹配的。"珍妮可能不会马上理解，也不会马上就能做好，但是没有关系，孩子们就是这样学会耐心和坚持不懈的。而且，在这一刻，她拥有了通过主动学习而导致的成就感和内心的快乐。太快太早地向孩子施以援手，会剥夺孩子体验成功和快乐的机会。

"但是我怎么知道她什么时候感到沮丧而我必须介入呢？"格蕾瑞雅问道。"当她把小手伸向电源插座的时候，我知道这很危险必须立即制止。但是，像这样的不涉及到她安全的情况，我就掌握不好分寸了。"

我对她说：要先听听特利西亚的想法。"如果她完全做不好匹配图形的游戏，你对她说：'宝贝，你很努力，你做得真棒！你想让我帮帮你吗？'如果她说'不'，请尊重她的意愿。但是如果她过了一会儿还做不好，而且看起来心烦意乱的样子，这时候你就可以试着去帮助她，对她说：'我发现你遇到难题了。这样……让我来帮助你吧。'当她成功地为图形找到合适的洞口的时候，为她大声喝彩，'哇！你成功了，你太棒了！'"

最重要的原则就是除非你的宝宝需要你施以援手，否则不要轻易介入。这一切都基于你对他的了解。

关于"介入"的指导原则

"辅助型"家长一定是一位有礼貌、擅于观察而有耐心的人，他们为孩子提供丰富的探索机会，为他们选择适合他们年龄的玩具，并指导孩子参加各种活动。如果你想"介入"孩子的活动，请遵循下列原则：

- 了解孩子感到沮丧时候的表情和发出来的声音；直到看到或者听到这些信号，否则克制自己"介入"的行动。
- 先进行口头干预："我看到你遇到困难了。"
- 在帮助之前一定要询问："你愿意让我帮你一把吗？"
- 如果孩子说"不"或者"我能自己做"的时候，请尊重他的意愿，即使他不穿外套就要出门也不要管。有些教训是孩子必须经历的。
- 事实上孩子的感受比你认为的要准确和丰富——例如，他会感受到寒冷、潮湿、饥饿、疲倦或者对某件事、某个地方感到厌倦。你的哄骗和劝说会让他对自己的感觉产生质疑。

了解你的孩子遇到什么样的挫折。特利西亚的语言表达能力还很弱，那就意味着她还不能直接告诉妈妈她遇到的困难或者直接请求妈妈帮助。因此，我对格蕾瑞雅说："你要从女儿的表情和声音里确定她遇到什么样的困难。比如，她发出滑稽的声音还是用手揉搓她的小脸，或者她干脆哭起来了。"一旦特利西亚学会说话，评估她何时需要大人的帮助就容易得多，因为她会用语言来表达她的心理状态。在此期间，妈妈的判断必须依靠宝宝的面部表情和身体语言。（第五章将会叙述如何教会孩子用语言表达他们的情感需要）

了解宝宝的忍受力水平。有些孩子天生比其他孩子更有毅力，更有耐心，所以他们对挫折就有更强的忍耐力。"暴躁型"和"易怒型"的宝宝只要经历一两次挫折就会感到痛苦不堪，他们会不假思索就轻易产生"放弃"的想法。"天使型"和"活跃型"宝宝往往有更强的承受力。至于"模范型"宝宝，他的忍受力取决于在这个时候有没有其他事情发生，还取决于他的发育程度——例如，他正在学习走路的时候，就不会对拼图游戏有耐心。如果父母过于强势，和其他四种类型的宝宝比起来，"易怒型"宝宝更容易失去兴趣，也就意味着"克制行动"这个原则对这些宝宝的家长更加重要。特利西亚就是"易怒型"宝宝。因此，格蕾瑞雅过去帮助她，反而让她失去对玩具的兴趣。这位妈妈应该学会保持克制。

了解宝宝的发育情况有助于判断何时介入他们的活动，特别是对于那些严格按照生长发育表来成长的"模范型"宝宝来说，了解他们的发育程度尤为重要。但是无论你的宝宝属于哪种类型，你都需要问自己："宝宝适合做这个活动吗？"例如，我注意到，特利西亚不太会把东西放下，这是一岁左右的宝宝都会遇到的很普遍的现象。宝宝试着扔东西或者投东西，但是手里的东西就好像粘在手上一样，就是放不下来，要求她"扔出去"超出了特利西亚的学习能力。反过来，你的要求可能会让她产生挫败感，还会让她更迅速地对匹配图形的游戏失去兴趣。

一点点挫败感对宝宝来说未尝不是一件好事情，它可以提升他们的能力，帮助他们学会延时喜悦并培养他们的耐心。然而，掌握好尺度是不容易的事。如果宝宝遇到的困难是符合宝宝年龄阶段的，你就不大可能进行过早的干预和"救助"的行动，但同时，你要拿捏分寸，小心从事，以免挫败感演变成痛哭流涕，导致情绪失控。为了达到平衡，留心观察宝宝的一举一动，并不断揣测事态的发展。

超出 E 的范畴——创造令人鼓舞的氛围

我总想提醒家长们，那些堆满房间的不计其数的玩具和小玩意儿，尤其带按键、响铃或者哨子之类的玩具，对于培养宝宝所发挥的作用实在有限。而有些家长坚持认为他们为宝宝购买这些玩具的意图是想"尽力开发孩子的潜能"和"让他们的生活丰富多彩"。学习可以随时随地发生，甚至不用花费一分钱就可以学到真本领。如果父母们有意识，有创造力，每时每刻都可以为他们的孩子提供探索和实验的机会。

我更欣赏这种类型的父母——他们意识到：最丰富的学习资源就近在咫尺，正等待着宝宝前来学习。他们尽可能利用各种机会让宝宝学习，而不是求助于堆满房间的昂贵玩具。贝丽丝和达伦是一对居住在洛杉矶的三十岁出头的年轻夫妻。此时，一股"让孩子成为人上人"的思潮正影响着洛杉矶的家长们，但是这对夫妇不想追随这股风潮，他们有自己的判断。他们的孩子楚门和雪莉，分别3岁和18个月大，拥有很多书籍、美术用品和积木玩具，但是他们却更热衷于利用家里可以找到的任何东西——比如纸筒、盒子、碗等等这些随处可见的物品——玩虚构想象的游戏。这两个孩子整天待在室外，他们用泥土搭建城堡，用废弃的木板搭堡垒，或者往水里扔东西让水面溅起水花。圣诞节的时候，大多数的美国孩子会在圣诞树下找到成卡车的圣诞节礼物，而楚门和雪莉只从父母那里得到两件礼物。

楚门和雪莉来到我的办公室，我得以有机会看到这种抚养方式所产生的直接结果。我看见楚门发现用纸板做的积木的时候兴奋的样子，我问他是否愿意把积木带回家，他的脸上立即出现了灿烂的笑容。"是真的吗？"他问我。看到我肯定的表情，他真诚地对我说，"谢谢"。

这件事不仅仅说明楚门是一个有礼貌的孩子。很明显，他发自内心地感激我送他礼物——这对他来说，是一个振奋人心的好消息。今天许多小孩子会轻而易举地获得大量的玩具，其结果是他们对各种新奇的玩具失去了兴趣。更糟糕的是，因为很多玩具都带有代替思考的功能，如果孩子只玩这种玩具，他们将失去创造力和想象力，这些玩具剥夺了孩子创造、构建以及思考解决问题的宝贵机会。

让你的家成为宝宝的探索乐园

现在，有很多城市都建有"儿童探索乐园"，5岁以上的儿童可以在那里了解科学原理，直观感受物理学的现象。在家中你也可以为宝宝建设一个"儿童探索乐园"，只要环境适合宝宝身体和智力的发育水平，确保宝宝在里面独立游戏时候的安全就可以。以下是我的建议——当然，你也可以按照你自己的想法去做。

● 在家里分隔出不同的游戏区：可以用枕头当隔离桩把宝宝的游戏区域围挡起来；为餐桌或者桌子铺上桌布，让宝宝可以爬到桌子下面去；在房间里搭帐篷。
● 在室外有沙子和泥土的地方建立游戏区，放置一些量杯或者不用形状的模具。
● 给宝宝提供在浴缸里或者洗手盆里玩水的机会。给宝宝准备一些量水的杯子或者喷水的瓶子。如果天气炎热，可以给宝宝一些冰块放在水里玩。
● 唱几只生动的歌曲，鼓励宝宝用纸筒、塑料容器、锅和盆或者木勺来伴奏。
● 一定要保证白天的时候至少有一次机会让宝宝在自己的小床里玩一会儿。这样他会觉得这是一个安全的地方，把床和快乐联系在一起，从而在清晨的时候更愿意独自玩一会儿。在床里放一些玩具，两三个毛绒玩具，和一个"小小工具箱"。

学步期的宝宝有很多奇思妙想。他们是参与创造的小小科学家，他们眼神明亮，大脑灵光，正随时准备去探索世界，他们不需要用玩具来刺激他们的创造力。在过生日或者过节日的时候，宝宝对装着玩具的盒子而不是玩具更感兴趣，你知道这是为了什么吗？那是因为盒子的可塑性强，能变成他们喜欢的任何东西，而大多数新玩具都按照某种特定的方式"运行"，让宝宝感到死板而枯燥。纸板箱给他们提供了富有想象力的娱乐。孩子们藏在里面、用他们来"过家家"和搭建城堡。他们还可以在上面跳跃、用手撕碎它，纸板箱怎么玩都可以，没有正确与错误之分。

在你的厨房里堆放着大量的坛坛罐罐、量杯、塑料碗、木勺子等等，这些东西都是能让孩子们嫉妒眼红的玩具。一只里面装着干豆子的塑料密封罐（用胶带粘好）可以变成一只小手鼓；一套用于称量的勺子可以用来当拨浪鼓；一只倒放的塑料碗就是一只鼓，用木勺做鼓槌。不要把纸毛巾或者卷厕纸的硬纸筒丢弃，可以把它们送给你的宝宝。孩子们热衷于这些玩具，因为这些东西在孩子们的手中可以变成任何东西，而不是玩具制造商们精心设计出来的。

我并没有说有教育意义的玩具一文不值，不可否认，很多玩具在开发幼儿能力方面具有惊人的效果。但是我认为今天有些家长做事过于激进（如果他们买不起大量的现成的玩具送给孩子，他们会感到内疚）。当然，他们这样做也是可以理解的。大量的小型玩具店被仓储式玩具店取代，孩

子们需要的任何物品在那里都可以找到，当然，他们不需要的东西可能会更多。

能够产生丰富的有教育意义环境的原材料就近在咫尺。鼓励你的孩子在他的世界里探索那些看似平常的东西，或者观察自然的奇迹，鼓励他们用正在成长的大脑去思考，去创造。

L——有规矩的生活

我们都想谨慎地生活，对于学步期的幼儿来说，这个世界充满了潜在的危险。除了要当心环境中的风险之外，你的小天使根本就不明白生活的规则，所以作为家长，你有责任教育他，这就是L这个策略出现在H.E.L.P.中的原因。学步期宝宝需要被设定行为的限制。你不能放任他随意行动，因为无论在智力上还是情感的控制力上幼儿都没有能力面对这么宽泛的自由。我们还需要强调我们和孩子之间的差异：我们是成年人——我们更了解这个世界。

学步期的宝宝能够快速移动，他的认知能力在突飞猛进地提升，所以你必须记住几个不同的限制他们行为的办法。

限制刺激。婴儿的家长必须防止过分刺激婴儿，限制刺激对于学步期的宝宝也非常重要。孩子兴奋起来、跑来跑去、听快节奏的音乐是很棒的事情，然而，学步期的宝宝们接受刺激的承受力是因人而异的，因此你要了解你的宝宝能接受什么样的刺激以及能接受多长时间的刺激。他们的气质禀性会给你提供一些线索。例如"易怒型"宝宝在婴儿期里对刺激的接受能力就低。在第一章里我们认识的蕾切尔，是一个两岁大的"易怒型"宝宝，当她走进了有很多同龄小朋友在的房间的时候，即使其他的宝宝都保持安静，蕾切尔也会把脸藏在妈妈的膝盖中间。她和保姆一起来到公园，如果有很多小朋友在她周围跑来跑去，她就拒绝从她的婴儿车里出来。对于像贝琪一样的"活跃型"宝宝来说，一旦她的"开关"被"打开"，就很难再让她平静下来。艾伦，脾气"暴躁型"的宝宝，只要受到一点刺激就会"昏天黑地"地恸哭起来。对于"天使型"和"模范型"的宝宝来说，如果经历太多刺激，他们会感到疲劳，所以经常会以哭闹来收场。聪明的家长会放慢行动的节奏，在刺激来临之前给宝宝预留接受的空间。家长在每天晚上上床睡觉之前，都必须限制对宝宝刺激，这一点对所有的宝宝都适用。

限制选择。当我为很多有婴儿的家庭进行上门服务的时候，有机会见过许多有学步期幼儿的家庭。这些家庭中早餐的场景常常令我忍俊不禁。

婴儿巴迪已经吃饱了。19个月的宝宝米琪，正坐在她的餐椅中准备吃谷类食物。"宝贝儿，"妈妈亲密地对她说："你喜欢吃点可可泡芙、麦圈、'嘎吱船长'麦片还是爆米花呢？"米琪就在那儿呆呆地坐着，一脸的不知所措。米琪的语言能力根本不是问题。事实上，米琪不知道怎么应付这么多的选择，她糊涂了。见到这个样子，妈妈转过头问我："特蕾西？她这是怎么了？难道她听不懂我说的话吗？难道让孩子自己选择是不对的吗？"

"当然，"我先肯定了她的做法，对她说，"你当然应该让她选择，但是对一个两岁大的宝宝来说，你给她的选择也太多了。"事实上，让孩子适度地选择会帮助他们培养主动性，感受到他们对"世界"的控制力，我会在之后的章节中进一步解释这个观点，但是太多的选项会让他们无所适从，从而获得适得其反的效果。

限制不良的行为。无论一个孩子多么爱乱发脾气，多么不可理喻，哪怕所有人都对他说"不"，他也不是一个"坏"孩子。正好相反，如果我遇到这样的宝宝，我会说："这是一个可怜的孩子！没有人教他规矩。"孩子们需要了解别人对他们的期望，而这正是家长的不可推卸的责任。事实上，帮助孩子过有规矩的生活是你能给予他的最好的礼物之一。本书第七章是关于宝宝情感教育的内容，其核心就是教孩子遵守纪律。另外，第七章还包括我的"一二三理念"。一，当一种特殊行为第一次发生的时候，例如打人或者咬人，家长应该立即进行干预。二，如果不良行为第二次发生，你可能已经有了一个解决的办法了。三，不良行为如果发生了三次，说明你已经过于放任宝宝的行为。事实是当孩子的情绪失控的时候——尖叫、哭喊、叫喊、疯狂的行为——对他来说，很难让他再回到现实中。当然，要解决问题很不容

易，但如果你足够细心，并保持专注，还是能够把不良行为扼杀在摇篮里而不任其发展，使高涨的情绪逐步降级的。

限制不好的事情被过量地使用。对于大多数儿童来说，电视和糖果是他们最喜欢的东西。无数的研究表明，这两种东西中的任何一个，如果大量摄入，都会让宝宝情绪高涨。"易怒型"和"活跃型"的宝宝是特别脆弱的。另外，诸如活动、食物、某种形式的玩具或者某个地点也会对宝宝施加不好的影响。如果宝宝在某种环境下或者某种条件下表现不好，那么我们只好接受这个现实，尊重他的反应，而不要一味地试图让他去适应。

限制潜在的失败。尽管宝宝的能力日新月异，突飞猛进，但也不要拔苗助长，对他有不切实际的期待。比如给他购买与他的年龄不相称的玩具、期待他安静地观看一场时间不短的电影，或者带他去不适合儿童的时髦餐厅用餐。这样做，不但宝宝难以理解，而且你是在自找麻烦。我会在第四章进一步解释。例如，妮塔妈妈和爸爸抓着妮塔的小手帮助她学习"走路"，但是他们并没有考虑到在妮塔的身上，自然的进程有它自己特殊的规律。我们为什么要违背自然呢？妮塔半夜醒来，站在自己的小床上哭，因为她不知道如何才能坐下来，这对家长给我打电话求助。或许，如果他们能顺应自然的规律，先教会女儿怎样才能坐下来，妮塔就不会在夜里哭泣了。

限制自己不文明的行为。幼儿依靠重复和模仿来拓展他们的能力。只要他们醒着，他们就会观察你，听你说话，以你为榜样，从你身上学习。因此，你对宝宝的教育是潜移默化的，你必须多加注意你的一言一行。如果你是口不择言的家长，当你第一次听到孩子说粗话的时候，就不必感到惊讶；如果你是行事粗鲁的家长，你的孩子也会用粗鲁的方式处理问题；如果你经常把脚放在咖啡桌上，嚼着薯片看电视，我敢保证，你的孩子一定不会严格执行"起居室禁止吃东西"和"不要把脚放在家具上"这些规矩的。

看完上述的建议，你是不是觉得你无时无刻不在扮演一名裁判员或者警察的角色？在某种程度上的确如此。学步的幼儿特别需要规矩的限制。否则，他们的内心会迅速膨胀，后果是可怕的，会令人难以掌控。

P——赞美和夸奖

到目前为止，被公认的最积极的教学方法是爱和赞美。孩子需要爱，无论给他多少都不过分。当我还是小姑娘的时候，我的奶奶经常突然地亲吻我，我抬起头问她："奶奶，为什么你要亲吻我呢？"她亲切的回答始终一致："没有为什么。"我感到我是世界上拥有最多的爱、最被重视的人。

就连科学家们也不得不承认，爱在维系亲子关系中发挥的神奇魔力。当一个孩子感觉被爱的时候，她内心充满了安全感，并且她会想方设法地让父母开心，当他长大的时候，她希望通过做正确的事让整个世界开心幸福。

尽管爱是一个给予多少也不过分的东西，而赞美则是另外一回事。日常生活中常常发生过度夸奖孩子的事。为了避免过度夸奖，一个秘诀是：只在出色完成任务以后给予夸奖。扪心自问："你的孩子真的做了值得表扬的事情了吗？"否则，你出自善意的夸奖将会一钱不值，甚至孩子也会对你的夸奖习以为常，不再重视了。要知道，夸奖的目的并不是像拥抱和亲吻那样使孩子感到身心愉悦，它的目的是表扬任务的出色完成、强化良好的行为举止、肯定良好的社交技巧，包括与人分享、态度友善和与他人合作的精神。简单地说，夸奖让你的孩子知道他做这件事是正确的。

最完美的表扬

为了避免对宝宝的无端地恭维，请遵循下列原则：

只有在宝宝做了正确的事或者出色地完成任务的情况下才给予夸奖。请使用这些词汇（"做得真棒！""就该这么做！""棒极了！"），欢呼（"哇呜！"），举手击掌（"与我击掌庆祝一下。"）或者这样的行动（拥抱、亲吻、竖起拇指或者鼓掌）。

每次对宝宝做的事加以表扬。（"你能自己拿勺子吃饭真好！"），而不是表扬他的外表（"你看起来好可爱。"）或者普通的行为（"你是好孩子。"）

当场进行表扬（"你打嗝之后能说'对不起'，真有礼貌。"或者他刚把玩具拿给小朋友玩的时候对他说"分享是一件好事。"）

带着谢意去夸奖（谢谢你把这里收拾干净、谢谢你帮我安排餐桌）

通过奖品来夸奖（今天你和小伙伴做完游戏之后能收拾干净，我们可以在回家的路上买点好吃的）

在睡觉之前，和他一起回忆一天里他做的好事（"今天你在鞋店里表现得真乖"，或者"今天在银行有位女士送给你一块棒棒糖，你对她说'谢谢'，你真棒！"）

模仿宝宝那些值得表扬的行为。你自己也要有礼貌，对别人尊敬。

　　然而，家长们有时会因为爱而不辨是非，他们经常把对孩子的爱和夸奖混为一谈。老实说，他们相信多表扬能够促进孩子的自信心。但是，如果掌声和赞美之词泛滥成灾的时候，反作用就出现了：过度表扬让孩子不再信任表扬。

　　当父母们看到孩子取得微小成绩就心急地大加赞许的时候，他们会发现他们正在让错误的模式固定下来。例如，有一天罗利自己把袜子脱了下来。"罗利，你真是好样的！"罗利的妈妈托妮兴奋地夸奖他。第二天，只要给罗利穿上袜子，他就把它脱下来，托妮感到非常困惑。这个例子说明托妮在罗利脱袜子的事上过分重视，给罗利造成这样的印象：只要我能脱袜子，就会得到表扬。（别搞错，我们应该在孩子尝试独立做事的时候给予表扬，但是也不要过火。更多的内容留在第四章。）

　　另一个父母们容易犯的错误是有时他们在孩子行动之前就给予孩子夸奖。我想起最近我在一次音乐课上见到的事。珍妮丝和其他的妈妈一起坐在

每天的 H.E.I.P. 策略——备忘录

　　在你的脑海中时刻记住 H.E.L.P. 策略，特别是当你遇到棘手的问题的时候，更要这样做。当然，抚养一个学步的幼儿，每天都可能发生令你感到棘手的事！认真思考每一个字母所代表的含义并且经常自我追问：

　　H：我是否做到足够克制，或者当着孩子的面，我是否多管闲事、过度干涉或者在他不需要帮助的时候施以援手？

　　H——克制自己的行为——为了观察宝宝，而不是对待宝宝心不在焉、拒绝帮助或者根本漠不关心。

　　E：我是鼓励孩子去探索还是吝啬于鼓励？每天宝宝都会有大量的机会去探索，其中有很多的机会会被家长们挫败。例如，当你的宝宝和其他的孩子一起安静地玩耍的时候，你会不会对他喋喋不休？他在玩智力拼图游戏的时候，你是在一旁看着他自己玩还是替他做？他摆积木的时候你是否在他自己尝试之前替他摆好？你是否经常指挥他，监督他并且给予他指导？

　　L：我能限制或者允许过度的行为吗？通常情况下，过度的行为对于幼儿来说不是好事情。你是否给宝宝太多的选择或者太强烈的刺激？你是否在发怒、受到冒犯或者情绪激动的时候保持足够的克制？像看电视或者吃糖这样的事情，只要过度就会变成坏事，你是否会限制诸如此类的活动？你是否能够允许带你的孩子去不适合他年龄的场合，带他到有可能让他身处险境，或者使他悲伤、产生失败感的地方去？

　　P：你是否给予宝宝恰如其分的称赞或者是否曾经过度地夸奖宝宝？你的表扬是否恰到好处——强化宝宝合作和友善的行为或者对宝宝出色地完成任务加以肯定？我曾经遇到过这样的家长，他们会在孩子无所事事的时候对他说："干得好！"在不恰当的时候夸奖孩子，无论所用的语言是否实至名归，对孩子来说没有丝毫价值可言。

年仅11个月大的宝宝苏琳的身后。四个宝宝正在听《可爱的小蜘蛛》的录音带，只有一个宝宝，当然是这几个宝宝中年纪最大的，正在尝试着模仿老师的手部动作。其他的宝宝们，包括苏琳，睁着大眼睛，手放在膝盖上，神情陶醉地坐着听。"干得不错！"音乐一停下来，珍妮丝大声地说。苏琳转过身去看着妈妈，脸上的表情仿佛在问："天啊，你在说什么？"珍妮丝本是好意，但她到底在教苏琳学习什么呢？很多妈妈都喜欢这么做，对此我表示不敢苟同。

你是一位"辅助型"的家长吗？

在这一章的开头，我就提到有一些家长可以被称为"辅助型"的家长——他们本能地采用H.E.L.P.策略，知道什么时候该克制和收敛自己的行动，什么时候该立即介入，鼓励孩子独立做事，而又能用规矩来约束孩子的行为，他们总是在最恰当的时候表扬孩子。这种类型的家长对他们尚在学步期的宝宝的行为有很强的容忍力——绝不是偶然，他们的孩子无论是什么类型的脾气秉性，都非常容易抚养。

"辅助型"的家长既不是带有权威的"命令型"的家长，也不是听之任之的"骄纵型"的家长，他们处于中间的位置。他们不严格也不松懈，而是一位明智的中间派，在两个极端之间达到平衡。下面是一份自我测试，能帮助你认清你的教养子女的方式。它并不是非常科学的，都是一些我在家长们中常见的行为。如果你用心回答这些问题，你就会清楚你在所有家长中间处于一个什么样的位置。

你的育儿模式

请选择以下问题中最符合你自己情况的选项。在选择的时候要诚实和反思。在题目的下方有对选择结果的说明。

1. 当宝宝正走向危险的时候，我会 _____。

    A. 让他自己发现危险所在

B. 在他到达之前转移他的注意力

C. 马上奔过去把他抱起来

2. 当宝宝得到一件新玩具，我做的第一件事是 _____。

A. 让他自己玩；即使他不会玩，也认为"他会很快搞定这件玩具的"

B. 在一旁等着，只有在宝宝失望的时候才过来帮助他

C. 向他演示玩具的玩法

3. 当宝宝因为没有得到糖果而在商店大发脾气的时候，我会 _____。

A. 生气地带他离开商店，并且告诉他再也不会带他来商店购物了

B. 坚持不买糖果的立场，并且带着他离开

C. 当他哭闹的时候给他解释不买糖果的原因——如果不奏效就放弃

4. 当宝宝袭击一起玩的小朋友的时候，通常我会 _____。

A. 把他拉走并且气愤地对他喊："不，你不能打人。"

B. 用手把他的手束缚住，对他说："打人的孩子不是好孩子。"

C. 告诉他"打人是不对的"，并让他记住从此不再犯

5. 当宝宝回避某种食物的时候 _____。

A. 我会提高嗓门，对他表示失望；有时我会强迫他坐在椅子上直到把食物吃
下去

B. 我继续在不同的时间给他提供这种食物，每一次都会温柔地哄他去品尝

C. 我尽量哄骗他去吃，但是从来不强迫。我认为他不喜欢这种食物也正常，没
啥大不了的

6. 当我对宝宝的所作所为感到气愤，我可能会 _____。

A. 威胁他让他乖一点

B. 离开房间直到我平静下来为止

C. 压住怒气给他一个拥抱

7. 当宝宝大发脾气的时候，通常情况下我做的第一件事是 _____。

A. 也用愤怒来回应他，并且对他进行身体上的约束

B. 不理他；如果这种办法不奏效，我会制止他的活动并且告诉他："你不能这么做。如果你不冷静下来，就不要回去了。"

C. 试着和他讲道理；如果不行，我会用甜言蜜语去哄他，给他他想要的东西

8. 当宝宝不想上床睡觉而哭闹的时候，通常我会 _____。

A. 告诉他必须上床睡觉——如果有必要，让他继续哭

B. 安慰他，保证他的要求被满足，之后鼓励他自己睡觉

C. 假装和他一起睡，让他在我的床上睡

9. 当宝宝在陌生环境里表现害羞或者沉默的时候，我会 _____。

A. 不在意他的感觉，鼓励他坚强起来

B. 温柔地鼓励他，给他足够的时间允许他畏缩不前直到他自己情愿为止

C. 马上离开，因为情绪低落对宝宝不好

10. 我认为我的育儿理念是 _____。

A. 训练我的宝宝，使他成为能够融入家族和社会的成员

B. 不但要给予宝宝爱，也要给予他一定的限制，尊重宝宝的情感也要对他加以指导

C. 遵从宝宝的意愿，不要限制他的天性和兴趣

你属于何种类型？

请根据你的选择打分，每个A选项为1分，B选项2分，C选项3分，最后计算出总分。下面的结果说明你是何种类型的家长。

你的分数介于10分至16分之间：你属于我称之为"控制型"的家长——在整个家长类型中偏于"独裁型"的一端。"控制型"的家长一般是严格的，对标准要求苛刻，他们一般会为孩子制定严格的规矩，对孩子不当的行为给予惩罚，但是他们不擅长为孩子留下自己决定的空间。举个例子，多莉就是这样一位母亲。从她的女儿艾莉西娅出生开始，她就非常擅长为她制定规矩。对多莉来说，让她的女儿成为一个有礼貌、行为得体的乖宝宝是最重要的事——而且她也做到了。小艾莉西娅在婴儿时期算是一个非常开朗乐观的孩子，但是现在，她和其他小朋友一起玩耍或者尝试新东西的时候表现得有些畏缩不前。她总是看着她的妈妈，看她是否同意她的做法。多莉非常爱

她的女儿，这一点是无可置疑的，但是有时候她忽略了小艾莉西娅自己的想法。

如果你的总分介于17分至23分之间：你可能是一位懂得在爱和立规矩之间平衡的"辅助型"家长，你会本能地坚持做H.E.L.P.策略中的内容。你和莎莉非常相似，她就是我见过的这种类型的家长。在莎莉的儿子达米安很小的时候我就注意到她了。莎莉一直是一位认真的观察家，不过她也能宽容地对待儿子所犯的错误……除非他会遇到危险或者尝试一些不适合他的东西。莎莉也是一位富于创造力的能解决问题的人。"莎莉、达米安和大水罐"的故事将会详细讲述。（详见侧边栏）

莎莉、达米安和大水罐的故事

一天，莎莉正在往一个鸭嘴杯里倒橘子汁的时候，达米安说："让我来做吧！"莎莉知道达米安根本拿不住这么沉的玻璃罐。所以莎莉对他说："这个罐子太沉了，但是你可以用你的小罐子。"莎莉在橱柜里拿出一个塑料的小罐子，并把一些果汁倒进去，让达米安站在水槽旁边。"你就在这里练习倒果汁。这样，你就不用担心会把果汁洒在地板上。"达米安接受了莎莉的折中方案。并且一连几天早上，他会把椅子推到水槽旁边对妈妈说："达米安来倒果汁！"经过一至两周的时间以后，达米安已经很熟悉倒果汁的方法了，他妈妈分给他倒的果汁的量渐渐加大，他也能应付自如。很快他就能够从冰箱里直接把盛放果汁的盒子拿出来，走到水槽旁边，不洒一滴地把果汁倒入他的小塑料罐子里。如果有人来参观他的工作，他就会向他们解释："这就是我倒果汁的地方。"

如果你的总分介于24分到34分之间：你更倾向于"骄纵型"的家长——对待孩子有些自由放任，不限制他们的行为。你害怕太多的束缚会摧毁孩子的天性，你甚至相信如果对孩子严格管教，可能会失去他们的爱。同时，你有溺爱孩子的倾向。在允许孩子自由探索的抉择上，你会犹豫。克拉丽丝就是这样一位"骄纵型"母亲。从艾略特很小的时候，她就观察他的一举一动。在小艾略特成长的过程中，她无时无刻不注意观察他的举动。她不断地向他说明、解释、给他具体的演示，她更擅长教授而不是为他立规矩。这是一位让她的儿子尊敬的母亲，但是她的行为也偏离了正确的轨道，让在一旁观察这对母子活动的人心生疑惑："到底谁在做这个游戏？"

我从"骄纵型"家长那里接到的求助电话最多，其次是"控制型"家长，这是毫不奇怪的。像克拉丽丝这样的妈妈，她们不为孩子立规矩，经过一番痛苦的经历以后才发现宝宝在生活中需要更多的行为限制和生活的稳定性。来自她们的求助电话通常涉及宝宝不良的饮食习惯、睡眠问题以及行为问题。另一方面，像多莉一样的"辅助型"的妈妈既擅长给孩子建立规矩，又可以让孩子遵守规矩。"控制型"的家长们所具有的缺乏弹性和严格僵化的标准经常削弱孩子对事物的好奇心和创造力。艾莉西娅看起来并不信任自己的感觉，因此她才会不断地盯着她的妈妈，不是想寻求肯定就是想询问她应该怎么做。

亲子教育方式的重要性表现在哪里？

当然我认为做一个"辅助型"的家长是最好的选择（一些研究也证实了我的观点）。人们由于各种各样的原因导致在家长图谱中处于某个极端的位置。

他们的父母就是这样做的。你可能会说："我不会像我的父母对待我一样对待我的宝宝。"但是他们确实是你的榜样。许多家长在重复做着他们儿时父母对待他们的模式。一位非常溺爱孩子的母亲曾经对我说："我的母亲非常爱我，我不知不觉地就这样爱我的孩子。"重复你父母的模式并不一定是坏事，但要保证这种模式对你和你的孩子是合适的。

他们的亲子教育模式和他们的父母正好相反。这些家长抛弃了儿时的一切，而且经常是下意识地逆着他们父母对待他的方式来对待自己的孩子。最好考虑一下你需要什么和怎么做效果最好。你的父母对待你的方式也许并不都是错误的。因此，扬长避短才是最佳的选择。

他们的孩子很特别。老实说，你的宝宝的气质类型很大程度上决定你每天对待他们的态度和做法。我在前面已经阐明你自己的气质类型可能适合你的宝宝的天性，也可能不适合。你的孩子可能比其他孩子更激进，更顽固，更敏感或者更好斗——这需要家长清醒地认识并妥善处理。如果你对待有脾气的孩子过于严格或者过于放纵的话，你要扪心自问："这是不是对待孩子最佳的方式？"

当然，做一位"辅助型"的家长是很不容易的，他们既要在爱和规矩之间达到平衡，也要懂得进退自如——在合适的时间向宝宝表达合适的赞许，在恰当的时候给予宝宝适当的惩戒（详见第七章）。其次，你或许诚实地认为在家长图谱中某个极端更接近你的做法。无论如何，如果你知道你在家长图谱中所处的位置，至少你可以有意识地选择自己的行为方式，或者选择应对宝宝的办法。毕竟，你做的一切将会对你的宝宝产生深刻的影响。

你将会在这本书中读到更多的H.E.L.P.策略，我认为它们是亲子教育中最重要的基础。同时我认为保持一个稳定的生活习惯也同样重要，这一点我会在下一章重点阐述。

第三章

规律和习惯（R&R）：良好习惯益处多

滴水穿石，凭借的不是暴力而是坚持不懈。

——卢克来修

即使最无足轻重的仪式，只要每天坚持重复，都将渗透到你的灵魂深处。

——托马斯·摩尔
《教育的核心》

"规律和习惯有什么大不了的？"

这句话出自肥皂剧演员罗莎琳之口。每次罗莎琳离开家，她的一周岁大的儿子小汤米都会全然不顾地拼命恸哭，她不得已打电话向我咨询办法。当我建议她注意在生活中培养汤米一些生活规律和习惯的时候，她就是用这句话回答我的。

"生活规律和亲子分离有什么关系？"她没有等我回答，就继续发问。"另外，我讨厌一成不变，不喜欢日复一日地重复做同样的事。"尽管她语调低沉，可是足以说明她的态度：生活需要变化和激情。毕竟，作为一名演员，她的生活每一天都充满了新的挑战。

"我同意，"我对她说，"不过请你想一想，你每天都需要去摄影棚，这就是你的生活规律。每天早晨你按时起床、洗漱、吃早餐，然后乘坐相同的交通工具上班。当然，你每天的台词不同，和你配戏的演员可能会更换，但是你一定有你非常信赖的老搭档，他们可能是编剧、导演或者是摄影师。

当然，每一天都会经历不同的挑战，但是如果你遇到的情况恰好是你曾预料到的，你会感到舒心，难道不是这样吗？实际上，你的生活处处充满了一成不变的规律和习惯，尽管你选择无视它们的存在。"

罗莎琳瞪着我，她脸上的表情仿佛在说："特蕾西，你在说些什么啊？"

我继续说："你有资本可以避免每天繁重的苦差事。可是我们不得不承认，其他的女演员会为下个月的账单发愁，甚至她们会因为下一顿饭愁眉不展。不过你的工作具有两大优势：稳定性和每天都有的新鲜感。"

她点点头，不情愿地从牙缝里挤出一句话："可能吧！但是我们应该谈论的不是我，而是一个一岁大的孩子。"

"对宝宝来说也是一样的。事实上，规律和习惯对他可能更重要。"我向她解释道："宝宝的每一天都应该充满乐趣，也应该具有一定程度的稳定性，最重要的是，宝宝的生活应该是可预测的，这会让他减少焦虑。如果你结合你的工作去考虑这个问题，你就会容易理解的。因为当你无需为明天的生计发愁的时候，你才能潜下心来琢磨你的演技。我想强调的是，这种舒心和放松的感觉，小汤米也应该拥有，而且非常渴望去拥有。如果每天的生活按照他的预期发生，他就会感到放松，感到对生活有一定的控制力，因此会变得更加乐于合作。"

我见过许多像罗莎琳一样的母亲，她们要么没有意识到生活中规律和习惯的重要性，要么就想当然地认为规律和习惯束缚了她们的生活方式。她们带着各种各样的孩子的问题来求助于我：不良的睡眠习惯、不良的饮食习惯和不良的行为，或者宝宝像汤米一样患上分离焦虑症。我给她们的第一个指导就是帮助她们看到规律和习惯的重要性，或者我让她们学习一种我称作"R&R"的东西。

什么是 R & R？

R & R 就是惯例或者规律。在本章中，惯例和规律这两个词汇我会轮换着使用，因为这两个词汇的语义外延具有相当大的交集。事实上，重复和强化某种行为，就是R & R。

在孩子的日常生活中，在我们各种各样"给予"的方式里充满了惯例：叫宝宝起床、一日三餐、洗澡、上床休息等等。按照礼仪专家芭芭拉·毕兹欧所说，我们大多数的日常惯例（详见第52页边栏）都可以称作"无意识的惯例"，我们在做事的时候并没有考虑到它们的重要性。例如，每天早晨的拥抱、挥手说再见，或者晚安的吻别，这些都是日常惯例。当你每天把宝宝送到托儿所的时候都说相同的话，或者当你要离开的时候对他伸出大拇指的动作，这些都是惯例。当我们不断重复提醒孩子要说"请""谢谢"的时候，我们不仅仅在教他们社交礼节，而是在强化社交惯例的重要性，这是社交仪式的一部分。

这样的日常惯例能够使孩子面对可预测的未来，了解他们对世界应该有什么样的期待以及世界对他的期待。这种预期和了解可以使年幼的孩子内心安定。正如毕兹欧所说："运用惯例和仪式的形式，我们可以帮助自己，也帮助孩子更好地了解和掌握世界的规律。我们把世俗的琐事——洗澡或者家庭聚餐——和神圣的家庭纽带和家庭归属感联系在一起。"家长们需要做的是尽可能地重视每天的生活惯例，并且使这些惯例越来越具有目的性。

规律和仪式能够记载生活中的精彩瞬间和特殊时刻。在本章的第一部分，我会阐述与我们日常生活息息相关的惯例和规律；第二部分阐述那些强化家庭传统和值得庆祝的重要事件、节日、特别纪念日中所涉及的常规仪式。但是首先，我要解释一下惯例和规律的重要性。

孩子为什么需要有规律的生活？

在应对新生儿父母们咨询的过程中，我坚持让他们在生活中培养宝宝规律化的生活习惯，目的不但为宝宝的人生打下一个良好的基础，也使得家长们获得充分的休息时间，减轻他们"初为人父"或"初为人母"的压力。如果宝宝从离开医院回到家庭的那一刻起就生活在有规律的生活中，他的生活将会是稳定而具有可预见性的，这是一个非常好的状态。可是，我要说，对于学步期的幼儿，保持常规惯例和生活习惯更加重要。

　　有规律的生活为宝宝提供必要的安全感。一个幼儿的世界是充满挑战的，有时候宝宝会感到困惑，也会感到恐惧。他正在经历生命中最重要的阶段，他们以最快的速度和最大的幅度成长发育着，在你眼里他的成长是个奇迹，在他们眼中也同样如此。每一天他都在参加各类竞赛，经历各种考验，每一个角落都充满危险。当他伸出脚试探性地迈出第一步的时候，生活中的规律和习惯将会给他提供支持，不但增强他身体上的感觉，大幅度地促进他的理解力、情绪控制力的发展，而且也有利于他的社会交往。

　　在我的第一本著作《婴语的秘密》中，我提出过E.A.S.Y.策略，一个包含婴儿吃饭、活动和睡觉的有规律的日常生活方式和为家长制定的"习惯养成进程表"。即使你没有使用过E.A.S.Y.策略也不要紧，学步期的宝宝在日常生活也应该培养这种有规律的生活方式。

　　有规律的生活减少了幼儿的痛苦。在活动桌上做游戏已经不适合蹒跚学步的宝宝了。他们每时每刻都充满活力，个个像活力无穷的"劲量兔宝宝"，从早上起床以后就一直地上走来走去。家长经常充当"交通警察"的角色，有时甚至是监狱的"守门人"。这种情况下，我们不可能完全消除和宝宝之间的"小摩擦"，但是我们可以通过安排固定的就餐时间、固定的睡眠时间和固定的游戏时间来减少和宝宝的"小摩擦"。因为在有规律的生活中，宝宝能够预先感知生活的内容。反之，缺乏规律的生活将会使宝宝感到茫然和手足无措。

　　例如，一位叫丹妮诗的母亲因为她女儿有睡眠问题给我打电话。这位妈妈每天晚上临睡前都会给她一岁的女儿艾姬洗澡，为她做按摩，读两个小故事给她听，再给她喝一点牛奶，然后把她抱到床上。躺在床上的艾姬会愉快地发出"呀呀"的婴语，过不了多久，她就会进入梦乡。每天晚上她们把所有的例行程序做完之后已经八点钟了，而丹妮诗认为应该让艾姬七点半就睡觉，所以最近，她决定减少一些程序。可是，事与愿违的是，艾姬再也不能像从前那样愉快地进入梦乡了，她上床之前哭闹不止。到底为了什么？事实上，丹妮诗忽略了一个事实：孩子需要有规律的生活，而不是生硬的作息时间表。丹妮诗为了节约半个小时的时间，而改变了孩子已经习惯的生活规

律，结果是母女二人都吃尽了苦头。我建议她重新恢复原来艾姬习惯的就寝程序，只要每天晚上把做每个程序的时间提前一些就可以解决问题。"真是太神奇了！"艾姬所谓的睡眠问题就这样解决了。

解构规律的元素

芭芭拉·毕兹欧著作《规律带来的快乐》把生活的规律分解成下列元素：

1. 目的。每一个生活规律，包括那些我们习以为常的规律，都有其目的。例如，尽管我们不会说出来，但是每天固定的就寝时间的目的是让我们感到放松。

2. 准备。有些生活习惯的具体环节需要我们提前进行准备。培养孩子生活习惯的时候，准备是至关重要的，而且，准备的内容也很简单。比如：为宝宝就餐准备一把儿童专用餐椅；为宝宝洗手准备一块毛巾；为就寝之前的讲故事环节准备一本故事书等等。

3. 顺序。每一个规律都包含开始阶段、中间阶段和结束阶段。

4. 坚持。每一次对规律的重复都在强化规律本身。比如：日常的规律需要每天重复；而特殊节日的仪式需要每年重复。

有规律的生活可以帮助幼儿应对亲子分离。生活中的惯例和规律可以帮助孩子们建立日常生活的心理预期。研究表明4个月大的婴儿已经可以进行心理预期活动了。我们可以利用宝宝的心理预期让宝宝明白：尽管妈妈离开，但是她会回来的。在小汤米的例子中，为了缓解汤米与妈妈分离的痛苦，我建议罗莎琳把每天和汤米告别的时间和形式固定下来。最开始她只离开几分钟，然后根据情况再循序渐进。她先让汤米做好与妈妈告别的准备（"汤米，妈妈要和你说再见了"），然后，当她要转身离开的时候，对汤米说："宝贝，妈妈马上就回来！"并给他一个告别的吻，几分钟以后，妈妈"真的"出现在汤米的面前。慢慢地，汤米能够接受和妈妈的短暂分别了。这时候我建议罗莎琳把分别的时间逐渐延长。最终，罗莎琳解决了汤米的问题。每次告别的时候都做相同的事情、说相同的语言，这些程式化的惯例能让汤米对与母亲分离有充分的心理准备，从而可以控制自己的情绪。最开始，汤米还保持着对分离的恐慌，但是，告别和重聚的固定模式（进门拥抱并亲吻，说："嗨，汤米，妈妈回来了"）让汤米很

对惯例和规律的研究

每天有规律的家庭生活，例如固定的就寝时间、起床时间、就餐时间，以及阅读故事、洗澡和其他的重复发生并可以预见的生活习惯，会培养年幼的孩子在日常生活中学会与人合作。这些生活规律的存在可以让孩子对未来产生心理期待，避免他们产生抵触情绪。孩子们因此学会了在他们可以预见的日常生活中与人合作……

出自《邻里关系中的神经元细胞》

快就意识到：尽管妈妈离开，但是她会回来的！（在第六章和第八章有更多的关于亲子离别的内容）

有规律的生活有助于宝宝学习各项能力——包括提高动作的灵活性、控制情绪和促进社会交往的能力。 孩子是通过重复和模仿来学习的。孩子通过日复一日做着相同的事情，进行自然而然、系统的学习，不能靠家长的催促和刺激。以培养良好的行为习惯为例。在孩子学会说话之前，妈妈每次递给宝宝一块饼干都会对宝宝说"谢谢！"后来，妈妈的语言会被宝宝第一声"西"取代，再过些日子，"谢谢"这个词就会成为宝宝经常说的话。有规律的生活帮助孩子塑造行为方式，不但教会他们技能，而且也让他们学会基本道德、价值观以及尊重他人。

有规律的生活可以帮助家长为宝宝建立明确的行为限制并始终如一地坚持，从而避免宝宝养成不良的品行。 蹒跚学步的幼儿会不断地考验家长的容忍底线，家长们经常最先在压力面前屈服，结果是孩子更加恣意妄为，他们渐渐地学会了控制家长。有规律的生活可以帮助我们控制局面，提前给孩子展示事态的演变结果，这样可以帮助宝宝控制自己的情绪和行为。举个例子，维罗妮卡不想让她19个月大的儿子奥蒂斯在沙发上跳来跳去。我对她说："你要温柔地纠正他的行为，你可以这样说：'奥蒂斯，你不可以在沙发上跳。'但同时你要告诉他哪些地方适合他跳，比如一张放在游戏室里的旧床垫就是个不错的地方。"维罗妮卡按照我的建议做了，但第二天，她发现奥蒂斯又在他自己的床上跳，维罗妮卡不得不反复指导他。她一边把他带到游戏室一边对他说："奥蒂斯，你不可以在床上跳。"经过三四次的重复，奥蒂斯就明白了："啊！我懂了。我不能在沙发上或者在床上跳，我只能在这里跳！"

有规律的生活帮助宝宝面对新考验。 在本书第六章，我会谈到为了让宝宝应对生活环境的变化而进行的"预演"，这些"预演"由一系列的体验构成，可以循序渐进地培养宝宝的独立能力。首先在家里为宝宝提供体验的机会，逐渐增加难度，并最终帮助宝宝通过"考验"。例如，为了让10个月大

的格雷西准备好去外面的餐厅吃饭，她的妈妈坚持让格雷西每天晚上和家人一起就餐。格雷西坐在她的儿童餐椅中，和哥哥姐姐们一起围坐在餐桌旁，吃光面前盘子里的食物。格雷西的晚餐程序还包括在烛光下和家人手拉手做餐前祈祷。通过这些程式化的生活习惯，格雷西品尝了从未吃过的食品，学会如何就餐、如何使用餐具，了解一些餐桌基本礼仪。为了让她日后能够去外面的餐馆就餐，她的妈妈逐渐延长她在餐桌前的时间，结果是，格雷西不出预料地轻松通过"考验"。

有规律的生活让每个人的节奏都慢下来，在平凡的生活中强化亲子的纽带。给宝宝洗澡和睡前给宝宝讲故事是再平常不过的生活小事，但家长们能够在规律化的生活细节上控制做事的节奏，赋予这些小事新的目的（比如，"我可以利用睡前的时间和宝宝培养感情"），或者也可以言传身教地教孩子懂得生活的意义。这些平凡的生活习惯将会强化亲子之间的纽带，同时，孩子会得到一个重要的信息："我爱你。我想让你知道我会一直陪在你身边。"

在我养育我的女儿们的时候，我应用了"让惯例和规矩融入生活"的策略，我会提前考虑一些不可预知的因素，而且我会及时变通。在她们有时间概念之前，我严格执行每天固定的生活程序和惯例，所以她们清楚地知道接下来会发生什么。例如，在我下班回家以后，她们会知道我要陪伴她们一段时间，而且基本上这个固定习惯从未被打乱过。在这期间，我不会接电话，也不会做家务。因为她们太小还不懂时间，所以我就把闹钟设定好，当闹铃响起的时候，她们就知道我必须离开她们去做晚饭或者去做其他的家务事。她们能够主动接受我的离开，并且尽自己所能地帮助我做些事情，因为在我们团聚的时刻我们都感到非常充实和愉快。

不变的规律，铁打的习惯

你要知道尽管某些形式的惯例几乎在我接触的所有的家庭中都在执行——例如晚上睡前阅读书籍和讲故事——但是，有一些惯例还是需要适当调整以便适应你的家庭生活。当你阅读下列建议的时候，你应当适当考虑你的宝宝的脾气秉性、你自己的育儿方式以及其他家庭成员的需求等因素。下面的图表说明在规划和实施生活惯例方面，一些家长比另外一些家长做得更好。当然我们要面对现实，每个人的情况因人而异。如果你不能坚持每天晚上，至少也应该每周抽出两三个晚上和孩子一起共进晚餐。要知道，惯例是非常个性化的事；当生活的惯例反映出参与者的价值观的时候，它们就变得非常有意义了；而且你可以凭自己的感觉和喜好对一些生活习惯进行取舍。例如，尽管很多家庭坚持餐前祈祷，但是你可能不会这么做；还有，在一些家庭中，给宝宝洗澡是由爸爸来负责的。

对习惯做的调查研究

　　一些家长在制定日常生活习惯和遵守生活惯例方面非常擅长。下面，我们来看一看在第二章中提到的每种类型的家长会如何应对宝宝的"习惯养成计划"，通过这张表格，你可以知道你在所有家长中处于什么位置。

	"控制型"家长	"辅助型"家长	"骄纵型"家长
理念	对"习惯养成理念"深信不疑。	认为建立生活习惯和规律并坚持下去是非常重要的事。	认为太多的"一成不变"会束缚孩子的个性和自己的能动意识。
实践	很好地贯彻执行，但在执行的过程中更多关注的是自己的需要而非孩子的需要。	很好地贯彻执行，在执行的过程中既考虑孩子的需要，也顾及自己的需要和其他家庭成员的需要。	认为惯例和规律会约束他们。他们整天围着孩子转，每天做的事没有任何规律性。
适应性	发现想满足孩子不同的需求是非常困难的，在最后不得不妥协。	如有必要，改变一些生活的常规也很容易；生活中遇到变化也能应对自如。	他们经常毫无头绪地做事，毫无章法可言。

可能的结果	不能完全满足孩子的需求；当一些习惯无法坚持的时候，家长们会感到失望和沮丧。	孩子有安全感；生活可以预知；在合理的范围内，孩子的创造力被鼓励。	随心所欲经常造成混乱不堪的局面；家长们不能日复一日坚持有规律的生活，孩子从来都不知道未来会发生什么事。

　　下面，我会罗列出每天重复的生活惯例。尽管随着宝宝的成长，一些惯例和习惯会发生变化，但是其中一些可以成为家庭生活的基石永远进行下去：起床、吃饭、洗澡、出入、打扫卫生、午睡和就寝。你不会在这一章里找到解决问题的办法，这一章的内容只针对如何防止问题的发生。反复重复生活中一些行为让孩子知道你对他们的期待，这样就可以避免宝宝出现问题。

　　在每一个日常习惯之后，我都会为你提供带有目的性的建议。你需要进行习惯养成的准备，掌握习惯养成的程序——如何开始、如何进行以及何时停止——以及了解在什么条件下适合培养宝宝的习惯，然后就是坚持做下去。（在培养每天日常习惯的时候，你不必为能否坚持下去担忧。）习惯养成的关键是要坚持始终如一。要知道，你有责任创造性地制定习惯养成计划，让这些习惯既可靠又得到全家人的欢迎。所以，开动你的脑筋吧！

　　晨起习惯的养成——孩子只用两种方式起床，要么高兴要么哭泣。当宝宝在婴儿期的时候，起床的方式是由宝宝的脾气秉性决定的。但是当宝宝成长到学步期，他的起床方式并非取决于自己的个性，而是取决于家长经过不断地强化使他自然形成的起床模式。事实上，良好的生活习惯能够克服个性中不好的东西。

　　目的：让宝宝知道床是一个可以消遣的好地方，让宝宝在醒来的时候面露微笑、呀呀细语，并且能够惬意地独自在床上玩耍20到30分钟。

　　准备：在白天安排宝宝到他的小床里玩一会儿。在床上的玩耍会让他认为床是一个安全的场所，是一个可以玩耍的好地方。如果你的宝宝还没有发现这一点，那就每天让他在床上待一两次。你可以把一些他喜欢的玩具放在床上。开始的时候，你要陪在她的身边，当他看到你的时候会感到安心。

和他一起玩"躲猫猫"之类的游戏，让他觉得在床上玩耍是一件很开心的事情。最初的时候，请不要把他一个人留在房间里。你可以在他的房间里整理衣物、收拾柜子，或者做些书写和阅读的工作，但是一定让他感受到你的存在。你陪着他，却不干涉他的游戏。然后再逐渐地远离他，甚至在经过一段较长时期的适应以后，做到完全离开他的房间。

过程：每天早晨记录从宝宝醒来"呀呀"说话，独自玩耍直到演变成恸哭所经历的时间。尽量在他哭声响起之前走进他的房间。如果你有自己的事情需要处理，也要尽快地过去。如果你知道宝宝的尿布需要更换，请无论如何不要拖延。

愉快地走进他的房间，向他打招呼，大声地向他说"早上好！"有些家长会唱一首歌，或者用一个特别的方式来问候宝宝，例如："早上好，我的小南瓜！见到你是多么愉快啊！"随着你把他从床上抱下来，这个晨起的仪式就算结束了，无论是你还是你的宝宝都会愉快地迎接崭新的一天。

我的宝宝清晨起来就哭闹，这是为了什么？

当一位家长向我诉说他的宝宝清晨起来就哭闹，通常意味着宝宝在他的床上感到不舒服。我会问他们如下问题：

在听到他发出第一声声音的时候，你是否急匆匆地进入他的房间？如果你动作不够迅速，你可能在训练他起床哭闹，尽管你并没有意识到这一点。

他是否表现得焦躁不安——卖力地大哭，当你抱起他的时候，他的胳膊紧紧地抱着你？这说明在他眼里，他的小床是一个令他感到害怕的地方。可以更换一张床。

他是否在白天的时候愿意在他的床上玩一会儿？如果不是这样，可以在白天的活动中增加这个项目。

小贴士：不要对早上哭泣的孩子给予同情。把他抱起来，拥抱他，不要说这样的话："哦，我可怜的宝宝！"表现得高兴些，让他觉得迎接新的一天是一件非常快乐的事。请不要忘记，孩子是通过模仿大人的行为来学习的。

就餐习惯的养成——众所周知，学步期的幼儿通常是最挑剔的食客，许多前来咨询的家长都非常关心这一话题。"退一步海阔天空！"我告诉那些焦虑的家长们："重要的不是如何让宝宝吃饭，而是让宝宝养成良好的吃饭习惯，并能长时间地坚持下去。"我保证，所有的孩子都不会因为营养不良而死去。有很多的研究表明，尽管孩子会在吃饭的时候走神，有时候会对食

物没有胃口，但是只要家长不去催促他们，健康的宝宝会尽力吃下去足够多的食物，而且他们选择的食物在营养方面也基本达到平衡。

目的：让孩子知道吃饭意味着什么，他要坐在餐桌旁，使用餐具，品尝从未吃过的食品，最重要的是，享受和家人一起吃饭的过程。

准备：把每天就餐的大概时间固定下来。婴儿进食量有限，而幼儿就不同了，他们急切地想探索这个世界的每个细节。和婴儿不同，饥饿感不是幼儿吃东西的原动力，但是我们可以让他们意识到"下一餐"即将开始，帮助他们培养对食物的渴望以及满足身体的需求。

在宝宝8~10个月大的时候，让他和家人一起在餐桌吃晚餐。这个年龄段的宝宝可以自己坐在餐椅上，也能够吃一些固体食物。为他准备一把特制的餐椅，可以是放置在正常的餐椅上的小椅子，也可以是一把高椅子。餐椅对宝宝的意义是他知道只要他坐在餐椅上，就必须安静地吃东西。如果你的宝宝有哥哥或者姐姐的话，让他们在相同的时间一起就餐。如果你一周可以抽出几个晚上和他们一起进餐的话就太好了。即使你不能正式吃饭，也要吃些点心。你的加入会让孩子们有"家庭聚餐"的感觉。

过程：洗手是餐前必不可少的事，有助于孩子意识到快要吃饭了。只要孩子可以独自站立，可以购买一把结实的小榻凳，这样孩子就能够得到水槽。在为他洗手的时候让他观察你的动作，给她一块肥皂鼓励他尝试自己洗手。可以为他单独准备一块小毛巾，挂在水槽旁边作为他专用的干手巾。

可以用餐前祈祷、打开餐厅的灯或者简单地说一句"开饭了！"作为晚餐的开场。你可以和他交谈，就像和一位成年人共进晚餐一样，谈论你白天的活动，询问他的活动。即使你的宝宝还不能够回答你的问题，他也会学会如何和别人进行交谈。如果他有兄弟姐妹，他即使坐着听也能够学到很多东西。

如果宝宝不吃了，理论上这次晚餐就接近了尾声。很多家长担心孩子吃的食物的数量不够，或者担心他的食物营养不均衡，尽管孩子把头转开来躲避，他们还是千方百计地往孩子嘴里塞食物，或者哄骗他们吃下食物。更糟糕的是，在孩子做游戏的时候，一些家长跟在孩子的身后，找机会用勺子往他们的嘴里塞食物。要知道，养成良好的就餐习惯是你的目的。孩子不应该在游戏的时候吃东西，这是常识。

用全家人感到愉快的方式结束晚餐。有些家庭会在餐后祈祷；有些家庭会吹灭餐厅的蜡烛作为餐后最重要的仪式；还有一些家庭会在餐后对准备晚餐的人表达谢意。你也可以用这样的动作来结束晚餐：脱下孩子脖子上的围嘴，对她说："晚餐结束了！该洗碗了！"只要你的宝宝可以拿东西行走，你就让他把自己的餐盘（一定是不容易打碎的盘子）拿到洗碗池里。我还喜欢让孩子们养成餐后刷牙的习惯，这个习惯可以从他能够吃固体食物就开始培养。

小贴士：培养你的孩子餐后刷牙的习惯，可以先从清洁牙龈开始。把一个柔软干净的毛巾布缠在你的食指上，在他吃过食物以后摩擦他的牙龈。当他长牙之后，他就会习惯这种感觉。为他购买一只柔软的婴儿牙刷。一开始宝宝可能会吸吮它，但以后他会学会刷牙的。

补充：无论你们在哪里，你都要遵守就餐的程序。你带孩子去餐厅，或者到别人家做客，或者你们离家做长途旅行，请尽量保持和在家里一样的就餐程序。这样做会让宝宝感到安心，而且能够强化宝宝的餐桌知识和餐桌礼仪。（详见第六章）

洗澡习惯的养成——就像很多婴儿会惧怕洗澡一样，很多的幼儿会害怕从浴盆里面出来的那一刻。始终不变的洗澡时间和洗澡程序会避免孩子出现恐惧的问题。

目的：如果在晚上睡前洗澡，那么洗澡的目的是让宝宝放松下来，为睡眠做准备；如果早上洗澡（根据我的经验，这样的家庭真不多见），洗澡的目的是让宝宝准备好迎接崭新的一天。

准备：愉快地对宝宝说："宝贝，该洗澡了！"或者说："我们一起去洗澡好吗！"和宝宝一起向浴室跑过去，把小杯子、塑料瓶、橡胶鸭子和其他的可以漂浮在水上的玩具扔到浴盆里。如果宝宝不是敏感性皮肤，你甚至可以为他准备一次泡泡浴。回想我的女儿们小时候洗澡的情形，我记得那时候放在浴缸里面的玩具要比放在玩具箱里面的玩具还要多！准备两块毛巾，一块你自己用，一块给他使用。

小贴士：往浴缸里面先放冷水，然后才放热水。防止宝宝无意中打开热水开关烫伤自己，为热水龙头安装一个塞子。如果水龙头是二合一型的，塞子可以塞住出水口。把橡胶防滑垫铺到浴缸的底部，设置热水加热器的温度，使它不要高于125华氏度。

过程：把宝宝放在浴缸里，如果他能自己爬进来更好（当然需要小心，浴缸是非常滑的）。我给孩子洗澡的时候愿意为她们唱一支歌："我们这样洗胳膊，洗胳膊，洗胳膊……我们在美好的夜晚这样洗后背，洗后背，洗后背……"这样的歌曲可以让孩子学习身体各部位的名称，并鼓励他们自己洗澡。

因为大多数宝宝不愿意结束洗澡，所以不要把宝宝从浴缸里面直接抱出来。先把玩具从浴缸里拿出来。然后停下手上的动作，把浴缸里面的水放掉，对他说："哇，水都从下水道流走了！洗澡结束了！"然后用柔软的浴巾为宝宝擦干身体。

小贴士：尽管你对宝宝的能力有充足的信心，但是他依然是一个幼儿，不要把他一个人留在浴盆里。

分离习惯的养成——几乎所有的孩子都会经历和家长分离感到特别痛苦的过程，哪怕妈妈只是到厨房做晚餐宝宝也会哭闹不止。和妈妈的分别让一些幼儿感到特别痛苦，当然，这也取决于他们的家长的做法。如果外出工作的家长每天按时离家，准时回，而且在宝宝很小的时候就一直这样做，那么宝宝习惯并接受这个按部就班的安排就会容易得多。如果家长一方或者双方在外出和回家的时间安排上不够规律，孩子接受起来就会比较困难。不过，也有些已经适应离开父母的宝宝会在某个时期突然改变态度，这样的情况我也曾经遇见过。

目的：培养宝宝的安全感，让宝宝知道：尽管妈妈离开他，但是一定会回来的。

准备：首先让宝宝接受"有时候需要和妈妈分开"的想法。如果你从宝宝6个月的时候就开始逐步训练宝宝独立做游戏的话，等到宝宝8个月大的时候，就应该可以独自玩耍超过四十分钟。你也可以通过和他玩"躲猫猫"的游戏，让他渐渐理解你不总是和他待在一起。这样的游戏会帮助宝宝强化这一认识，甚至当你不在他身边的时候，他也会安静而从容。但是，如果孩子处于疲劳或者烦躁的状态下，就不要做这方面的训练了。如果宝宝一看不到你就恐惧得大声哭闹，你最好先暂停训练，过几天再尝试。

在你离开宝宝的时候，请务必保证他是绝对安全的（他在小床里或者在用围栏挡住的区域里面，或者有其他人在旁边看护他）。你要离开之前，每次都要说："我要去厨房（我的房间）了！如果你需要我，我马上就过来。"只要宝宝一叫你，你就赶快回到他身边，这样他会觉得你是一个可以信赖的人。如果你有一部对讲机就更方便了，你就可以在别的房间和宝宝说话，让他安心，如有必要立即回来安慰她。这样经过反复的训练，逐渐延长你离开宝宝的时间。

无论你要离开多长时间——十五分钟或者一整天——在你离开的时候都要诚实地告诉他。不要嘴上说"宝贝，我马上回来"或者"宝贝，我只出去五分钟"，却整整五个小时不见人影。尽管幼儿还没有时间概念，但是从这一刻开始，你会发现当你向他保证五分钟以后带他到公园里玩，他会很不高兴的，因为在他看来，五分钟的时间可不短。

过程：你要离开的时候，一定要使用相同的语言或者相同的动作和他告别："亲爱的宝贝，我要去工作啦！"然后拥抱他，再吻他一下。如果你说"我回来的时候会带你去公园玩"也非常不错，但假如你做不到，就不要这样说。而且，你还要清楚安慰宝宝最有效的办法是什么。例如，有些宝宝如果走到窗前向你招手会得到安慰，而另外的宝宝会感到更加伤心，因为告别的时间被延长了。

必须承认，在理解宝宝的感触（"我知道你不想让我走……"）和承认现实（"……可是妈妈必须要工作……"）之间有一个微妙的平衡。请记住，让宝宝伤心的不是你的离去，而是你的告别方式。如果你在告别的时候犹豫不决，瞻前顾后，就会让宝宝心情更不好，更加焦虑不安，事实上，你在用你的行动委婉地告诉他："如果你哭，我就不走了！"

小贴士：你可以静下心来啦：在你离开宝宝的时候如果他哭得很厉害，你最

好过段时间给照看宝宝的保姆打个电话。根据我的经验，大多数的宝宝在妈妈离开五分钟以后就不再哭闹了。

当你迈入家门，每次都用相同的语言和他打招呼："我回来了！"或者"嗨，宝贝，我回家啦！"然后紧紧地拥抱亲吻他，对他说："妈妈先去换衣服，然后陪你玩。"（你还记得吗，电视里罗杰斯先生每次表演之前都会换鞋子，这样的习惯告诉电视机前的小观众："接下来的时间我会和你们在一起。"）然后，花费至少一个小时来陪伴他，让他感到这一段时间具有非凡的意义。

有些妈妈喜欢在进家门之前往家里打个电话，照看宝宝的保姆会对孩子说："妈妈就要回来了！"她会把宝宝带到窗前，看见你的车驶进了院子，停下来（当然我假设你并没有住在洛杉矶这样的地方，否则糟糕的交通状况让你无法预测回家的准确时间！）。有趣的是，许多宝宝会预测全职工作家长的生活规律，例如，我的女儿萨拉，每天下午只要看到保姆南希把水壶放在炉子上，就意识到我要回家了。

小贴士：不必每次回家都给宝宝带礼物，因为你就是他最好的礼物。

整理物品习惯的养成——由于幼儿通常难以适应改变，所以我把整理物品习惯的培养融入到每天的生活中来完成。例如，在我的实验小组里，宝宝们都只有8个月大，在上音乐课之前，我们就教他们整理物品，并且这个惯例已经被固定下来。另外，应该尽早培养宝宝对他人的尊重和内心的责任感。

目的：培养宝宝的责任感，灌输他们既要尊重自己的物品也要尊重别人的东西的理念。

准备：需要准备一只箱子，几个挂钩，如果可能，在壁橱里为宝宝留一个他可以够得着的架子专门给他使用。

过程：当宝宝从外面回家的时候，对她说："把你的外套挂起来。"你走到壁橱旁边，把你的外套挂起来，他也会模仿你的动作去做。当宝宝在自己的房间玩耍的时候，如果到了吃饭的时间或者午睡的时间，对她说："我们把玩具收拾一下！"一开始，你在旁边帮助他收拾。实验小组在活动的时候，我对宝宝们说："我把玩具装在箱子里。"宝宝们就会模仿我的动作去做。你要知道，有可能你的宝宝会走到箱子旁边，把玩具往外拿，这个时候，你要对他说："不要这样做，我们在收拾玩具，所以现在我们把它们放到箱子里。"孩子需要不断地强化巩固才能形成一个好习惯。

补充：无论你的宝宝在哪儿——在奶奶家，在活动室，或者在亲戚家里——都要培养和巩固他整理物品的习惯。

睡眠习惯的养成——再没有比在睡前和宝宝一起读书，和宝宝亲密地偎依更美好的事情了，家长们和宝宝一样都非常喜欢这个时刻。谈到这个话题的时候，我们不得不说，有些孩子在培养良好的睡眠习惯方面需要更多的帮助，因为睡眠是孩子必须学习的一项技能。可是即使你的宝宝睡眠很好，无论是午睡还是晚上睡觉都能轻松地进入梦乡，作为家长的你也需要帮宝宝把良好的睡眠习惯保持下去。当宝宝动作强度逐渐加强，活动范围不断扩大，特别是在一周岁到两周岁的宝宝，可能突然出现睡眠问题。做梦和没有耐心是产生睡眠问题的主因，宝宝需要自己去化解这些问题！我会在第八章阐述睡眠问题的解决办法，但是在这里我建议你要培养宝宝良好的睡眠习惯。

目的：无论是午睡还是晚上睡觉，你都需要帮助宝宝安静下来，让他不再做高强度的运动和做刺激性的游戏，相反，宝宝适合在睡前做一些轻松的、安静的活动。

准备：停止宝宝激烈的带有刺激性的活动，比如看电视和做游戏。把玩具收拾起来并向宝宝宣布："上床睡觉的时间到了！"把窗帘拉上。在晚上就寝之前最好为宝宝洗个澡，让他感到身体上的舒适，让睡前洗澡成为睡眠习惯的一部分——如果你的宝宝喜欢按摩，为他做一次按摩也是不错的选择。

过程：给宝宝洗澡、为宝宝穿上睡衣之后，对宝宝说："你想看哪一本书？"如果你的宝宝在8个月到一周岁之间，可能还没有养成看书的习惯，或者他还不知道选择，那你可以为他选择一本书。请注意，你要事先计划好你们的阅读量（或者相同的书你为他读的遍数），提前告诉他，而且一旦做好决定，必须坚持——否则，你会自找苦吃（详见第九章）。

除了上述建议之外，很多家庭会根据宝宝特殊的喜好来培养他们的睡

眠习惯。罗贝塔和她的小女儿厄休拉每天晚上都会坐在一张摇椅上，她俩的中间放着厄休拉最喜欢的关在笼子里的小兔子。罗贝塔为女儿读书，然后她们拥抱一下，厄休拉就安静地回到她的小床上睡觉了。德布和他的儿子杰克有他俩的"小被子和讲故事"时间。通常杰克坐在德布的膝盖上一边看书上的图片一边听故事的录音。当杰克试图从德布的大腿上跳下来玩他的玩具卡车的时候，德布总是温柔地提醒他："别玩玩具了，杰克，现在是睡觉时间。"

有些幼儿在睡觉之前需要喝奶。如果喝奶能让宝宝安静下来倒也无妨，但需要家长注意的是，睡前喝奶会损害宝宝的牙齿。19个月的达德利仍然需要睡前喝奶，但是她的妈妈坚持不让他在卧室喝。她充分考虑到儿子的习惯和安全，在努力地培养他不喝奶也能睡觉的习惯。达德利还有其他的睡前习惯，比如，他会向窗外的月亮和星星招手说晚安。如果爸爸此时不在家，他会亲吻爸爸的照片。

当你把孩子抱上床，这些睡前的习惯和程序就进入到尾声。有些家长马上离开宝宝的房间；还有些家长会站在床边，一边唱摇篮曲一边用手抚摸宝宝的脸庞，或者轻轻地拍宝宝的后背。如果你了解你的宝宝，你就知道应该怎么做才能让宝宝安心舒适地进入他的梦乡。（第八章会阐述怎样应对不爱睡觉的宝宝）

"特殊情况"下习惯的培养

正如我在本书前言部分所说，家庭生活中还包括数不清的"特殊情况"——节日、家族聚会或者家人十分重视的纪念日——它们日复一日、年复一年重复的仪式和传统习惯在不断地强化人们对它们的记忆和理解。这些"特殊情况"的仪式和程序是极有"个性"色彩的，在不同的家庭中的表现是不同的，而且，每个家庭的需求也不一样。例如，芭芭拉·毕兹欧在她的书中描述她家里的"纪念日"——每年的同一天她们会举家庆祝领养的宝宝来到她们身边。我相信你的家庭也拥有类似的习惯或者家族的传统。下面是几个常见的"特殊情况"：

家族聚会。每周一次，或者每月一次的固定的家族聚会，是整个家族成员非常重要的团聚时刻，在聚会期间，家族成员可以分享彼此的思想和感受，表达彼此的感情，或者在一起轻松愉快地做一些娱乐活动。有些拥有宝宝的家长是从他们各自的家族中继承这个传统的，还有些是自己创造并坚持下来的。无论如何，这些家长往往起到"承上启下"的关键作用。

目的：促进家族成员之间的合作、沟通和联系。

准备：如果你除了有学步期的宝宝之外，还有四个大一点的孩子，你完全可以正式地采用毕兹欧原创的"家庭会议"的模式来组织聚会，这样的聚会鼓励家庭成员之间的分享和谅解，还能提供充分的机会让家人一起开展各种类型的娱乐活动。如果你只有"三口之家"——你、你的伴侣和宝宝，也尽量在一周之内留出几个小时的时间让家人待在一起。你可以从毕兹欧的"家庭会议"的仪式中获得灵感，但是你要按照宝宝的情况适当地缩小聚会的规模，减少聚会的程序。例如，你可以找几个宝宝的小伙伴儿来参加聚会——例如，玩"说话棒"的游戏可以很好地训练宝宝的耐力和听力。

过程：大声宣布"家庭聚会开始了！"点燃象征家庭聚会的蜡烛（注意把蜡烛放置在宝宝够不到的地方）。即使这并不是一次正式意义上的家族聚会，你也要把它定义为"神圣的时刻"，让聚会不受外界的干扰。不要在聚会的时候接打电话、整理凌乱的房间，或者谈论一些成人的话题。你要全身心地陪伴宝宝，和他一起说话、唱歌、做游戏（最好不要看电视），并在结束的时候共同吹灭蜡烛。

补充：如果你的宝宝还很小——只有一岁大——这个举行聚会的想法听起来并不高明。"宝宝是不会理解的。"是的，这或许是事实。不过，如果你不断地重复家庭聚会的形式，我想你的宝宝不但能够理解聚会的重要性，也会对它翘首以盼的。

爸爸的亲子时间。尽管今天的父亲们已经不同于上一代人，他们越来越多地参与到养育孩子的工作中，但是从和妈妈们的交谈中我仍然能够听出来，父亲们——或者祖父们——参与照顾宝宝的程度还远远不够。在某种程度上，这是妈妈们"领地不可侵犯"的意识在作怪。有些妈妈不想让他人冒犯她们的"领地"，把照顾宝宝当成自己的"分内事"；或者在潜意识中她

们排斥爸爸参与抚养孩子。在某种程度上，我们不得不承认这种想法符合"分工促进效率"的原则。如果爸爸整天待在办公室里而妈妈整天待在家里，爸爸就永远没有机会来弥补这种差异。不过，即使在"妈妈有全职工作"的家庭，爸爸也总是充当"帮忙者"的角色而不是亲子教育的"合作者"。（也许在某些"男主内、女主外"的家庭中，这个顺序是相反的，不过我很少有机会见到这种情况。）

有很多家庭，父母双方能够平衡陪伴孩子的时间，在妈妈的支持下，父亲努力找时间单独陪伴孩子。爸爸在宝宝刚出生的时候还胜任不了照顾宝宝的工作，而且这么小的宝宝很难照顾，而当宝宝长成学步期的幼儿的时候，爸爸照顾起来就轻松多了。举个例子，马丁在儿子奎恩出生的时候，是一位"敬而远之"的父亲。但是现在的他非常乐意每周六带着他18个月大的儿子到公园里做游戏。你要知道，他可是"湖人队"的超级粉丝，所以他把计划安排好避免让照顾宝宝与观看球赛发生冲突。他的做法不但给了妻子阿琳放松的机会，而且更重要的是，马丁可以近距离地通过自己的观察了解奎恩。有趣的是，最开始的时候马丁并不情愿单独带宝宝外出，不过几次之后，他彻底适应并爱上了每周一次带宝宝出门的活动。很多父亲都和马丁有类似的经历。

目的：帮助孩子和父亲保持单独的接触。

准备：父母之间需要必要的计划和沟通，特别是如果双方都有工作更应提前计划和沟通以确保衔接得当。一旦父亲作出承诺，就不要轻易违约。

过程：让宝宝知道某个时间段由爸爸来接管他。每次用相同的语言做相同的活动帮助宝宝意识到这是个有规律的日程。例如马丁对奎恩说："儿子，我们出发的时间到了！"说完他就把奎恩举起来，让他骑上他的肩膀。仅仅一周岁大的奎恩，马上就意识到爸爸和妈妈的陪伴有很大的区别。马丁喜欢唱歌，因此在去往公园的路上，他高声唱着自编的歌曲："爸爸和奎恩，奎恩和爸爸，在星期六，一起去公园……"尽管奎恩还不能跟着唱，但是马丁说他已经可以随着节奏哼唱了。他们在公园里玩一个多小时之后，马丁对奎恩说："乖儿子，我们该回家了！"回家之后，马丁把自己的运动鞋脱下来，也把奎恩的运动鞋脱下来。公园的旅行就这样结束了，现在到了奎恩午休的时间了。

不过，爸爸在亲子时间里并不一定只和宝宝一起做游戏，只要爸爸出现并参与到宝宝有规律的生活中就好。大多数的父亲选择晚上为孩子洗澡，还有一些父亲早上为宝宝准备早餐。关键是，爸爸把"亲子时间"有规律地进行下去，才能让亲子陪伴变得有意义。

有特殊意义的日子。每个家庭在家庭成员的生日、纪念日以及其他具有特殊意义的日子里都要庆祝一番。但是有两点要特别留意：第一，太大的场面、过分的娱乐或者不适宜的庆祝方式不大适合尚在学步的宝宝。第二，限制在庆祝活动中让宝宝成为焦点人物。换句话说，对年幼的宝宝来说，太多的关注反而对他有害，而学会如何把荣誉给予他人对他更加重要。

目的：在忽视物质获取的前提下帮助宝宝理解具有特殊意义的事件的重要性。

准备：在庆祝日到来之前的几天，让宝宝知道有一件"大事"要发生。由于他对时间的概念尚不清晰，所以为了避免"虎头蛇尾"，不要过早通知他。如果这一天是宝宝的生日，你可以邀请几位亲友来做客，原则是尽量邀请和他大体同龄的小朋友，还有邀请小朋友的数量和他的生日的数字相同：比如你的宝宝过两岁生日，就邀请两位小朋友。如果你无法按照这个原则做到，也要尽量限制被邀请的孩子的数量，而且要邀请那些经常和宝宝在一起做游戏的小伙伴。

让爸爸感到为难的做法

在爸爸在陪伴孩子的时候，很多妈妈无意中给爸爸出难题：

把自己的想法强加给爸爸。葛丽达在和爸爸一起玩玩具吸尘器的时候，妈妈对爸爸说："葛丽达不喜欢玩这件玩具。"对爸爸来说，通过自己的观察了解葛丽达的喜好更重要。

在孩子面前批评爸爸："你不应该这样给宝宝穿衣服。"

让孩子感到和爸爸在一起没有安全感。当爸爸和葛丽达在一起的时候，妈妈总在他们周围打转儿。如果这时葛丽达哭了，她马上从爸爸的手中把葛丽达"救出来"。

让孩子感觉爸爸是个坏人。如果葛丽达不想睡觉，妈妈就让爸爸去处理。当葛丽达表现不乖的时候，妈妈就会说："等爸爸回来，看他怎么收拾你。"

不愿意放手。爸爸正在给葛丽达读故事书，妈妈走过来，把葛丽达从爸爸的怀里抱过来说："我来给你讲故事。"

如果是其他人的重要的纪念日——比如兄弟姐妹或者是祖父祖母的生日，你应提前帮助宝宝了解这个日子的重要性。鼓励宝宝亲手制作小礼物——可以是一幅画、一个小泥塑，或者是一张卡片，你可以代替他写上祝福的话或者让宝宝自己在上面涂鸦。如果你的孩子太小不能做这些事，建议他把玩具当成礼物送给自己的祖父祖母（"奶奶的生日到了，你愿意把你的

布娃娃当成礼物送给她吗？"）。还有一件非常适合送给祖父母的生日礼物，就是教孩子唱生日歌（或者教宝宝鼓掌）。

过程：举办大型烧烤聚会不适合尚在蹒跚学步的孩子。另外，以宝宝为中心的聚会一定要节奏慢一点、活动少一些、时间短一点。这样的聚会通常以游戏开始，以食物和蛋糕，还有吹灭蜡烛作为收场。无论出于何种原因举行聚会、无论聚会在哪里举行，都要把庆祝的时间严格控制在两个小时之内。我知道很多家长会为宝宝聘请小丑演员或者明星前来做表演，但这不是一个好主意，因为宝宝根本不需要娱乐。最近有位妈妈向我描述她的一岁大的宝宝在生日聚会上哭闹不止，最终不得不离开的场面。如果你雇佣演员前来演出，至少要确保他所唱的歌曲是你的宝宝所熟悉的。

你要记住，举办庆祝活动的目的不仅仅为了庆祝本身，而是要向宝宝传达家庭的亲情和纽带，所以你应该帮助宝宝学会礼貌文明的举止，指导他的行为方式。例如，在苏西的生日聚会上，你要确保在别人送给她生日礼物的时候，苏西能够说"谢谢"或者你代替她说些感谢的话；如果带着苏西参加他人的生日聚会，或者过母亲节，教苏西说一些表达祝福的话，或者教苏西做一些事来表达对家人的情谊。

补充：尽早地教宝宝学会一些表达感谢的语言或者动作。即使他还不会读、也不会写，甚至不能口头表达。你可以把感谢的话写在纸上，并大声地读出来，让他用在纸上面涂鸦的方式表示他的认同，这样做会让宝宝尽快理解感激的意义。比如：

亲爱的奶奶：
谢谢您能来参加我的生日聚会。我喜欢您送给我的娃娃。谢谢您！

爱你的
梅步尔

节日。现在有很多家庭尽量为孩子提供传统意义上的过节的体验（事实上，节日的真正含义是"神圣的日子"），而不是把过节的意义定义为大量的物质满足。不得不承认，抵御我们文化中的"物质至上主义"不是一件容易的事。

目的：把庆祝节日的目的放在节日本身，而不是在节日里能够得到什么样的礼物。

准备：购买一本说明节日的起源和庆祝形式的图画书，和宝宝一起阅读。思考用什么办法让宝宝关注并参与到庆祝节日的活动中，而不是仅仅关注他们能够获得什么样的礼物——比如，可以采用装饰房间、为他人制作礼物、帮妈妈烤制饼干等方法。可以鼓励宝宝在节日期间把他用不着的玩具当成礼物送给那些贫困孩子。

过程：要参加在冬季举办的节日庆祝活动（尽管只有部分节日可以满足这个条件）。无论是庆祝圣诞节、光明节还是宽扎文化节，都要去教堂庆祝或者和朋友们在一起庆祝。在节日到来之前，要留出时间为孩子讲关于节日的故事并思考节日的意义。当孩子内心充满精神财富，他们长大以后才会敏感地领悟到别人的需求。在圣诞前夜只允许他打开其中的一件礼物，帮助孩子学会控制自己的欲望，而且在任何时候都要限制宝宝获得礼物的数量。

补充：孩子们应该学会用书面语言表达对别人赠与礼物的感谢。

规律和习惯的意义

那些创造宝宝生活习惯并培养宝宝有规律的生活的家长们把自己说成是日常生活的"靠山"或者他们自己价值观的"执行者"。这些生活中的规律和习惯陪伴着孩子，让他们度过成长发育的关键时期，使他们变得更加独立。重要性不在于习惯本身，而在于父母们对待习惯的态度。无论在日常生活中还是其他特殊情况下，习惯和有规律的生活能让家长和孩子都意识到他们之间的平衡关系。在下一章，我会关注其他形式的习惯和规律，它们可能标志着宝宝发育上的重大改变（断奶）、平稳过渡（新宝宝的降生），和帮助孩子控制情绪（暂停时间）。家长需要抽出时间培养宝宝有规律的生活，并因此放缓我们的生活节奏。习惯并不仅仅帮助我们加强亲子纽带，也能够让我们生活每时每刻都充满意义。

第四章

抛弃尿布：迈步走上独立之路

比较是令人生厌的事。

——十四世纪流行的谚语

到达终点固然使人欣慰，但是真正重要的是旅途本身。

——厄休拉·勒吉恩

并非"越快越好"

最近我去看望琳达，她的女儿诺艾尔是只有一个月大的漂亮的女宝宝，儿子布兰15个月了，在我去他家拜访的时候，正好赶上布兰最好的朋友斯卡拉和他一起开心地做游戏。因为我正在着手写作这本书，所以我当然格外关注这两个学步期的幼儿的一举一动（幸运的是，小诺艾尔在我来之后的一个小时之内就睡着了，她可真是可爱极了！）。

琳达一边看着孩子们游戏，一边向我解释，原来琳达和斯卡拉的妈妈西尔维娅是在一次育儿研讨会上认识的。当时她们都还处在怀孕期，而且住得又不远，所以能成为朋友对双方来说都是一件幸事，她们约定好无论她们两个谁需要外出赴约或者有差事要做，另一位妈妈就承担起照看两个孩子的职责，就像今天的情况一样。所以，布兰和斯卡拉这两个小家伙儿从出生那天开始，简直是形影不离。在我们看着这两个小男孩游戏的时候，琳达望着我对我说："斯卡拉好像什么事都抢先做，那是因为他比布兰早出生三个月。"她这番话听起来像在为布兰辩解，不一会儿，她又急躁地加上一句："不过，布兰能很快跟上来的，特蕾西，你说是不是？"

　　我心里涌起一股悲哀。我见过很多像琳达一样的家长，他们不能以欣赏和接纳的态度对待孩子的成长，而是不断地用各种标准来衡量，他们急躁地想尽各种办法让孩子能够成长得快些，他们总是拿自己的宝宝跟其他宝宝进行比较。在课堂上，在公园里，甚至在自己家的客厅里，孩子似乎在经历各种各样的竞赛。如果宝宝最先学会走路，他的妈妈会得意洋洋；而另一位妈妈，因为宝宝走路比较晚会因此而沮丧，她们会焦急地询问："为什么凯伦还不能走路？"或者，像琳达一样，他们会为孩子的表现找借口："他晚出生三周，所以才……"

　　就是在前几天，我出席了一场为两名一岁大的宝宝举办的生日聚会。这两名宝宝分别叫卡西和艾米，他们恰好在同一天出生。小卡西能跌跌撞撞地走路了，而艾米只能勉强地站稳，根本不会走路。不过，艾米可以说出东西的名称，用名字来称呼她的宠物狗。还有，她知道在街上轰隆隆开过去的车子叫"卡车"，和家里的玩具卡车是一样的。卡西的妈妈看在眼里，记在心上，禁不住走过来问我："为什么卡西还是不会说话？"她不知道，艾米的妈妈在她询问前也问过我同样的问题："为什么艾米还不会走路呢？"我和她们解释说，孩子如果在身体动作的发育上迅速，语言的发育通常就会迟缓，反之亦然。

　　比较是为人父母者所犯的错误之一，而且家长的比较一般从宝宝婴儿期就开始了。他们把孩子正常的发育看成孩子的成就。"看看，他能把头抬起来了！"或者"啊！他能翻身了！"又或者"他学会自己坐着！""喔！他站起来啦！"这样的感叹让我感到困惑，因为这些事情根本就不是孩子的成绩，而是大自然的语言："请注意：你的宝宝已经准备好迎接下一阶段的挑战了。"

　　当然，有些家长们的压力来自于他们的长辈。"为什么露西亚还不能独立坐着？"这些出自祖父母的语言足以让年轻的家长们不知所措。"难道你不认为为了让宝宝坐得更稳当些，你应该在他身后扶着他吗？"像这样的话可能会起到更糟糕的效果。天啊！诸如此类的语言不但暗示了小露西亚发育迟缓，而且也暗示小露西亚的家长："你们做得也不怎么好！"

　　当然，父母或者祖父祖母们看到宝宝的能力在日新月异地进步，感到高兴也是人之常情。如果你用一种非竞争的观点来看待别人家的孩子的话，适度的比较是自然的，甚至是可取的。当你亲眼见到在"正常的"发育区间里存在着行为和成长模式的多样性的时候，你会感到宽慰和心安的。然而，一旦父母们过分地进行对比，或者采取"训练"的方式试图加快孩子的发育进程，对孩子来说，这是不公平、是不讲道理的！他们想让孩子"不输在起跑线上"，却并没有给他一个所谓的"领先起步的优势"，其结果可能使宝宝焦虑和烦躁。

为了尽量减少对比性的竞争行为，也为了避免家长们的一意孤行，我对前来参加游戏活动课堂的

不要炫耀

"请看看我们可爱的宝宝，"骄傲的妈妈对外面来的客人说："他会拍手啦！"可怜的小家伙儿却坐着一动不动，妈妈垂头丧气地辩解着："哦，今天早上他还拍手来着。"

请记住，孩子不是马戏团里的演员。家长们不要在祖父母或者亲戚朋友面前让孩子表演。这位骄傲的母亲并不知道，她可爱的儿子没有对她的指令作出回应，是因为他根本听不懂她在说什么。但是宝宝却可以分辨妈妈说话的语气，或者从妈妈脸上的表情看出她沮丧的情绪。

孩子只做他们可以做到的事，当他能做的时候必然会做的。如果他能拍手，他就会拍手，他不会故意地控制不去拍手。你要求他按照你的指令表演，尽管之前他做过同样的动作，但结果可能让他收获失败，或者感受到失望。如果偶尔有一次他按照你的指令做出某个动作，他可能获得你的掌声，但是要知道，你并不是在鼓励他本人，而是在为他的表演鼓掌称赞。

宝宝们放松管理。我有我的管理模式——例如，我会在每一堂课的结尾处放一段音乐，因为这是一种非常令宝宝喜爱的、也有镇静功效的结束方式。但是我绝对会远离带有教育意味的方法，因为活动的目的不是教育，而是社交和分享。然而，按照我对其他游戏课堂的观察，它们采用的授课方式和我的有很大区别。在一些游戏课堂上，老师让家长们帮助宝宝保持站立的姿势，而不是教家长学会观察宝宝要起步的迹象，据说这样做能让宝宝的腿更加强健，从而尽快能够独自站稳。

尽管有些宝宝在家长的帮助下能够站稳（其实是时机已到），而另外一些宝宝还是做不到。即使家长能够做到花费大量时间和体力，日复一日地搂着孩子站立，但如果孩子自己没有发育好，只要家长一松手，孩子就会倒下去。很多家长遇到这种情况的时候，不是考虑如何面对和接受现实，而是出手购买学步车等设备帮助孩子尽快行走。不过可悲的是，无论这些设备有多么精巧的设计和多么奇妙的功能，都与宝宝的发育进程无关。

接下来会遇到更加令人悲哀的事。当小家伙儿倒下去的时候，妈妈和爸爸都感到失望至极，因为一个班级里有的孩子比宝宝表现出色。可是你考虑过孩子的感受吗？至少，他会感到困惑：为什么爸爸妈妈总是扶着我让我站着，而且看起来很不开心的样子？更糟糕的是，这有可能损伤宝宝的自尊心，甚至产生影响他们一生的模式：我做不到父母对我的要求。他们爱的不是我，所以我不必好好表现。

事实上，当孩子长到3周岁的时候，无论他们的父母为他们做过什么，几乎所有的孩子的能力都相似，抢先起步的优势也不过如此。发育是一个自然进程。一些宝宝在身体动作上的发育要快些，而另一些宝宝在智力和情感发育上起步较早。无论他们是哪一种情况，他们会追随父母的节奏，因为发育的速度和模式很大程度上受遗传现象的支配。

当然，你还是需要抽时间陪伴宝宝做游戏，而且经常鼓励他。在宝宝表现出对某种技能感兴趣的时候，出手帮助他一下。你要成为一名善于观察的"向导"，而不是一名急不可耐的"老师"。我赞成让孩子尽量独立，但是你需要给小家伙儿充分的准备时间。你必须接受宝宝有可能身体发育较快，也有可能心智发育较快，而不是像赶牲口一样"驱赶"宝宝，让所有的指标都能达到你的要求。

这一章，我会帮助你辨别宝宝的发育信号，知道何时介入最好。为了宝宝变得更加独立，你需要在他的自然发育进程中给予适度的"指引"。这些"指引"包含很多元素——活动、游戏、吃饭、穿衣和如厕训练（在接下来的两章，我会阐述认知的、情感的，以及社会交往的发育）。当你阅读下面文字的时候，我提醒你重温一遍"H.E.L.P.策略"的内容。

> **H.E.L.P.策略**
>
> **克制行动**：直到有迹象表明宝宝准备好之前，不要催促。
>
> **鼓励探索**：根据他的发育情况，给予他充分的机会接受新的挑战，或者拓展技能。
>
> **建立规矩**：让他一直处在"学习三角区"之中，不要让他尝试可能会让他感到沮丧、过度兴奋和存在危险的事情。
>
> **适度表扬**：可以为他出色完成任务鼓掌，或者在他掌握一项新技能或做出值得称赞的行为时给予夸奖，但绝不能过度表扬。

宝宝总动员——看好你的宝宝！

学步期幼儿成长的驱动力是活动，小家伙儿无时无刻不在活动着。在宝宝眼里，除了他自己以外的任何东西——包含吃饭和睡觉——都在妨碍他向前走。不过，这自有奇妙之处：在宝宝生命的最初的9~10个月里，宝宝从一名连四肢都控制不了的无助软弱的"小肉球"长成一名学步的幼童，不管他采取的方式是什么——膝盖、屁股还是双脚，他都可以在家里转来转去。还有，他渐渐强壮的体魄给他带来了新的优势，坐着看世界一定和躺着看世界不同，而站着看世界就会更加精彩。我们亲爱的小朋友，他无需别人的帮助独立前行，看见自己喜爱的东西就靠近，或者发现恐惧就远离。换句话说，他能按照自己的意愿独立做事了！

要切记，成长发育的每一步都不是一蹴而就的，每一个阶段都有自己的节奏。毕竟，一个8个月大的宝宝是不能坐得稳的。随着他的体格在成熟，四肢渐渐强壮起来，通常情况下，宝宝得花费两个月左右的时间经历从坐不稳到坐稳的过程。爬行也要经历相似的过程，从宝宝蹬着小腿，用腹部"游泳"，他就开始练习爬行的基本动作了。他得花费4~5个月的时间才能掌握并最终协调所有的动作。

爬行之谜

众所周知，有些宝宝在会坐之后直接学会站立。今天，这样的孩子越来越多。科学家在研究婴儿猝死（SIDS）症状的时候，发现其原因在于现在的宝宝很少有时间用腹部练习爬行。

在1994年开展"仰卧睡眠"运动以前，大多数的宝宝都采用俯卧的方式睡眠，为了更好地观察周围的世界，宝宝们学会了翻身——这是爬行必不可少的基础动作。但是，现在的父母们通常会采纳让婴儿仰卧睡眠的建议，小家伙们无需把身子翻过来就可以得到良好的视角。

最近有两个研究（分别在美国和英国）都得出相似的结论：很多仰卧睡眠的宝宝（在美国的研究中占1/3）没有按照预定的时间学会翻身，一些孩子跳过了爬行阶段。但是如果你的宝宝存在这个情况，你也无需担心。在宝宝长到18个月大的时候，会爬行的宝宝和不会爬行的宝宝在发育上没有任何差别，他们都在相同的年龄学会走路。没有证据表明爬行影响脑部的发育，尽管这个观点曾一度被广泛认可。

　　77~79页的图表是宝宝活动的"大事记"，表格说明从婴儿到学步期的幼儿的典型发育特征。不用说，随着宝宝体格越来越成熟，他们的自我认知、社会意识、处理压力和分离的能力也日趋成熟起来。我们不能无视发育的各个阶段彼此的关联性。当然，有良好的体质就有良好的开端，宝宝的身体状况决定很多事情，包括能否坐在餐桌边吃饭，什么样的玩具适合他玩，以及和其他小朋友游戏时候的表现等等。

　　当你阅读这个表格的时候，你要切记对身体的控制能力来源于家族的遗传因素。尽管一半以上13个月大的宝宝能蹒跚学步，但是如果你或者你的伴侣在幼年的时候走路发育很迟，很有可能你的宝宝和其他的孩子比较起来，学会走路的时间会稍晚一些。一些孩子很快就赶上来了，还有一些孩子会在几年之内都表现得发育较晚。两岁的宝宝可能不像同龄的宝宝那样能跳能跑，但长到3岁的时候，这个差异几乎微乎其微了。

　　无论你的宝宝的发育节奏如何，在学步的过程中一定会有摔倒、有失落甚至举足不前。如果宝宝今天摔倒了或者受了点轻伤，也许睡一觉就好了，明天早上又是一个活泼健康的小宝贝。不必为他担心，他知道在哪里跌倒就在哪里爬起来。如果他能光着小脚稳当地行走，鼓励他尝试在不同的地面上走——这样做会提高他的机动控制能力。

　　小贴士：如果宝宝摔倒了，不要急着把他扶起来，先要判断他是否摔伤。记住，你的焦虑也会对他造成伤害，他会被你惊吓，或者他的信心可能受到打击。

　　我很少提及发育阶段中"典型的特征"出现的时间，因为我希望我的读者更多地关注宝宝发育的过程，而不是发育的结果。即使你的宝宝发育有些"迟缓"，但是这只不过是他自己的发育节奏比较缓慢而已，就像我们成年人要按照自己的时间表做事一样。举个例子，假如你在健身中心做健身，为了掌握一套新的健身器材的使用方法，你必须让你的肌肉、你的大脑和你的协调能力提前适应这套器材，然后才能熟练使用它。同样，如果你开始跳一套新的有氧操，在最开始的时候，你身体的动作一定和意志不协调。也许你学得很快，轻松赶上之前比你做得好的同学，又或者你需要比你的同学更加用功才能弥补不足。十二周以后，谁能分辨出来你和你的同学哪一个起步较晚呢？

聪明妈妈的一封来信

"可怕的两岁"。尽管被冠以"可怕"二字显得有些简单粗暴，但我实在找不出其他词汇来定义这段痛苦的时期了。我的儿子摩根，一年来几乎毫不疲倦地乱发脾气、任性胡为，好像患上了"经前综合征"。我想起自己在经历"经前综合征"时期的感觉，我会感到无助，由于荷尔蒙紊乱而引起焦虑，情绪时好时坏。试想，如果我是一个只有两岁的孩子，还不知道自己的想法，也不知道怎么做，而周围的人看起来又伤心又失望，自己却不能对他们解释自己的感受，说出自己的愿望，因为自己也不知道如何做才能感觉好些！我 32 岁，历经过往，却仍然感觉无力应对，更何况是一个学步的孩子？所以我只能祈祷，并用更多的关爱帮助摩根渡过这一难关。我会在事前做好准备，不要让他感到沮丧伤心；当他身处险境的时候，帮助他调整方向；尽量地规劝他，互相扶持地度过这一时期，我想这也算得上是一个小小的成就吧。

同样的道理也适用于学步期的宝宝，在经历每一个发育"平台期"的时候宝宝们都在尝试着去适应和协调。如果你认真观察就会发现这些迹象，并鼓励宝宝度过这个自然的阶段。尊重他，理解他所处的处境，不要急躁，更不能催促。如果你察觉到宝宝确实比其他的宝宝落后一大截，或者经历了较长时间的"平台期"之后，宝宝的发育看起来并没见什么起色，那么带上你的疑问去拜访儿科医生，一份正规的发育标准表格会解答你的疑虑。

最后一个观点：拔苗助长，全盘皆输。当我看到这位母亲的来信，我非常激动，我深深地被她育儿的态度所感动。我时常收到一些家长的来信，信中向我诉说他们的宝宝所经历的种种变化，在他们看来，宝宝变得越来越不可爱了："宝宝通常能通宵睡眠，睡醒之后才站起来，可是最近他变得躺不住了。他到底怎么了？"一切正常！宝宝只不过是长大了，变得更独立了而已。他会经常感到不知所措，不过，你有责任给他充分的机会，让他练习新学会的技能。

小贴士：大幅度的活动常常会导致宝宝睡眠的紊乱。宝宝的四肢活动强度很高，就和你干了一天的体力活儿的情况有些类似。关键是，宝宝还没适应过来。宝宝可能会在半夜里醒来，在他的小床上站立，大声哭闹，因为他不知道怎么做才能重新躺下。所以，需要你在白天教他如何使自己躺下。在下午游戏之后把宝宝放在他的小床里（你必须保持这个习惯），当他站起来的时候，抓住他的小手，把它们放在小床垂直的栏杆上，把你的手放在他的手上，轻轻地向下推着宝宝的小手。当他的小手已经滑到最下面的时候，他不得不屈膝坐下。经过两三次的练习，宝宝就学会了。

　　事实是，宝宝需要经历的阶段不止一个。你刚刚习惯适应了宝宝的一种状况，新的状况又出现在你的面前。老实说，你可以在宝宝身上期待的唯一东西就是他的变化。你无法控制变化，也无法阻止变化，但你可以转变自己对待变化的态度。考虑一下，什么样的变化能够让一个成年人一筹莫展？——一份新工作、亲人亡故、离婚，或许是家里新添了一个孩子？想象一下宝宝的处境！我们要抱着欣赏的态度看待发生在小家伙儿身上的自然变化和变化的节奏，更重要的是，用积极的态度来面对，而不要整天哀怨地叫嚷："天啊！他不再是从前的样子了！"理解并接受宝宝身上发生的任何奇迹吧！

动作发育"大事表"

技能	经历阶段	建议/评论
学坐	如果给宝宝摆成坐姿，不让宝宝依靠任何东西，依靠自己的手臂稳定身体，但是平衡起来有难度；姿势僵硬，像一个机器人一样。 能够不用躺倒地够到玩具。 翻身，从一侧翻到另一侧。 不用别人的帮助就可以坐起来。	使用靠垫保证宝宝的安全。
爬行	腹部向下练习"泳姿"并蹬腿——这个动作会在爬行的时候使用。 通过蠕动的方式移动。 用脚蹬，向后爬。 "潜行"——一种向前的蠕动爬行方式。 "四肢着地"地爬行。 最终，宝宝会用手臂和腿部的动作协调地爬行。	这个阶段往往令宝宝很不开心，因为他在努力爬向玩具，可是却离它越来越远。 一旦宝宝能爬行了，千万要确保电源插座有安全装置保护，把绳索之类的物品放在宝宝够不着的地方；不要让宝宝处在无人监护的状态下。 宝宝更愿意用四肢爬行地移动，而不愿意双脚着地走动。 如果你的宝宝越过了爬行阶段也不要紧，不会对宝宝造成任何不好的影响。

站立	婴儿期，腿部出现暂时僵硬的现象，但一会儿就消失。 在宝宝四五个月，你的手牢牢地把扶着他的腋下，让他在你的膝盖上"站立"，这个动作宝宝非常喜欢。 宝宝能让自己站起来。	当宝宝能独立地站起来的时候，让他抓住你的一根手指帮助他保持身体的稳定。
扶东西行走	扶着家具或者别人的手行走。 只用一只手扶着行走。	如果他已经能扶着东西行走超过两个月，但是还不敢放手自己走的话，你可以试着把他扶着的东西移走——例如桌子或者椅子。为了继续走，宝宝不得不勇敢地迈出步子。
学步	看妈妈！不用手扶！自己走一小会儿，一旦放松就摔倒。	一旦宝宝开始学步，务必保持地板整洁，并保证没有锋利的家具边缘撞伤宝宝的头。当宝宝能光脚站稳，鼓励宝宝在不同的地面尝试走步——这会大大提高宝宝的机动控制能力。
走步	越来越好地控制肌肉的动作，更好地控制仍然显得较大的头部；当学步的时候，眼睛不会一直盯着自己的小脚。 在经历了一个月左右的学步之后，把宝宝的活动记录下来： 拿着玩具走路； 走路的时候左右张望； 走路的时候，伸手举过头顶； 能转身，上下斜坡，能蹲下，再用力站起来。	时刻保持密切关注，保证宝宝在倚靠物体（椅子、婴儿车或者手推玩具）的时候不会翻倒而受伤。 清除障碍。像匹诺曹一样，你的小宝宝已经长成小男孩（女孩）了！ 如果你家里有玻璃门，请粘上带图案的树脂贴膜——宝宝尽管能走，但停下来却不容易，他会冲着玻璃门一头撞上去的。

凡是你能说出来的活动都能完成（跑、跳、旋转、踢、跳舞、爬……）	宝宝能跳跃、旋转、手舞足蹈。他也能长时间地跑动，甚至能和小伙伴玩"追人"的游戏。在家里东奔西窜，爬上爬下。	宝宝没有安全意识，因此你要时刻注意他的行动。给他充分的机会让他爬行，但是明确告诉他什么地方他不可以爬上去——比如你起居室的沙发。

自己做游戏

　　游戏是学步期的宝宝最主要的活动，游戏能帮助宝宝学习知识、掌握技能、拓展眼界。有很多游戏适合这个年龄段的宝宝——独自游戏或是群体游戏、室内游戏或是室外游戏，无论在商场里购买的玩具还是家里的小物件儿都可以让宝宝玩一会儿。游戏能培养宝宝的运动技巧，开发宝宝的智力，提高宝宝的生存能力。需要家长注意的是，不但所选择的玩具和参与的游戏项目要适合宝宝的年龄，而且游戏的时机也需要家长做出规划，以便能够鼓励宝宝玩一些自娱自乐的游戏。另外，要注意适可而止，如果到了该做其他事情的时间，一定要及时停止游戏。

　　当宝宝长到8个月大就可以独自玩耍40分钟左右。有些孩子显得更独立一些，而有些宝宝则表现得"黏人"一些。如果你的宝宝在一周岁左右还需要你无时无刻的陪伴，他可能患上了"分离焦虑症"，这种症状在8个月到18个月之间宝宝中间非常普遍。不过，你需要扪心自问，是否你没有给宝宝提供机会让他独自待上一会儿？你每天不管到哪里都带着宝宝吗？当宝宝玩耍的时候，你是不是一直在旁边坐着？是否你需要宝宝比宝宝需要你还严重？你是否有意无意地向宝宝暗示过你不信任他的能力？

　　该到了向宝宝传递积极信息的时候了。例如，你的宝宝正在地板上玩耍，你可以从沙发上站起来，一步一步地远离他。把你的注意力从宝宝身上移开，去做其他的事。几天以后，你最终可以走出房间。为宝宝安排自己游戏的时间，但是一定要让他知道你就在隔壁不远的地方，如果他需要你，你可以随时来到他的身边。

建立亲子之间的信任

信任这个词汇在字典里有如下定义：自信、信赖、依靠、关爱、期望和托付，每一层含义都强调了亲子关系的不同方面。我们是宝宝的监护人，我们需要与宝宝构建信任关系，目的是让宝宝增强对自己的信任。

信任是双向的。培养宝宝独自游戏的能力，让他知道你对他很信任。但是首先你必须让他信任你才行：

- 提前预料会发生的情况，以宝宝的视角来看待事情。
- 渐进地尝试与宝宝分离。
- 不要让宝宝承担他无法承担的责任。
- 不要要求宝宝去做他无法完成的任务。

还有些家长陷入与之相反的困境之中，他们的宝宝不愿意停止游戏，比如去吃饭或者睡觉。你可以告诉宝宝游戏是多种多样的——有些游戏包含刺激、想象、激动的感觉甚至把全身弄脏，还有一些游戏可以是静坐、保持安静、拥抱依偎，比如吃饭和就寝就是这样的游戏。想让宝宝明白这个道理，需要家长把游戏的时间和形式事先确定下来，让宝宝知道何时开始游戏、游戏的过程以及如何结束游戏。

游戏前：宣布游戏时间开始："宝贝，我们该做游戏了！"当然，你不必每次都这么做，因为每一天宝宝游戏的时间是很多的。不过你要尽量用某种形式的"开场白"来宣布游戏开始，这种重复和告知在生活中是很有意义的，特别是宝宝在别人家中，或者在托儿所和幼儿园里游戏的时候，你不妨让宝宝习惯你的"开场白"。

游戏中：在宝宝游戏的时候，尽量控制宝宝的玩具数量。例如，如果你想让宝宝玩积木，不要把一大套积木都堆到他的面前。一岁大的宝宝能应付四到六件玩具；18个月大的宝宝能玩十件玩具；两岁的宝宝才可以玩一整套积木，这么大的宝宝能用积木建造高塔，或者把搭好的"建筑"推倒。而且家长要及时清理宝宝不再玩的玩具。

游戏后：学步期的宝宝没有时间的概念，因此你对他说"你再玩五分钟"是毫无意义的，宝宝更需要口头的或者视觉上的提醒，比如你可以把盛放玩具的箱子拿出来，对他说"游戏时间该结束了"，然后让他把玩具收拾起来。但是，如果宝宝游戏得过于投入，也不必做让他扫兴的事，比如宝宝正在耐心地研究如何把方形的木块放在圆形的孔里，这时候你不应该粗暴地让他停止，而要尊重他，等待他做完"研究"为止。同时，你要切记，你是个成年人，你必须对宝宝的活动进行限制。如果宝宝持续抗拒停止游戏，拒绝你拿走他的玩具，这个时候你应该考虑他的感情，但同时也要注意，你的态度一定要坚决："你不可以继续玩了，晚餐的时间到了。"然后，你带着宝宝一起做例行的收拾玩具的活动。

小贴士：如果你的宝宝存在不能主动停止游戏的问题，你可以借助闹钟来解决。把闹钟调到他应该结束游戏的时间，对他说："当闹铃响起的时候，我们要……（无论下一个活动是什么：吃饭、去公园或者准备睡觉，你都要这样说）"让闹钟变成时间的控制者，而你就不会变成孩子眼中不受欢迎的人。

潜在的危险
在宝宝两周岁以前，宝宝不能处于无人看护的状态下。如有必要，把宝宝放在他的小床里，或者用栅栏把他围起来，其他的成年人也可以帮助你看一会儿。宝宝过了两岁，可以让他独自待一会儿，但前提是你必须了解这个地方对宝宝是绝对安全的，或者你曾经带宝宝在这里玩过，知道没有什么危险，这样你就可以给他信任，从而建立他的自信心。宝宝可能会在你待的房间外面徘徊，但无论你的宝宝多么能干，多么谨慎小心，你也要仔细辨别如下的声音： ● 除了安静，没别的声音 ● 突然的哭泣声 ● 周围奇怪的声音 ● 重击的声音，紧接着哭泣的声音

让宝宝能接纳游戏

游戏时间固然很重要，但游戏内容也不可被忽略。我建议家长们在为宝宝选择游戏内容的时候，充分考虑宝宝的接纳程度，换句话说，就是让宝宝对现行的体力游戏或者智力游戏的内容能够独立操控，并从中获得乐趣。宝宝参与的活动或者玩的玩具一定要适合宝宝的年龄特点，这样通过游戏活动不但能开发宝宝的能力，而且也对宝宝不苛求，使他不至于经常感受到挫败或者以泪洗面。这并不意味着我们不想让宝宝接受挑战，我们为宝宝呈现的挑战也好、机会也罢，都是为了培养他处理问题的能力，而且必须确保宝宝所处的环境和从事的活动没有任何危险。当然，让宝宝遭遇轻微的挫折对宝宝是好事，但是太多的失败会迫使宝宝放弃，甚至失去信心和接受挑战的勇

气。如果你想了解宝宝对游戏的接纳程度到底如何，那就先请看看宝宝能做什么吧。

当宝宝可以坐稳的时候。当宝宝像个牡蛎一样一声不吭地待在你的厨房里摆弄着你的坛坛罐罐，或者在屋外的草地上查看他能够得着的小树叶和小树枝的时候，他的内心是无比快乐的。这个时期的宝宝手指的灵活性和手眼协调能力大大提高，曾经依靠小嘴的啃食来探索世界的宝宝，现在更喜欢用手进行探索，手成为宝宝最得力的工具。宝宝可以盯着一件东西，伸手抓住，把它从一只手转移到另一只手上。他最喜爱的活动包括拍手游戏、"躲猫猫"游戏、用手转动一只球、或者翻看硬纸板制成的书页。他的指尖抓握能力也很出色，可能地板上的小东西被你的吸尘器漏掉了，宝宝却能准确地把它拾起来。他像使用一件得心应手的工具一样使用他的手指，去够、去捅、去触、去感觉。尽管宝宝可以拾起东西，可是让他把东西放下可不太容易。不过需要注意的是，从这个时候开始要限制宝宝的行动了。

当宝宝可以爬行的时候。"爬行期"的宝宝全身肌肉的控制能力有了非常大的提高，他可以用手指东西、做手势、打开或者合上书本、摇头、笨拙地扔球或者把一块积木放在另一块上。他喜欢配有按钮、拨号盘或者拉杆的"万能小盒子"类型的玩具，或者像"玩偶盒"一样在碰触的时候有反应的玩具，想想就在几个月前，宝宝对这种玩具还有点害怕呢。这个时期的宝宝能拾起也可以放下东西。因为宝宝可以到处移动，你可能会发现宝宝经常翻弄你不想让他打开的柜子（柜子里面一定不要有锋利的、易碎的、沉重的物体，或者过于细小的、孩子可以吞咽下去的东西）。宝宝的注意力经常分散，手里的玩具快速地变化着，因为让他感兴趣的不是玩具本身，而是可以"到任何可以到的地方去"。他喜欢把你费力搭成的积木塔推倒，却没有耐心在一旁看你把积木再重新搭起来。"藏猫猫"的游戏帮助他弄清物体的"恒存性"，这让他明白：他看不到的东西（或者人），并不意味着不存在。他喜欢两只手一起配合着把东西弄出响儿来，比如用勺子敲击饭盘。在风和日丽的日子里，宝宝可能在院子里把水桶弄翻，无论是声音还是感觉都会让他非常享受。但是无论你给他什么东西，鉴于他日益旺盛的求知欲和活动能力，似乎他更偏爱那些对他有可能产生伤害或者有破坏力的东西。因此，这个时期务必确保你的家和庭院环境对宝宝绝对安全，不能有发生意外的可能性。

小贴士：无论宝宝爬行的方向是电源插座、热锅还是昂贵的物品，都不要只简单地警告（"你不要去碰那个东西"），而应该立即采取行动。记住，行动胜于言语！你有三个备选方案：（1）转移宝宝的注意力（"宝贝，看这里！小狗狗！"）；（2）干扰宝宝的行动（有时叫他的名字能起作用）；（3）把宝宝抱走，并向他解释原因："这是危险的""这是热的"亦或者"这是妈妈的盘子，不是玩具。"

男孩的玩具还是女孩的玩具？

我注意到在宝宝的活动小组中男孩的妈妈——通常比女孩的妈妈要少——普遍认为玩具是分性别的。例如，19个月大的男孩罗比非常喜爱"玩偶盒"里面的娃娃，但每次当他伸手去拿娃娃的时候，妈妈艾琳都会上前阻止："宝贝，这是女孩的玩具。"可怜的小罗比因此而垂头丧气。我向艾琳询问原因，她解释说，如果她的丈夫知道儿子玩娃娃会生气的。

愚蠢！正如家长要鼓励宝宝玩玩具，从而让他学会新本领、开发他的智力一样，我们也应该鼓励宝宝克服性别的偏见。如果男宝宝与娃娃一起玩，他会学习到如何照顾别人；如果女宝宝玩"玩具消防车"，她会感到激动并会理解"采取行动"的真正含义。为什么我们要拒绝更加宽泛的体验呢？毕竟，等宝宝长大了以后，他既要照顾别人也要有工作的能力，这些都是他所需要的基本技能。

当宝宝可以独自站立的时候。能够站立的宝宝会用新的视角来观察世界，他的认知能力大幅提升。他会微笑着递给你一块饼干再把它拿回来——这是他对"戏弄"一词的最初的诠释；他会把东西从高处扔下去看看有什么结果，同时观察你会有什么样的反应；他会从站立中找到无穷的乐趣，当然他的收获也是丰厚的，因为他可以够得着放在高处的东西；家中一直在吸引着他的贵重物品，现在竟成了他的"囊中之物"。家长要当心！再说一遍，安全是关键！如果宝宝拖拽着什么家什并站在上面的时候，他和这件家什极有可能一起倾覆而对宝宝造成伤害。随着宝宝自治意识越来越强烈，如果你干涉他的行动，他可能会大发脾气，所以你要特别记住"H.E.L.P.策略"的内容。注意观察，保持行动上的克制力，除非他要求你参与或者当他将要遇到险情的时候出手干预，否则不要轻易干涉他的行动；给他提供机会，让他得以大显身手；为他放音

乐，让他跳舞。最好的玩具应该结实牢固，他可以拿在手上摆弄那些可以旋转的零部件，打开或者关闭玩具上的开关，这些事情可以让他有机会展示和实践他动作的灵活性。你可以送给他一套秋千，但一定要注意安全。在他还未学会如何抓牢和掌握平衡的时候，最好在秋千上安置儿童座椅。

当宝宝可以蹒跚地走的时候。宝宝刚学习走路的时候，他会走得很快却停不下来。一旦他能用双脚站稳，送给他一件能拖拉的玩具最合适了。（如果宝宝过早接触这种类型的玩具，玩具会比宝宝的移动速度快，有可能会撞到宝宝的脸。）在宝宝蹒跚学步一个多月以后，他就会整天快乐地"东奔西跑"，拿东西、取东西、携带东西，这些动作让他感到乐趣无穷，也会提高宝宝身体的平衡能力和手眼的协调能力。可以送给宝宝一个小袋子或者小背包，他会不厌其烦地把玩具装进去、取出来，无论走到哪儿，都会带着它。这个时候，因为宝宝有较强的理解能力，所以他会表现出对某件东西或者某个活动的偏爱。这个时期，"我的"这个词汇对宝宝的意义非凡，特别是有其他小朋友在场的时候，他会表现出对自己玩具强烈的占有欲。不过，他也可以充当你的小助手，比如到了就寝时间，我对宝宝说："先去挑选一本书，然后我们就去洗澡。"宝宝就会把睡衣从低矮的抽屉中取出来，把毛巾铺好，把他喜欢的玩具放在浴盆里。尽管他可以打开浴盆的水龙头，但你最好不要鼓励他这么做，否则如果当你不在他身边，他可能会打开热水龙头而烫伤自己。如果你家庭院中有秋千或者你带宝宝去有秋千的公园里玩耍的时候也要格外当心，因为秋千的座椅可能正好处于宝宝头部的位置，蹒跚走路的宝宝会撞到的。

当宝宝能走、能爬、能跑也能跳的时候。这个时期的宝宝动手能力相当强，所以，我们要多给他创造使用小手的机会，比如，旋转螺丝、敲击、搭建积木或者倒水等等。可以为他准备一张泡沫垫子，让他在上面蹦跳、打滚儿，增强他对身体的控制力；在这一时期，宝宝会表现出解决问题的能力——比如，当他发现一件玩具放在柜子上，位置很高难以够到，他会搬来小凳子并站到上面去够取；宝宝也可以做些简单的家务，比如搅动沙拉，或者在餐桌上布置餐盘（一定是塑料或者金属制成的盘子）；如果给他一只蜡笔，此时的宝宝可能对用蜡笔涂鸦更感兴趣，而不是像从前那样试图品尝蜡笔的味道；宝宝现在可以玩简单的木制拼图，这些拼图玩具的零部件都比较大，为了简化，在顶部还有小钩子，非常适合这个年龄段的宝宝；宝宝的智力水平也在快速提高，他变得更自信，求知欲望更强。"搞破坏"或者"做坏事"其实是宝宝好奇心的表达。"如果我把它扔下去、压扁、撕扯或者踩踏，会发生什么？""它能恢复到原来的样子吗？""我可以把它砸碎吗？""里面还有什么？"宝宝会整天痴迷于这些想法；这个时期，你应当把电视遥控器藏起来，否则，你会发现电视机被宝宝重设了。他也可能用你盛放摄像机的盒子放他的烤面包，因为他对大人手里的任何东西都感兴趣，所以，最好的办法是送给他一些代替品，比如玩具吸尘器或者儿童小轿车；不过，他也会假装地做事情，比如他拿起一根棍子，把它当成吸尘器在地上假装吸尘，或者拿起一块积木，假装它是

宝宝的安全

"爱管事儿"这个词最适合形容学步期幼儿了。好消息是你的宝宝对一切事情都感兴趣，不过，坏消息也是宝宝对一切都感兴趣——包括电源插座、摄像机、奶奶喜欢的精致小摆件、空调通风孔、动物的眼睛、钥匙孔、细小的脏东西、还有猫盒子里面的东西等等不一而足。要知道，这些东西并不会给予宝宝太多的乐趣，却极有可能伤害到他。那就准备一支"急救箱"吧，并且要仔细检查你们周围的环境，利用常识来判断什么东西可能会对宝宝造成伤害。以下就是需要避免的伤害和我的建议：

- 防止绊倒或跌倒：保持房间整洁；在家具的锋利的边角上安装防护垫；为窗户安装栅栏，在楼梯的上下口处也要安装栅栏；在浴缸里或花洒下方铺上防滑垫，或者在光溜溜的地板上铺上小地毯。
- 防止中毒：在家里盛放药品或者有毒物品的柜子上安装安全锁；甚至漱口水和化妆品也要放在宝宝够不着的地方。（宝宝不会因为吃了宠物食品而中毒，但你也要把它放在宝宝够不着的地方）如果你发现宝宝误食了有毒的东西，马上给医生打电话或者直接拨打急救电话。家里准备一瓶催吐糖浆，万一中毒了，可以给宝宝喝下让毒物吐出来。
- 防止窒息：让手机远离宝宝的婴儿床；不要让宝宝接触纽扣电池或者小于厕纸筒的直径的东西。
- 防止扼死事故：把窗帘绳和电线尽量剪短，或者使用夹子和胶带来代替，让绳索之类的东西远离宝宝。
- 防止溺死事故：不要让宝宝一个人待在浴室里，当然，更不要让宝宝一个人待在浴缸或者儿童泳池、小池塘、甚至是一只大号的水桶里面；为马桶盖子安装儿童锁。
- 防止烧伤：让椅子、凳子或者梯子远离灶台或者火炉；为炉子的开关安装锁具；为浴室的水龙头安装防护装置或者用毛巾把水龙头包起来；为了避免烫伤把热水器的温度调到48度以下。
- 防止电击：把所有的电源插座都安装上防护盖子，确保家里所有的灯都有灯泡。

我建议所有的家长都去听听心肺复苏急救课程。如果你听过关于婴儿急救方面的讲座，你也需要再补习一下幼儿急救的知识。幼儿家长需要更多的演练才能完成心肺复苏急救或者其他急救措施——例如，如何把异物从宝宝的嗓子里取出来。

饼干，做出大口咀嚼的动作；他会把电话的听筒放在耳朵上假装与人交谈（尽管他的嘴里只有咿咿呀呀）。在我小的时候奶奶曾经在电话旁边放一个玩具电话，每当电话铃声响起，她就把玩具电话递给我，当她打电话的时候，我也忙着"打电话"，这真是一个不错的主意！小家伙儿对属于他的东西一直抱有强烈的占有欲，不过这一时期也应该让他学会与他人分享。此时此刻，玩水和玩沙子是最适合的。把废弃的婴儿浴盆从车库或者阁楼里取出来吧，把它盛上水或者沙子。如果玩水，要注意不要无人看护宝宝，给他一些能挤水的塑料瓶子、能盛水的杯子和罐子来增强他的体验感；如果玩沙子，杯子和罐子也同样适用，最好再加上一把铲子和一只提桶。

从"喂着吃"到"自己吃"

尽管食物在学步期幼儿的优先选项清单中的位置在不断下降——此时的宝宝更愿意四处跑动——但是在学步期，宝宝会经历从"喂着吃"到"自己吃"的重大转折。曾经满足于在你的怀里吮吸奶水或者抱着奶瓶吃奶的婴儿，现在变成了可以吃固体食物的幼儿。当你用勺子喂他吃东西的时候，他会伸手去抓勺子，他也能够在没有你帮助的情况下用手拾起食物并放在嘴里。种种迹象表明，他正在逐渐地变成一个不受约束的"食客"！

婴儿期的宝宝对营养元素的需求相对单一，妈妈的乳汁或者牛奶就能完全满足。但随着宝宝逐渐长大，他不仅需要固体食物来满足他成长的需要，而且他还需要掌握如何独立进食。宝宝对食物的偏好、在特定阶段的口味会使这个过程变得复杂化，而且他所需要的食物的数量每个月都会发生变化，甚至每天都不尽相同，再加上身为家长的你对食品的独特看法，所以，宝宝吃饭的事情远没那么简单。下面三个因素起到关键作用：就餐氛围（你对待食物的态度和你的家庭所营造的就餐氛围），进食体验（在进餐时间的交流是否融洽、进餐的感受是否愉悦）和食物本身（宝宝正在吃的东西）。以下我会进一步解释：在阅读的时候，请尽量记住我的建议和提醒。

> 你可以控制就餐氛围和进食的体验，但是如果你允许孩子自己选择食物，
> 生活会变得更轻松。

就餐氛围。那些拥有"爱吃饭的宝宝"的家长总是乐于顺其自然；他们在就餐时间创造快乐和轻松的就餐氛围；他们从不强迫宝宝吃他们不喜欢的食物，也不会在孩子不饿的时候强迫他吃饭；无论孩子是否挑剔食物，这些家长都认为吃饭其实是一个非常快乐的人生体验。懂礼貌是教育出来的，但是对食物的偏好是孩子与生俱来的。为了在你的家里创造令人愉悦的就餐氛围，请自我反省一下你对待食物的态度。请回答如下问题：

你的家庭，或者你婚前的家庭对待饮食的观念是什么样的？每一个家庭对待饮食的观念不同，孩子们也深受家庭观念的影响，导致观念不知不觉地从上一代遗传到下一代。这些观念包括：在食物面前是快乐的还是焦虑的；喜欢种类繁多的食物还是品种单一的食物；就餐时感到轻松惬意（直到吃饱为止）还是感到有压力（必须吃完盘子里所有的食物）。

想想你自己的经历。如果你在成长的年龄，经常在家庭就餐的时候感到压力，甚至可能因为吃饭而遭受过惩罚，你也会不知不觉地在你自己的家庭里营造有压力的就餐氛围——这当然无助于让你的宝宝快乐地进食。如果你曾经被迫吃光食物，现在的你也可能尝试着逼迫你的宝宝——我敢保证这是不对的。

你为培养宝宝的饮食习惯担忧过吗？从原始社会人类狩猎觅食开始，大人就承担着为孩子们提供食物的责任。但是他们不会强迫孩子们吃，所以你也不要这样做。有些妈妈强迫宝宝吃饭是因为她认为如果孩子没吃好，她就不是一位称职的好妈妈；还有些家长由于自己在童年阶段非常消瘦或者青春期的时候患上了厌食症而对食物没有好感。如果你把对食物的焦虑心态带到餐桌上，很有可能让宝宝认为吃饭的过程是一种让他挥之不去的折磨，所以他会想尽办法逃离餐桌。你越是强迫他吃从未吃过食物，越是鼓励他"只吃几口"，他就越觉得你在想方设法地控制他。相信我，在孩子面前，家长永远是"输家"！事实上，在学步期培养孩子良好的饮食习惯恰逢其时，因为饮食在孩子成长的头几年一直是一件重要的事情。

尽管宝宝现在非常活泼可爱，但是他也并不是总能够在吃饭的时候保持好心情，而且他也未必喜欢你放在他面前的食物。因此，与其为没有吃完的

食物困扰，不如观察你的宝宝此时的状态。如果宝宝活泼机灵，心情好，他吸收身体需要的营养物质的能力大大提高。研究表明，一个婴儿具有天生的能力来控制热量的摄取，由于几天没吃好所造成的营养缺乏通常会在正常饮食几天内得以抵消。你也可以出去咨询其他的妈妈，许多孩子在两三岁之间都会有挑食的毛病，可是无论是孩子还是家长们在讲这件事的时候都像在讲述一件有趣的故事一样。

你吃饭的时候挑食吗？或者你的饮食习惯是怎样的？ 如果你不喜欢香蕉，那你让宝宝吃香蕉的时候，就别指望他能欣然接受。如果你曾经吃饭挑食，或者现在仍然挑食，极有可能你的宝宝胃口也不怎么样。如果你像我一样，喜欢一个月吃相同的食物而不厌倦，当你的宝宝天天要吃甜麦圈加酸奶，你也不必感到惊讶。孩子的禀性有可能和父母的相同，也有可能正好相反——我的一个孩子非常挑食，而另一个不挑食。尽管如此，认识你自己对待食物的态度是非常重要的。我记得有一天回到家，看到我的祖母正在给莎拉喂食甘蓝。我看到甘蓝就想作呕，这个时候，祖母瞪了我一眼。祖母知道我的反应会影响莎拉的胃口，所以对我说："特蕾西，你能帮我把毛衣取过来吗？我把它放在楼上了。"我故意在楼上多待一会儿，好让萨拉把甘蓝吃完。

你是如何看待宝宝自己吃饭这件事的？ 对一些家长来说，他们非常期待宝宝从喂着吃饭到能自己吃饭的转变，可是另外一些家长认为这个转变让他们感到忧心忡忡。当然，很多妈妈（大多数情况下，是妈妈承担着喂宝宝吃饭的任务）耐心等待直到宝宝能独立进食。妈妈们结束了母乳喂养阶段，现在她们用勺子给宝宝喂粥。妈妈把勺子快速地塞进宝宝的嘴里，却让宝宝失去了吃饭的兴趣。然而，很多妈妈很享受"被宝宝需要"的感觉，因为她们渴望与孩子的亲密关系，所以当宝宝发出这样的信号"我不必吃妈妈的奶水了"或者"我想像姐姐一样自己吃饭"的时候，妈妈会情不自禁地感到失落。

我希望你能自我反省，因为如果宝宝感觉到你不想放手的话，肯定会影响他最终走向独立的进程。真的，当你给宝宝喂食，他第一次用小手抓住勺子的时候；或者当他要求从你的杯子里或瓶子里喝上一小口的时候，他就在对你说："我要依靠自己了！"为了宝宝最终能够独立饮食，作为家长的你理应给予他锻炼能力的机会。但是如果你恰好是一位不愿意放手的家长，你需要更多的自我反省：你到底在坚守什么？为什么而坚守？你在生活中是否有想逃避的事情或者是否有你极不满意的事情（例如，你的伴侣或者你的工作）？照照镜子问问自己："因为不想面对生活中的某些事情，所以我不想失去宝宝的依赖，是这样吗？"

　　和宝宝在一起的日子每天都会有变化，都会有进步。前一天宝宝还完全依赖你的照顾，明天他就会拒绝你为他所做的一切。卡洛琳就是这样一位母亲，她的第三个孩子杰布10个月大了，但是她明显感到杰布对她的排斥。杰布对妈妈的照顾不再感兴趣，在他第一次从妈妈手里抢勺子之前，卡洛琳一直让杰布坐在她的膝盖上喂他吃饭，因为她感到她和杰布是密不可分的，而且这个姿势也是对母乳喂养时期的怀念。但是杰布丝毫没有这种怀念的感觉，他扭着身子，想离开妈妈的膝盖，并使劲儿地从妈妈的手中抢勺子，因此每一次就餐时间都上演着妈妈和杰布的"吃饭战争"。我对卡洛琳说，"吃饭战争"的原因是她想抓住过去，想重温照顾孩子的安宁时光，可是，她不能这么做。她的宝宝现在不是婴儿了，杰布现在已经是一个有思想也有本领的幼儿。宝宝在自然成长的进程中本不应该拒绝妈妈的照顾，但妈妈必须意识到杰布的行为是告诉妈妈他想要独立的诉求，妈妈不得不做出让步。"你是对的！"卡洛琳承认，"但我还是感到伤心。当我的大孩子们第一天去学校上学的时候，我在他们身后流泪。可是，看到他们没有牵挂，甚至不回头看我一眼就跑到教室里去，我心里还是感到快乐的。"

　　我当然对像卡洛琳一样的妈妈们表示同情，她们都想抓住孩子不放手。但是，公认的底线摆在那里：伟大的母爱不应该让孩子感到压抑！妈妈送给孩子的礼物不仅仅有母爱，还要有"放手"！

喂饭警告！

　　过度焦虑的父母会把孩子变成一个忧心忡忡的"禁食者"。这可能意味着你的孩子正在领会你对食物的忧虑，或者，如果他做出如下行为，你会让他长时间地待在餐桌旁边作为对他的惩罚：

不咀嚼嘴里的食物

反复地把食物吐出来

被食物噎住或者呕吐

就餐的体验。我在前面的章节里探讨了就餐习惯和就餐规律的重要性。坐在餐桌前的宝宝会了解大人们在就餐时间都做什么，体会到在这一时刻别人对他有怎样的期待。事实上，对孩子来说，体验就餐的重要性等同于食物本身对宝宝的重要性。宝宝越多地体验就餐的社交本质，就越能安静地坐着自己吃饭并享受与人交往的乐趣。吃饭是一种社交技能，宝宝通过观察父母和兄弟姐妹的言行，锻炼了耐心，学会了文明的举止。

尽早让孩子在餐桌就餐。只要宝宝能坐稳，就可以和家人一起在餐桌上吃饭。当宝宝第一次抓住你手里的勺子的时候，你就应该鼓励他自己吃饭了。

和宝宝一起吃饭。尽管你不感到饥饿，也要吃一些——可以吃一点蔬菜或者一片面包——一定要和宝宝一起坐在餐桌旁。一起吃饭可以把就餐活动变成家人间互动的活动，而如果你只是坐在旁边，忙着给他拿食物，互动的效果就不存在了。和宝宝一起吃饭也会减少你对宝宝的过分关注从而减轻对他的压力。

不要把液体食物放在宝宝面前。除非你想抱着宝宝吃饭，或者你想让汤汤水水溅满你的厨房，否则不要把液体食物放在宝宝的面前。在他的盘子里放一些能用手抓取的食物，让他自己抓着吃。把装有液体食物的碗放在你的盘子里，如果他想尝一尝，你可以喂他吃。

准备四把勺子，两把给宝宝，两把你自己用！当宝宝第一次吃固体食物的时候，他可能会咬住勺子，然后用手抓住，然后用第二把勺子吃第二口食物。宝宝也会用第一把勺子敲击桌子，另一只手里还紧握第二把勺子。这时候，第三把和第四把勺子就派上用场了。就好像传送带一般，他抓住一个勺子就用另一个来代替。

尽量让他的食物可以用手指抓得住。这样做不但使你感到轻松，而且也让宝宝感到他可以自己吃饭，已经变成"大孩子"了。即使大多数食物都落在地板上也不要大惊小怪。宝宝在学习，他需要花费几个月的时间学习吃饭的基本动作，在学习的过程中，浪费食物是不可避免的。所以"事前预防"要胜过"事后治疗"，为宝宝准备一个前面带口袋的围嘴，以便能接住没有塞进嘴里的食物。在他的椅子下面铺上一块防水布。相信我，如果你对宝宝混乱的吃饭状态足够宽容（毕竟，这是宝宝探索固体食物的一种方式），他会较快地度过"用食物作画"的阶段，而如果你阻止他，让他保持干净，那么宝宝学习的进程可能会更长一些。大多数15~18个月大的宝宝能学会使用勺子吃饭。在他吃饭的时候，不要干涉他的动作，除非他正试图把勺子刺向他的耳朵。

不要把食物当玩具，也不要在吃饭的时候做游戏。你的行为是宝宝效仿的榜样。假如你在餐桌上和宝宝做"飞机来了"的游戏（把盛满食物的勺子想象成一架飞机，在空中画个圈再送到宝宝面前，对他说"饭饭来了"），那么当宝宝去餐厅就餐或者

> ### 鸭嘴杯该出场了？
> - 在宝宝想从你的杯子或者瓶子里喝水之前，不要给他鸭嘴杯。
> - 鼓励他自己喝水，但是在宝宝掌握如何控制水的流量之前，水会从他的嘴角旁流出去。
> - 给宝宝穿上塑胶围嘴，或者把防水布盖在他身上，这样做会避免造成混乱。时刻提醒自己，宝宝需要更多的时间来练习，这样你就不会感到沮丧。（一些家长在吃饭的时候把宝宝脱光，只让宝宝穿尿布，我不推荐这个方法，有教养的人吃饭的时候应该穿衣服。正如第六章的内容，我们在家里对孩子的教育影响着他在其他地方的行为。）
> - 仅仅在宝宝尝试喝水的时候才表扬他。当他只是拿着水杯或者把水洒到地上的时候，千万不要说："你真棒！"

去别人家做客的时候，他会认为把食物抛来抛去是合情合理的；假如你在吃饭的时候给宝宝一个玩具，他就会觉得吃饭的时间就等同于游戏时间；如果你在吃饭的时候打开电视机来分散宝宝的注意力，他可能会表现得乖一些，但他会不清楚他吃的是什么东西，也不会在这次进餐中收获体验。

鼓励宝宝，当他展现得体的行为时，要给予恰如其分地表扬，但是如果没有，也不要感情用事。就餐礼仪不是与生俱来的品质，宝宝正处在学习阶段。当然，你可以在家里教他说"请""谢谢"等词汇，那也不要把自己当成学校里的女教师。宝宝能通过模仿学会大多数的就餐礼仪的。

当宝宝吃饱了，就让他离开饭桌。你可以分辨得出宝宝何时对吃饭失去兴趣。首先，他会把头扭开，紧闭双唇。如果他正在用手抓食物吃，他会把食物扔到地板上或者动作更加剧烈地用手碾压食物（碾压食物是经常发生的事）。如果你继续让他坐在餐椅上，继续为他提供一口一口的食物的话，他就会乱踢，试图从椅子上挣脱出来，或者干脆大哭起来。千万不要让事情发展到这步田地。

为宝宝选择食物。我说过：吃什么宝宝说了算！当然，你要给他提供充分的机会去学习如何独立进食，或者与其他家人分享一样的食物，这样才能

婴语的秘密②

全脂奶，还是全脂奶！

在宝宝一岁到18个月之间，无论你的宝宝吃配方奶粉还是吃母乳你都要给宝宝喂食全脂奶。学步期幼儿每天需要进食24盎司的全脂奶才能补充足量的维生素、铁和钙元素。在添加全脂奶的头三天，每天让他喝一瓶，之后三天，给他喝两瓶，最后，一天喝三瓶。奶酪、酸奶和冰淇淋可以替代全脂奶。常见的过敏反应包括痰多、腹泻和黑眼圈。如果你的宝宝是过敏体质或者如果你想给宝宝喂食豆奶，请向儿科医生或者儿童营养专家咨询。

帮助宝宝度过从"喂着吃"到"自己吃"的过渡阶段。不幸的是，宝宝需要同时学习的东西太多：他学习有独立的自我、学习独立地活动，更重要的是，他能说"不"。事实上，准备一桌美味佳肴功劳在你，可是能否把美食送进宝宝的嘴巴里则取决于宝宝自己的意愿。学步期的幼儿所需要的热量比你认为的要少得多，他每天只需要1000到1200卡路里的热量。也许你听到这个数据会感到吃惊，但这是事实！尽管宝宝从一周岁到18个月期间你为他添加了固体辅食，但宝宝所需要的热量绝大多数来源于16~18盎司的母乳或乳制品，奶水是所需热量的全部来源。以下这些建议需要你牢记：

断奶其实是一种防御措施。大多数美国的儿科医生都建议妈妈们应该在宝宝六个月的时候就给他断奶。我不建议你死守儿科医生推荐的"育儿时间表"，我认为应该观察宝宝的情况再做决定，当然，越早添加辅食越好。首先，如果你喂奶的时间过长，长大的宝宝会习惯于液体进食而不接受固体食物；让宝宝习惯咀嚼固体食物会是漫长而艰难的历程。

什么奶可断以及何时断奶

很多的父母都对断奶一词感到困惑，他们认为给宝宝断奶意味着停止母乳喂养。其实，断奶的真正含义是喂食宝宝从液体食物到固体食物的过渡。那么，何时断奶合适呢？

宝宝5~6个月。尽管从前的美国人主张在宝宝六周大的时候就断奶（现在的欧洲人仍然这么做），但是美国儿科学会推荐在婴儿6个月的时候断奶最合适。6个月大的宝宝能坐，能控制头部的活动，舌头突出反射现象在此时消失，宝宝的消化系统已经能够消化固体食物，这期间最不容易发生过敏反应。

宝宝白天容易饥饿，更需要细心照看，晚上睡眠的时候也容易因为饥饿而醒来，所以添加辅食十分必要。这些现象说明宝宝从母乳或者配方奶粉中汲取的热量不能满足身体的需要，所以应该添加固体辅食来补充能量。

宝宝对你所吃的食物产生浓厚的兴趣。在看到你吃食物的时候，宝宝可能会盯着你，做出张嘴的动作或者要的姿势，想品尝食物的味道。或者，他可能会把手指伸进嘴里吸吮。（有一些国家的妈妈们会把咀嚼过的食物喂给宝宝吃。）

而且，断奶有助于治疗睡眠障碍。我经常接到妈妈们的电话，这些妈妈家中有六七个月大的宝宝，她们对我说，宝宝平常会整夜睡眠，现在却经常在半夜里醒来。为了安抚宝宝，妈妈通常会喂宝宝一些母乳或者牛奶（这两种方法都不是我提倡的）。如果宝宝只是把奶水当成"点心"吃上一小会儿就睡着了，我觉得宝宝有可能是因为焦虑或者做梦导致的——他是为了舒适而喝奶。如果他吃很多，直到吃饱为止，最有可能的原因是他的身体需要更多的能量。

当然了，由于幼儿活动量大以及恐惧感而导致睡眠障碍的例子也不鲜见，但是，我们可以纠正由于宝宝获取的能量不足而导致的睡眠障碍。如果你发现宝宝白天的时候吃得多，就应该听我的，不要仅仅在睡前把喂宝宝的奶水量增多，而要喂宝宝吃一些固体的辅食。

食物过敏

据估计，有5%～8%的婴儿和3岁以下的幼儿有食物过敏的症状。能够引起宝宝过敏的罪魁祸首包括柑橘、蛋白、羊肉、浆果、部分奶酪、牛乳、小麦、坚果、豆制品、胡萝卜、玉米、鱼类还有贝类海鲜。这不是说你不能把这些食物给宝宝吃，而是要注意这些食物可能会引起过敏的反应。过敏性体质大多数都来自于家族遗传，但也并不绝对。有研究表明，20%以上的儿童从未有过敏反应，并不是由于家长让他们多吃能够引发过敏反应的食物造成的。事实上，不停止进食容易引发过敏的食物，食物过敏症状就越危险，会成为一生的麻烦。

让宝宝每周只接触一种新食物，这样如果发生了过敏症状，你就会知道是哪种食物导致了宝宝的过敏反应。如果宝宝对某一种新食物很敏感，立即停止用它来喂养宝宝，至少一个月之内不要让宝宝重新接触。如果一个月之后宝宝仍旧过敏，至少在一年的时间里不要让他接触，并去咨询医生的意见。

过敏反应是相当严重的事，最坏能导致宝宝由于过敏而窒息，同时会使宝宝几个内脏器官深受其害，有可能会引发致命的损伤。过敏反应最开始的时候症状略显温和，但可能越来越严重。
- 稀便或腹泻
- 发疹
- 脸部肿胀
- 打喷嚏、流鼻涕等感冒症状
- 肚子胀痛
- 呕吐
- 眼睛发痒、流泪

小贴士：尽管商场里有很多高品质的宝宝辅食出售，但最好还是家长亲手为宝宝制作辅食。把新鲜的蔬菜和水果蒸熟或者煮熟，然后用食物料理机把它们制成泥状，使用冰箱制冰盒把食物分成若干份儿放在冰箱里冷冻，过一天取出来放

在食品袋中，并继续放在冰箱的冷冻室里保存。需要的时候，拿出一块解冻。记住不要在宝宝的辅食里添加食盐。

断奶是一个渐进的过程。在本册书里有一张叫做"从液体食物到固体食物：六周断奶计划"的日程表，适合6个月大的宝宝。我发现大多数的宝宝对梨的消化很好，所以我推荐为宝宝添加的第一种食物就是梨。但是如果你咨询的儿科医生认为最好先添加谷类食品，那你一定按照医生说的做。这张表格只是我的建议而已。

你会注意到每一星期我只为宝宝添加一种新食物，而且通常在早上喂宝宝吃。接下来的一周可以作为午餐吃，早餐再添加另外一种新食物。到了第三周，宝宝一天三顿都吃一些固体辅食。接下来，要不断地增加所添加的辅食的数量和种类。记下提供新食物的日期和数量，万一发生预料之外的情况，要求助于儿科医生。

尽早让宝宝吃手抓食品。吃泥状或者糊状的食物是不错的选择，但是由于宝宝饮食量开始增加，他可以吃的食物种类越来越丰富，所以最好按照成年人的饮食形式为他准备食物，这样宝宝可以自己用手抓着吃，而且这些食物吃起来比吃糊状食物费些力气。例如，一旦你发现宝宝能吃梨，把去皮的梨煮一煮然后切成小块。宝宝灵活的手指不仅会拾起食物，也能把食物送进嘴里。如果他意识到他可以自己吃，就会非常乐于做这件事。你要让他习惯于各种食材的口感，尽管7个月大的宝宝还没有牙齿，但是他们会用牙床"咀嚼"食物并不费劲儿地吞下去。或者，可以把一些含在嘴里"即化"的食物分成小块给宝宝品尝。

把食物切成能一口吃下的尺寸（大约1/4平方英寸），如果食物非常柔软，可以适当加大尺寸。一些蔬菜，例如胡萝卜、西兰花或花椰菜，或者一些吃起来很脆的水果，比如梨和苹果，在吃之前需要煮一煮。我们晚餐吃的绝大多数食物都可以拿来制作成宝宝的食物。比如：甜麦圈、小块的烤饼或者法式吐司，大多数蔬菜和浆果（成熟的草莓、香蕉、桃等等），小块的金枪鱼、鱼肉碎和切片奶酪。

从液体食物到固体食物
为期六周的新手养成计划

周数	上午7点	上午九点	中午11点
#1 第26周	宝宝醒来、给他喂奶	4小勺梨；然后喂奶	喂奶
#2 第27周	喂奶	4小勺甘薯泥（或者其他新食物）；喂奶	喂奶
#3 第28周	喂奶	4小勺南瓜羹（或其他新食物）；喂奶	喂奶
#4 第29周	喂奶	1/4根香蕉（或其他新食物）；喂奶	喂奶
#5 第30周	喂奶	4小勺苹果泥；喂奶	喂奶
#6 第31周	喂奶	4小勺青豆泥，4小勺梨；喂奶	喂奶

下午1点	下午4点	晚上8点	注释
喂奶	喂奶	喂奶	上午只吃一种辅食；梨是非常容易消化的食物
4小勺梨；喂奶	喂奶	喂奶	把梨当成午餐；上午添加另一种新食物
4小勺甘薯泥；喂奶	4小勺梨	喂奶	之前的新食物变成本周的午餐，一天中吃三次辅食
4小勺甘薯泥；4小勺南瓜羹；喂奶	4小勺土梨；喂奶	喂奶	从本周开始，在午餐时增加辅食的数量
4小勺甘薯泥，4小勺梨；喂奶	4小勺南瓜羹，1/4根香蕉；喂奶	喂奶	在午餐和晚餐时增加辅食的数量
4小勺南瓜羹，4小勺苹果泥；喂奶	4小勺甘薯泥，1/4根香蕉；喂奶	喂奶	根据宝宝的胃口，新食物加入食谱中，而且食物的数量也增加了。

食品添加记录表

6个月	7个月	8个月	9个月	10个月	11个月	12个月
苹果	桃	糙米	牛油果	西梅	猕猴桃	小麦
梨	李子	百吉饼	芦笋	花椰菜	土豆	哈密瓜
香蕉	胡萝卜	面包	西葫芦	甜菜	萝卜	蜜瓜
南瓜	豌豆	鸡肉	酸奶	无蛋面	菠菜	橙子
冬瓜	青豆	火鸡肉	意大利干酪	羊肉	芸豆	西瓜
甘薯	大麦		松软干酪	奶酪	茄子	蓝莓
大米			奶油干酪		蛋黄	覆盆子
燕麦			牛肉汤		葡萄柚	草莓
						玉米
						番茄
						洋葱
						黄瓜
						菜花
						扁豆
						鹰嘴豆
						豆腐
						鱼肉
						猪肉
						小牛肉
						蛋白

小贴士：为了避免宝宝过敏，在宝宝一岁之前，不要给他吃蛋白、小麦、柑橘类水果（除了葡萄柚之外）和番茄。在孩子一岁以后，你可以给他吃鸡肉碎、鸡蛋羹或者熟鸡蛋、软的浆果类水果，并把这些食材制作成能用手抓的食物，但是在宝宝18个月之前，一定要谨慎添加坚果类辅食，因为这类食物不容易被消化，容易卡到嗓子里引发宝宝窒息，还要谨慎添加贝类、巧克力和蜂蜜等食品。

为宝宝准备美味可口的方便食品。尽管幼儿并不具备识别食品的能力，但是我们还是应该尽早让宝宝获得品尝各种美味食品的乐趣。我并不主张你花费大量时间在炉子旁边为宝宝制作各种美食，可悲的是，宝宝经常会不屑一顾地将你精心制作的美食扔到地板上。你要发挥创造性来为宝宝制作食品。

比如，把面包切成各种形状，在盘子里摆成笑脸的形状。尽量为宝宝提供健康食品并均衡膳食结构，但不要逼迫他吃。如果你的宝宝只喜欢吃两到三种食物，可以把其他食物和他所喜欢的食物混合在一起。比如，宝宝最爱吃苹果酱，那么就用苹果酱配花椰菜。如果这种方法不奏效，也不要逼迫宝宝吃他不喜欢的食物。想开点儿！宝宝不会因为单调的食物种类和少吃蔬菜而生病（不同种类的水果营养成分基本类似）。

> **我的宝宝是素食者吗?**
>
> 许多秉持素食主义的家长经常询问只给宝宝吃素餐是否可行？如果连乳制品和鸡蛋都没有的素餐，很难足量地为宝宝提供他们每日所需的营养。而且，蔬菜中并不含有足量的维生素B、来自于脂肪的热量和足量的铁元素，这些物质都是宝宝成长的基本需求。为了宝宝的健康，你最好和儿科医生或者健康专家沟通咨询，或者营养师也可以为你提供有价值的意见。

尽可能地让宝宝随便吃。有人说苹果酱不能和鸡肉一起吃，或者鱼肉不能搭配酸奶。坐在餐桌旁边的宝宝学会吃饭的规则，也会仿效别人的进餐规则。但是前提是你要让宝宝吃他们想吃的食物。

有营养的点心也是食物。如果你担心宝宝每餐所吃的食物的量不够，那么先想想宝宝在正餐之间吃了什么。有些宝宝一次并不能吃很多食物，但是他们一天都在"不住嘴儿"地吃东西。如果你给他吃一些健康的点心，比如轻微煮过的蔬菜或者水果、饼干或者涂上奶酪的烤面包，也不是坏事。宝宝们非常钟爱像饼干一样带糖分的点心，但是也要注意为他提供零食的形式。如果一开始你就让宝宝觉得这些健康的零食又特别又美味的话，（"宝宝……我们要吃苹果啦"），宝宝会非常期待这些点心的。一天结束的时候，当你发现所有的辅食都被宝宝吃光，宝宝吸收了更多的营养物质，你会觉得非常满足的。

尽早让宝宝帮助你一起准备食物。当宝宝到了"我要做"的阶段，不要打击他的积极性，最好和他一起准备餐食。15个月大的宝宝会搅拌、会用手撕生菜叶子、能装饰饼干、准备点心。还有，准备食物的过程能锻炼宝宝的活动能力，更重要的是，可以增加宝宝和食物的接触。

避免为任何食物贴上"不好吃"的标签。你很清楚那些被人称作"禁果"的东西是什么。有些家长禁止宝宝吃饼干或糖果，可是宝宝却非常渴望能品尝它们的味道，尤其是外出做客的时候，宝宝们通常经不住美味的诱

菜单样本

这张菜单样本只是宝宝餐食的指南，而非绝对要遵循的律法。这是针对一岁大的孩子而制定的，而你要根据自己宝宝的体重、脾气秉性和消化能力适当加以调整。

● 早餐
　　　1/4–1/2 杯麦片粥
　　　1/4–1/2 杯水果
　　　4–6 盎司母乳或者配方奶
● 上午零食
　　　2–4 盎司水果汁
　　　煮过的蔬菜或者奶酪
● 午餐
　　　1/4–1/2 杯松软干酪
　　　1/4–1/2 黄色的或橙色的蔬菜
　　　4–6 盎司母乳或配方奶
● 下午零食
　　　2–4 盎司果汁
　　　4 块带奶酪的饼干
● 晚餐
　　　1/4–1/2 杯肉泥
　　　1/4–1/2 杯绿色蔬菜
　　　1/4 杯米饭、意大利面或土豆泥
　　　1/4 杯水果
　　　4–6 盎司母乳或配方奶
● 睡前点心
　　　4–8 盎司母乳或配方奶

感，甘心做美食的"乞儿"。不要认为宝宝尚小，不懂分寸，事实是，你越把某些食品妖魔化，宝宝就会越对它情有独钟。

不要用食物贿赂或者哄骗宝宝。家长经常会在宝宝将要走入禁区或者发脾气之前对她说："宝宝，看这里有一块饼干。"这样做，家长不仅仅会收获孩子良好的表现，也在用事实告诉宝宝：给宝宝提供食物是在进行一场交易。这样的交易让宝宝感到很不愉快。食物伴随着人的一生，我们要在给宝宝提供食物的方法和内容上花些心思，才能培养宝宝对食品的热爱，对美味的欣赏，并引导他享受人际交往的乐趣。

宝宝的穿着

我和我的写作搭档一直在考虑使用"宝宝穿衣的风险"作为这一节的小标题，因为宝宝随时会用T恤衫罩住头，跌跌撞撞地在房间里跑来跑去，很有可能打翻家里珍贵的摆设，这个时候，你就会想到"穿衣服有风险"这句话了。一旦宝宝意识到运动的乐趣，只穿安全的纸尿裤的日子就一去不复返了。宝宝们也不会满足于"活动游戏桌"这一个游戏中，一些孩子会做出许多难以想象的令人崩溃的事情来。下面的内容可以帮助家长提前预知在给宝宝穿衣服上可能会出现的麻烦：

先把一切准备好。有备才能处乱不惊。在宝宝蠕动打滚的时候，而你还在浪费时间笨手笨脚地准备换尿布的东西吗？打开盖子的尿布疹膏，摊开的尿布，随手可取的纸巾，这些都应该事先准备好。

选择最佳时机。在更换尿布的时候，宝宝最好不饥饿、不疲倦，或者不在做游戏。如果他尚未做完一个游戏而你突然把他抱走，他一定会不愉快的。

小贴士： 很多家长允许宝宝在早餐之后仍旧穿着睡衣，但是如果宝宝在玩游戏的时候仍旧不给他换衣服，这会让宝宝感到困惑。宝宝听见你对他说："该换衣服了。"就以为他已经换完衣服了！我建议在吃完早饭后立即给宝宝换衣服。宝宝吃完早餐，刷了牙齿，把睡衣脱下，穿上适合游戏的服装，这是他应该养成的生活习惯，也为他一天的生活做好准备。

对宝宝说你在做什么。你知道，我不主张隐瞒宝宝，让他们感到我们的行为很奇怪。直接对他说你要做什么："换衣服的时间到了。"或者"我要给你更换尿布。"

不要仓促做事。你可能想尽快"弄完"，但匆忙做事的结果恰恰会适得其反。对"易怒型""暴躁型"以及"活跃型"的宝宝来说，如果你因为心急而匆匆忙忙，会给他带来负面的影响的。但是，你可以改变态度，把给宝宝换衣服这件事看作与孩子沟通的好时机。毕竟，帮宝宝穿衣服是

一件非常亲密的行为。有研究表明父母的目光和宝宝接触越多，宝宝在日后就越少出现违反纪律的行为。换衣服的过程正是你们彼此目光接触的大好时机。

让穿衣充满乐趣。在为宝宝换尿布和穿衣服的时候，你可以和宝宝说说话，也可以不停地向他解释你们在做什么。唱歌是活跃气氛的好办法："我们穿衬衫、穿衬衫、穿衬衫……我们去公园……"用自己编的歌词和旋律把你们做的事唱出来。我遇见有位妈妈非常擅于记忆简单的诗歌来应对这种场合："红色的玫瑰花，蓝色的紫罗兰，宝宝穿上衣！"你现在已经知道如何转移宝宝的注意力，那么就用尽一切努力去做吧！如果宝宝扭动身体并哭闹，只好动用"哄"这一招来应付。我首先尝试过"躲猫猫"游戏，弯下身子然后突然站起来，"我在这儿！"如果他转身，我就对他轻声说："宝宝去哪儿了？"然后再把他拉回来。如果宝宝哭闹，你只好动用"杀手锏玩具"——只有在你需要宝宝转变态度或者为他穿衣服的时候才拿出来给他玩的玩具——来分散他的注意力，并对他兴奋地说："啊，宝贝，看看妈妈手里拿的是什么？"

（我一直劝告家长们要耐心等到"宝宝想做的时候"再去做，但穿衣服是一个例外。尽管你在为他穿衣服的时候，把一块祖传的手表给宝宝玩，但事后，宝宝不会把它当成属于他的玩具。孩子们知道那些"杀手锏玩具"只用在特殊的时候。另外，宝宝对换尿布和穿衣服不配合的时间通常比较短暂，根本无需担心。你用曾祖母的手表轻松搞定了你的两个孩子，曾祖母如果知道这些会非常高兴的。）

小贴士：为宝宝选择腰部带松紧带的、大纽扣的，或者尼龙搭扣的宽松式样的衣服。带纽扣或者拉链的衬衫也很好。如果你选择T恤衫，一定购买领口带有纽扣的，或者大码的、有弹力的，确保宝宝能轻松穿脱衣服。

让宝宝参与其中。在宝宝11~18个月期间，他会对脱衣服产生浓厚的兴趣（经常把自己的袜子拽下来）。这个时候，你应该鼓励他："你真棒！你可以自己脱衣服了！"为了让他成功，你可以把他的袜子从脚上褪下一半，把袜子的前段拽出来一点好让宝宝能用手抓住，然后再让宝宝把袜子从脚上拽下来。对于T恤衫，你可以把宝宝的胳膊从袖子里拿出来，然后让他自己把衬衫从头顶脱下来。等他熟练一些，你就可以让他多做一点儿，把脱衣服当成一项游戏。"我脱这只袜子，现在该轮到你了，宝宝脱另一只吧！"

两岁左右宝宝能产生对穿衣服的兴趣。最先尝试的当然是穿袜子。像从前一样，你需要鼓励他，最低程度地帮助他：为他穿上一半，然后让他自己把袜子穿好。当他应付自如之后，把袜子堆在脚后跟，然后让他自己把脚趾头的部分穿好，之后把袜子全部穿好。

穿T恤衫也是一样的做法。首先，帮他把衣服套过头部，把袖口抻开，让宝宝把胳膊插入袖子。最后宝宝可以非常熟练地应付自如了。如果T恤衫的前面有图案设计，告诉宝宝有图案的才是前面；有一些T恤有标签，告诉宝宝有标签的是后面，不要让他穿反了。

如果在活动桌子上给宝宝换尿布或者穿衣服让宝宝感到不适，可以选择替代品。在地板或者沙发上可以给宝宝换尿布。我还见过有些家长在孩子站着的时候为他换尿布，不过我不赞成这种做法，因为难以保证宝宝的安全，他可能在你没换好之前就跑开了。

把大事化成小事。妈妈是可以感觉到宝宝因为什么而不开心的。如果这个不快是为宝宝换尿布或者穿衣服而引起，那就应该在事前做好准备。有时候，应付这样难对付的事是对你解决问题能力的一场检验。说到这里，我就会想起莫林来，每次她在为儿子约瑟夫穿衣服的时候，都像在打一场战争。约瑟夫是一个十分活泼的小家伙儿，每次莫林为他穿衣服的时候，他都会扭着身子跑开，或者用手抓着T恤不放，阻止莫林把T恤套过头顶。就在上周，莫林还赌气地打了他，可是小家伙却越来越抗拒穿衣服。穿衣服的噩梦始终笼罩着这对母子，而且愈演愈烈。莫林曾试过用甜言蜜语来哄骗，可是根本不发挥作用。因此这位聪明的妈妈改变了策略，每隔十五分钟为约瑟夫穿一件衣服，尽量不束缚约瑟夫，并每次告诉他穿的是什么衣服（"我们要穿T恤了"），这

聪明的保姆发来的邮件

几年前，我作为保姆负责照顾两个分别2岁和3岁大的孩子。有一阵子，年龄稍大的孩子突然在早上起来之后不愿意穿衣服，这件事让我疲惫不堪，后来我想办法让他知道是否穿衣服全凭他自己的选择。例如，我让他选择是先穿左脚的袜子还是先穿右脚的，让他控制全程，并尊重他的想法。一开始的时候，确实要花很长时间，但最后，穿衣服变成我们乐此不疲的游戏了。

样，约瑟夫的忍耐力一点点提高了。一个月以后，约瑟夫就可以相当默契地配合妈妈为他穿衣服了。

当然，这样做是最后的策略。如果你的宝宝像约瑟夫一样活泼好动，你要尽量理解他。因为穿衣服对他来说意味着不舒服——至少现阶段是这样的。所以延长穿衣服的时间可能会让他感到舒适一些。是的，亲爱的，你确实会花费大量时间，不得不提前有所准备，但是对待不想穿衣服的孩子，着急也没用。相信我，在宝宝成长的每个阶段都要尊重宝宝的需求，反之，如果你打他，宝宝渡过这个令人痛苦的阶段的时间就会延长。

在穿衣服的时候询问宝宝的需求。刚刚尝到一点独立甜头的宝宝不喜欢穿衣服有如下两个原因：一是穿衣服的时候他被迫接受束缚；二是他无法自己控制这一过程。尽管穿衣服是每天必做的功课，但你也可以给宝宝提供几种选择，比如什么时候穿、在哪里穿以及穿什么衣服：

什么时候穿："你愿意现在穿衣服还是等我洗完碗之后再穿？"

在哪里穿："你愿意在床上换尿布还是在地板上换？"

穿什么衣服："你愿意穿这件蓝色的衣服还是那件红色的？"（如果你说不出来衣服的颜色，这很简单，你可以把两件衣服举到他的面前："你愿意穿这一件还是另一件？"）

如果你已经在房间里追着他穿衣服用去一个多小时的时间，或者他正在发脾气的时候，就不需要问他的选择了，因为这个时候理性的方法是不会起任何作用的。你最好考虑考虑下面的这些做法：

你要记住，你在做一件正确的事。无论采用何种良策让宝宝乖乖配合，无论用什么样的花招降低这一过程的复杂性，你都要清楚，无论是换尿布还是换衣服，宝宝都别无选择。尿片太重会让宝宝的皮肤生出尿疹，所以你的投降是有限度的，宝宝不得不配合你，或者至少，在尿布过重的时候，宝宝也会觉得不舒服，他不得不向你屈服。

有些家长让孩子光着身子在房间里跑来跑去，并认为合情合理，他们会这样解释："宝宝不愿意我给他穿衣服。"面对这样的情景，我只能叹息了。穿衣和就餐一样，是社会交往的组成部分，我们每个人都不会光着身子走出家门。让宝宝明白这一点："如果不穿衣服，就不能出去玩。"甚至在泳池或者海滩，你也要告诉宝宝："如果你不把泳衣穿上，就不能回去玩水。"

小贴士：不要在公共场所给宝宝换衣服。尽管他不会说，但他可能会认为换衣服是一项观赏性活动。毕竟，你不会愿意在超市、公园或者海滩上，有众多人围观的情况下换衣服，我认为宝宝也不会愿意的。如果你找不到休息室，就到车里为宝宝换衣服。如果你别无选择，至少用一块毯子或者一件衣服遮挡一下。

要有结束的仪式。"衣服都穿好了！"或者"现在我们可以出发去公园了。"这样的话会让宝宝知道这件令人讨厌的事终于结束了。他会把这几件事看成有因果关系：我待在这里、穿衣服、出去玩。

鼓励宝宝照看自己的衣服。为不同的衣服安装挂钩，比如睡衣、浴衣、外套等等宝宝经常穿着的衣服，这样他可以自己挑选衣服并收拾衣服。宝宝们非常愿意把脏衣服扔进洗衣篮里，他会通过这些生活的小事体会到：有些衣服需要放起来以后再穿，还有些衣服需要洗一洗。

穿衣服是一件可以让宝宝变得越来越好的生活技能。以上我的建议是想为你提供解决问题的办法，帮助宝宝获得良好开端。你需要巨大的耐心并从宝宝的行为中获取信息。当他感到不适的时候，尽量帮助他慢慢适应；当他说"让我来做"的时候，就放手让他自己做。尽管早上时间匆忙，或者宝宝还不熟练，你也不要放弃，除非你想和他产生冲突，请不要越俎代庖。如果这次耽误了时间，那么下次就好好地提前计划一下。我不止一次说过，宝宝没有时间概念，他根本不在乎迟到，他只在意是否能独立完成任务。

跨越分水岭：不再使用尿布

在电影《星际迷航》中，外层空间是人类与宇宙的分水岭，而在你的家中，你的宝宝成长中需要跨越的第一个分水岭就是抛弃使用尿布，这是婴儿和儿童差异的重要标志。同时，我遇见的大多数的家长都用"混乱"这个词汇来描述这个阶段。当我初次接触这一领域就发现如厕训练是一项令人高度兴奋的话题，家长们连珠炮似地向我发问：宝宝什么时候适合做如厕训练？

什么样的坐便器适合宝宝？如果训练宝宝如厕过早，会导致什么严重后果？是否我们训练得太迟了？

最让我惊讶的是我居然发现很多三四岁的孩子还在穿纸尿裤。尽管我从来主张不要做一般超出孩子能力范围的事，但是我们需要给宝宝提供充分的学习机会，这完全和"拔苗助长"是两回事。不幸的是，有太多的家长把以下这两件事混淆起来：需要传授给宝宝的行为方式和宝宝自然的成长规律（自然发育的过程）。例如，宝宝打人并不是自然发育过程中的正常现象，但很多家长都会为此找借口，说："噢，宝宝长大了就会这样。"不，亲爱的，这是不对的！你应该教育你的宝宝。

尿 盆

如厕训练的生理前提是宝宝括约肌的发育情况。如果妈妈们在分娩之后做过凯格尔体操的话，就一定知道括约肌大概处于身体的哪个部位。对于爸爸们来说，下次如厕的时候，设法让小便暂停——那是你的括约肌在起作用。以前人们认为宝宝在两岁之前括约肌不会发育好，但最近的研究证明事实并非如此。在通常情况下，宝宝通过训练可以学会如厕。对于那些无法控制大小便的残疾儿童，我们可以训练他们按时如厕的习惯。这样的话，正确的指导和训练会纠正宝宝生理上的不成熟。

在现实生活中，大多数孩子都会因为生理上的成熟并在家长的指导下学会独立如厕。"积砖成塔"就是这个道理，如果宝宝能把一块积木成功地放在另一块积木上，理论上说，他就可以制造一座积木塔。但是如果你不给他足够的积木让他试一试，他就永远学不会用积木来造塔。

如厕训练的原理和"积砖成塔"的道理类似。如果一个三四岁的宝宝，其括约肌足够成熟，而家长却耐心等待着宝宝自行如厕自然发生的那一天，那么这位宝宝就不会对"去便便"感到有兴趣，除非他得到足够的正确指导、鼓励和充分的学习机会。而这些正是其家长的责任。

小家伙儿，请坐下！

我偏爱一种能放在成人坐便器上面的儿童坐便盖，而不是专门为宝宝准备的用完之后需要清洗的尿盆。你在外出旅行的时候，前者可以随身携带。但是使用这两种坐便器的时候都要谨慎。孩子很容易从孔洞里掉下去，或者卡在坐便器上。对孩子来说，这个"大碗"能把他一口"吞"下去！这样的经历对宝宝来说实在太可怕了！在坐便器前面放一个放脚的木榻，这样他的脚不至于悬空摇晃，他就会感到更安心。

　　有多少家庭，就有多少种训练宝宝如厕的方法。我更倾向于向你推荐一种比较温和的方法。温和的方法能让家长给宝宝传递鼓励和信心。也许你擅于观察或者擅于用各种信息武装自己，那么你就可以确定什么时间适合开始训练宝宝如厕——宝宝的身体和心智足够成熟，还没有产生逆反心理的时期。对于大多数的宝宝来说，最合适的时间应该是他们18个月到2岁之间。但是一定得根据宝宝的具体情况适当调整。"H.E.L.P.策略"也适用于此处。

　　H——宝宝身体和心智成熟是着手进行训练的前提。我女儿小的时候，我从未咨询过别人何时训练宝宝如厕的问题，而我经过观察，看她是否有想自己如厕的感觉。许多宝宝会在游戏中突然停下来，他们一动不动地站着，看起来全神贯注的样子，然后又突然动了起来。当他大便的时候，他通常会紧绷身子，脸会发红。一些孩子还会走到沙发或者椅子后面做这件事；有些宝宝会用手指着尿布对你发出"噢喔"的声音。观察宝宝的表现。宝宝长到21个月，就会意识到身体各个部位的功能，但是15个月大的宝宝也有可能有这个意识。（女孩通常比男孩成熟得早，但也因人而异。）

　　E——鼓励宝宝用语言和行为来表达身体的各个部位的功能。一旦你发现宝宝的意识发育到一定程度，就教他一些语言来表达自己的需要。例如，当他用手指着尿布的时候，你对他说："你尿了对吗？你想让我给你换尿布吗？"如果他拉扯裤子并试图脱下的时候，你对他说："我来为你换条裤子吧。你的尿布一定脏了。"

　　在为宝宝更换尿布的时候，直接告诉他"尿布湿透了"，或者，如果他排泄大便在里面，让他看着你把粪便扔进马桶里。我知道如果使用一次性尿布的话，你会直接把裹着粪便的尿布扔到垃圾桶里，但是这个时候一定不要这样做，要让宝宝看到他的粪便最终会去哪儿。或者你也可以带着宝宝走进卫生间，告诉他："我们在这里便便（或者使用其他的你们感到舒服的语言）。"

　　这个时候最适合训练宝宝学习如厕。为宝宝购买一个儿童坐便器或者尿盆，开始训练的时候，可以让他带着他最喜欢的娃娃或者其他玩具到卫生间里。如果你的宝宝在你的建议下想要亲自尝试一下，你就可以把如厕训练当做每天早上起来的第一件惯例去做。在他坐上便盆的时候，可以用玩具或者"切蛋糕"的游戏来让他分心。另外一个如厕训练的好时机是在他喝水之

后二十分钟左右的时间。无论你何时训练宝宝自己如厕，你都要保证气氛愉悦，不要给宝宝施加压力。可以给宝宝讲故事或者用一件玩具或者游戏逗他开心，这样他会感到轻松愉快，愿意到卫生间里去。反之，如果你只是枯燥地和他坐在一起等待，他会把如厕这件事看成不得不完成的任务。

L——对孩子坐马桶的时间加以限制。最初，不要让宝宝在马桶上待超过2~3分钟。如果你给宝宝压力，很快你和宝宝之间就会爆发一场战争。因此，学会放松地对待这件事，把你的期望值调低。你放松，宝宝也会感到轻松的。这不是让宝宝表现的场合，而是你教他学习的机会。如果他排泄了小便或者大便，你

训练技巧
如下是一位妈妈推荐的训练技巧，这位妈妈的孩子已经成年了：   首先，这位拥有四个孩子的妈妈从未使用过尿盆或者宝宝坐便盖，她让宝宝在坐便盖上尽量靠后坐。"这样，宝宝们会看到他们的排泄物，这让他们很着迷，以至于我很难让他们离开马桶盖。我的每一个孩子都没有特别训练过如厕。"   另外一个让宝宝喜欢如厕训练的方式是把几个甜麦圈放到马桶里，然后鼓励男孩子向漂浮着的麦圈"射击"。

要向他祝贺并对他说："太棒了！你在马桶里便便了。"在你把他抱下来的时候对他说："完事了。"如果他没有排泄，也不要表现出失望的情绪，把他抱下来，用实事求是的态度告诉他。最后，你不可以经常让宝宝坐在马桶上，这样会给他压力，在他由于刚刚睡醒而感到心情不好的时候，或者在他抗拒的时候都不要进行如厕训练。

如厕训练时的着装
宝宝如厕的时候，应该穿什么衣服？下面有几个原则需要你记住：   ● 纸尿裤。现在的纸尿裤都具有超强的吸水能力，甚至宝宝撒尿之后，也不会感觉潮湿。而用布制作的尿布在这一点上不具有优势，因为只要宝宝在里面便便就会湿透，宝宝会感觉到，可能会因此尽早主动抛弃使用尿布。   ● 如厕训练裤。像一次性纸尿布一样，如厕训练裤也具有强大的吸水性。当宝宝开始意识到他应该在何处便便，或者有想要排便的感觉的时候，只要宝宝能够到达卫生间之前一直忍耐，如厕训练就成功了。你可能想直接省略穿如厕训练裤的阶段。   ● 男孩或女孩的内裤。当宝宝每天至少便三次以上的时候，试试在白天让宝宝穿儿童内裤。如果宝宝情急难忍，也不要大惊小怪，更不要责骂宝宝。给他脱下内裤，清洗臀部，再换上干净的内衣。

P——表扬宝宝，把厕纸递给宝宝！ 当宝宝真的往马桶里排便的时候，要大声地表扬他——而他只是坐在那里没有排便，就不要表扬了。这是你可以

夸张地表扬宝宝的唯一机会。"好哇！你在马桶里便便了！"当我女儿第一次坐在马桶上排便的时候，我大声喝彩并为她鼓掌。"现在让我们把它冲走……再见了，便便！"宝宝马上意识到这个游戏很好玩。"嗨！妈妈忘记了，不过这很好玩！"顺便说一句，你要使劲儿地表扬宝宝，但不要解释过多。例如，

如厕训练成功的四个关键因素

便盆：适合宝宝身材的便盆。

耐心：永远不要催促宝宝，当宝宝没有成功排便时，也不要表现出失望的神色；每个宝宝成长的速度都不尽相同，所以不要苛求宝宝。

练习：宝宝需要尽可能多的机会练习如厕。

陪伴：和宝宝在一起，为宝宝加油。

我听见有位妈妈说："好哇，你要每次在这里便便。"但是，尽量让你的表扬带着愉快轻松的感觉——至少你的宝宝听起来是这样的。

尽管训练的成果来之不易，但是你渐渐地了解了宝宝的习惯，宝宝也会更多地掌握如厕的经验。同时你要清楚宝宝的个性在发挥巨大的作用。有些贪吃的宝宝为了得到父母给的香蕉，非常快乐地进行如厕训练，而其他宝宝根本不在意这种奖励。

关于独立的最后箴言

宝宝在慢慢成长，在漫长的成长过程中，身为家长的我们需要巨大的耐心。认同成长的节奏，信任成长的前景，而不是心急如焚地"拔苗助长"，无论是你还是宝宝都会享受到成长带来的喜悦，期盼每一个成长阶段的到来，即使遇到困难也能沉着应对。你要认识到你的言传身教和自然成长规律间的差距，有时候，宝宝的进步有些突然，幅度之大会让你激动不已，比如他第一次依靠自己的力量站起来。但是，更多的是在宝宝身上发生的变化如此细微以至于你根本没有注意到，不过，宝宝正在日益强壮，身体的协调性也越来越好。同时，宝宝积累了丰富的经验，有更多的视觉和听觉的直观感受，学会了他所需要的本领。另外，宝宝的智力得到充分发育，他的大脑像一部小型计算机一样，下载和处理来自各方面的信息。尽管从出生开始，宝宝一直在和你"沟通"，但到了学步期他会和你说同样的语言。在下一章，我们关注惊人的语言发育，以及更为牢固的亲子关系。

第五章

运用 "T.L.C.策略" 与宝宝对话

言辞是人类最有效的药物。

——鲁德亚德·吉卜林

多听少说，才能使你耳聪目明。

——美国印第安谚语

持续与宝宝的对话

我经常做这样的类比：婴儿的感觉好比身处异国他乡的旅行者，幼儿更像是在国外读书的交换生，他们从一落脚就开始学习语言，在交谈中增长见识，刚开始的时候，能听懂的多，能说出来的少。当然，旅行者只做短暂停留，而交换生却有长时间驻扎的优势。当你询问别人卫生间在哪儿的时候，不会有人把一盘意大利面条推到你的面前。不过，由于你来的时间短，会经常不理解当地人的语言中那些超出字面含义的东西，而且当你想获取某件东西或者当你试图表达某种复杂思想的时候，也是因为语言的问题导致你词不达意，产生挫折感。幼儿比交换生幸运得多，因为他有"随身导游"，他们熟悉当地的语言，了解当地的情况和习俗，还能帮助幼儿扩大词汇量，理解语言的真谛——幼儿把他的"随身导游"唤作"妈妈"或者"爸爸"。

我们是宝宝人生之旅的"导游"，在我们的引导下，宝宝们学习说话，成为家庭中活跃的成员，并走上自己的人生之路。语言不仅仅是交流的工具，它还开启了通往独立和行动的大门。宝宝会用语言来询问（"那是什

108

宝宝何时学会说话

宝宝学会说话的早晚程度取决于很多因素。在第一章里我们曾经探讨过天赋秉性和后天教养共同发挥作用。能够影响宝宝说话的因素有如下几个：

● 和其他人用语言交流和互动（持续性交谈和眼神的交流会鼓励宝宝用语言表达）
● 性别（女孩的语言发育比男孩早一些）
● 其他的发育优势（宝宝学习走路和学习技能本领的时候，语言发育就会被延迟）
● 出生排行（家中较小的孩子语言发育会相对延迟，因为哥哥姐姐们会代替他说）
● 遗传（如果你和你的伴侣都较晚学会说话，那么你们的孩子也可能出现这个问题）
● 注意：有时候，一些家庭中的变故——比如新来的保姆、新出生的弟弟或者妹妹、家人生病、父母外出旅行或者回归工作——会减缓刚开始学说话的宝宝的语言发育。

么？"）；表达需求（"我要饼干！"）；坚持主张（"我要做！"）；把想法联系起来（"爸爸出去了，妈妈在陪我。"）；当然，也可以表示拒绝（"不！"）。通过语言，宝宝知道别人对他的要求（"打扰一下。"）和社交礼节，例如表示礼貌（"请。"）和表达感激（"谢谢。"），他也能谋求别人的帮助（"妈妈，过来！"）。

任何事情都不能一蹴而就，语言发育也不例外，和宝宝学习其他本领一样，语言的发育要经历一个漫长的过程，每上一个小台阶都是之前积累的结果，又是下一个台阶的基础。最开始，宝宝会用肢体语言表达他们对物品的识别和需求。"咿咿呀呀"的声音——我称之为"婴语"——实际上是宝宝最初的语言。宝宝是依靠重复和反复练习来学习语言的，从发出"波波……"到"波……吧……"最终到第一个读音"爸爸"，所以与宝宝交谈是多么重要啊！

孩子如何模仿声音，再把声音转换成单词，赋予单词以特殊含义并把它们联系起来，最终用语言的形式表达复杂的思想，这个过程过于复杂，甚至连科学家们也解释不了。我们唯一能够确定的是：父母们的亲身示范作用要大于他们"传授"语言的作用。此外，和学习其他技能的过程一样，在宝宝从嘴里说出第一个字之前，他们已经为此做了大量的准备。听到宝宝说出的第一个字实在是一件令人激动的事，但你要知道这并不是你和他之间的第一次交流。

在我第一本书里，我曾经强调对话的重要性：家长要和婴儿对话，而不是对着他自言自语。你用你的语言——标准的中文、英式英语、法语、韩语、西班牙语等等——与宝宝交谈，宝宝也会用自己的"婴语"和你应和，

并用身体的动作和声音表达他的需要。你用心听他说话，和他交谈，他也在用心听你说话。你对他的语言做出反应，尊重他是一个独立的有思想的个体，你会渐渐理解他的语言，从而更容易满足他的需要。而且他也能从你的言谈中学习你的语言。当他长成一个学步期的幼儿的时候，你们之间的对话仍然持续着。现在，我向你们推荐"T.L.C.策略"，它们能在这个时机发挥作用。

什么是"T.L.C.策略"？

每个年龄段的孩子都需要"特别关照"，但为了帮助家长们更好地引导自己的宝宝渡过语言发育的关键时期，我要向你推荐我的"特殊关照计划"——T.L.C.策略，这三个字母分别代表与宝宝沟通所必须的关键因素：T——说话（Talk）、L——倾听（Listen）和C——理解（Clarify）。下面的内容是有关T.L.C.策略的简单介绍，然后是详细的分别阐述。当然，这三个重要元素紧密关联，共同发挥作用。在与宝宝的每一次交谈中，你对着他说话，听他说话，然后理解他的意思，甚至完全不需要深度思考就可以顺利沟通。我的目的就是要说明这个过程。

T——说话（Talk）。言语在父母和宝宝之间架起了沟通的桥梁。我曾经说过，语言的魔力在于家长无需故意教宝宝说话；宝宝在家长和他说话的过程中慢慢习得语言。的确，我们帮助宝宝认识颜色、告诉宝宝物品的名称和形状，但是最伟大的"指导"是在每天日常的"给予与接受"的互动活动中自然而然发生的，甚至那些抽象的概念也是自然而然地传授给宝宝的。有研究证明一个3岁大的幼儿，如果其家长在日常生活中经常和他说话，他就会积累更多的词汇量。反之，如果家长很少与宝宝交谈，宝宝所获得的词汇量就较少。这种由于日常交流给孩子带来的影响会一直持续到孩子的学龄时期，到那个时候，前者在阅读理解方面的表现也具有明显的优势。

T.L.C.策略的全景综述

说话：可以和宝宝说任何话题。你可以跟他说天气、他要参加的活动以及当下发生的事情。

倾听：无论宝宝用语言表达还是用身体表达，你都要全神贯注地"听"，你在专心听，还是在敷衍，宝宝是可以感受到的，同时，他也能学会专心地听你说话。

理解：你需要重复使用正确的语言表达你的想法。当宝宝使用了"不恰当"的语言的时候，不要责怪他，更不能让宝宝觉得羞愧。

人们都知道有两种不同的语言：一种是身体语言，另外一种是口头语言。身体语言包含关爱的眼神、用手轻轻拍打、拥抱、亲吻、紧握，或开车的时候亲切地弄乱宝宝的头发等等。尽管没有口头交流，但是宝宝会感觉到你认同他的存在，你在陪伴他、照顾他。口头语言包括"家长专用语言"，表现为喋喋不休地交谈、唱歌、语言游戏、讲故事和读书。关键是每时每刻都要意识到和宝宝交谈的重要性——在你带着宝宝去往公园的路上，还是你在准备晚餐的时候，亦或是收拾床铺准备就寝的时候。

你不必等到宝宝可以回应你的那一天，在宝宝"咿咿呀呀"地发出"婴语"的时候，你就可以和他进行交谈。不要忽视那些你暂时不理解的语言，反之，要适当地鼓励他，比如："你说得对！"或者"我完全同意。"比如宝宝坐在他的餐椅上，刚刚吃过饭，他会说："哎耶咿唉吧……"你就可以问他："你想让我帮你从椅子上下来吗？"或者，临近洗澡的时间，宝宝咿咿呀呀地对你说话，你也可以对他说："噢，你已经准备好洗澡了，是吗？"每天的对话不但能有效地把宝宝含混不清的"儿语"转化成语言，而且通过这种方式，宝宝试图交流的做法得到认可，宝宝的努力就没有白费。

有些家长在宝宝婴儿时期就缺乏和宝宝之间的对话交流，他们认为和宝宝说话有点"犯傻"。这些家长经常会问我这个问题："我和一个这么小的孩子说什么？"我告诉他们，可以谈论每天的计划（"我们要去公园"）；谈谈你在做什么（"我现在在为你做晚饭"）；谈论他能接触到的任何事（"噢，看看那只小狗"）等等。你可能认为宝宝听不懂你说的话，那么请相信我，宝宝的理解力要远超出你对他的想象。

另外，没有人能够准确地知道宝宝何时弄懂一个新的概念。想想你最后一次了解新概念是在什么时候：你读书、学习、提问题、一遍又一遍地复习，在某一时刻，你对自己说："哦！我知道了！我知道它的含义了！"宝宝也是一样的，他对语言的掌握也是遵循这样的过程。

你也必须清楚你和宝宝之间哪一种交流是最有效果的。需要考虑宝宝的脾气秉性和他处于何种发育阶段，必要的时候，你要改变交流的方式来适应他。例如，"易怒型"宝宝更喜欢拥抱，而刚刚学习走路的"模范型"宝宝可能会试图挣脱你的怀抱，因为他对"自己闯一闯"更感兴趣。或者，生气的"天使型"宝宝可能会用静坐的方式要求你解释为什么晚餐前不允许他吃点冰淇淋，

而"暴躁型"宝宝用大声哭闹来向你要理由，这会迫使你不得不想办法转移他的注意力。如果你发现你的"活跃型"宝宝因为弄不懂而感到神情沮丧的时候，你千万不要把他抱起来，指着这些东西问他："你要这个还是要那个？"相反，你把他放到地上，直视他的眼睛对他说："告诉我你想要什么？"

另外，我所说的与宝宝对话不包括让宝宝看电视和使用电脑。整天花费大量时间看电视的宝宝可能会通过模仿学会唱一首歌，但是只有你和宝宝之间随时的交流对话才是宝宝学习语言的最好方式。至于电脑，我们不得不承认电脑具有一定的互动功能，不过，电脑是如何影响孩子的心灵的，没有人能说得清。我们无法阻止软件公司继续研发适合3岁以下幼儿的语言学习软件，这些软件对孩子的吸引力是巨大的。（研究表明，幼儿软件开发市场上数量增长最快的软件是以"baby"一词做标题的软件。）就我个人而言，我不喜欢见到不足3岁的宝宝坐在电脑前，但是我必须承认，许多家长购买电脑和软件的初衷是想让他们的宝宝接触科技，从而加快宝宝的学习进程。不过我觉得没有我们的帮助，宝宝也可以适应这些科学技术。另外，没有证据表明"越早使用电脑越好"这一论断的正确性。然而，如果你有一部电脑，并且购买了教学软件的话，至少你应该和宝宝一起坐在电脑的键盘前，而且，要限制宝宝使用电脑的时间，用对待一般性学习工具的态度对待电脑。

我强烈建议：只要宝宝是清醒的，就要不停地和他说话，和宝宝说再多的话也不嫌多（除非他想静下来或者想睡觉的时候）。交谈也是宝宝自身的需求，是他们学习的方式。114页会有一个"剧本"，是我在陪伴学步期幼儿的日子里通过总结提炼出来的，它的唯一目的是告诉家长生活中有多少和宝宝交谈的机会。发挥你自己的风格，用宝宝的故事来创作属于你们的"剧本"吧！

L——倾听。学步期的幼儿和婴儿一样，需要你倾听他的语言，关注他的一举一动。这段时期，聆听宝宝的语言会变得容易得多，因为他会给你许多清楚的暗示。同时，他们的需要变得更加复杂和多元，宝宝不再满足于整日依偎在你的怀里，他们想自己闯一闯，去发现、去尝试。在宝宝学会说话以前，一定要注意他发出的各种暗示。如果你回应了他的暗示，会使他觉得这个暗示有效，从而激发宝宝产生对自己的信心。

宝宝在自己的小床上或者独自玩耍的时候，常常会自言自语，这个时候，你要认真聆听。通常，宝宝在独处的时候尝试着发出不同以往的声音或者试一试新学的语句，他也会说说自己生活里面发生的小事。"偷听"宝宝的自言自语会对你了解宝宝有所助益，你会从中了解宝宝此时的语言和理解力的发育情况。

母性语言：妈妈语

研究学者发现，"母性语言"，又称"妈妈语"对孩子语言能力的培养十分有益。科学家认为"妈妈语"可能是有效帮助孩子学习语言的一种最自然的方式，因为所有照顾宝宝的人，包括妈妈、爸爸、祖父母或者年长的哥哥和姐姐们，在陪伴和照顾宝宝的时候，会不知不觉地使用"妈妈语"来吸引宝宝的注意力。那些说"妈妈语"的人会：
● 幽默而有活力
● 会直视宝宝的眼睛
● 语速缓慢，语气和缓
● 吐字清晰
● 在语句中会重点突出某个单词，比如"你见过那只小猫吗？"
● 经常重复

另外，在你专注于倾听宝宝的时候，你也为宝宝做出榜样，让他学会专注地聆听别人的语言。在你试图和宝宝谈话沟通的时候，请把电视机关掉，不要一边打电话或者读报纸，一边回答宝宝的问题。

帮助宝宝培养聆听的能力。打开收音机或者音响，对宝宝说："我们一起听音乐。"告诉宝宝每天听到的各种声音是什么：狗叫、鸟鸣、卡车轰隆隆地开过马路的声音等等，这样会帮助宝宝了解声音的来源。

最后，有必要听听你自己的语言并做出适当的调整。你说话的语气、声调、节奏，以及说话的习惯都会对宝宝产生影响。例如，如果你习惯于在工作中对同事发号施令，在家里你可能也会使用类似的语气；你习惯于大声说话，还是柔声细语、声音平缓，这些都很重要。我还见过有些家长经常随心所欲地改变态度——例如对莫莉说："莫莉，把这个放在桌子上。"一会儿又说："莫莉，别碰它。盖比先来的。"此时，宝宝会无法分辨你说话的含义和你的情绪。更糟糕的是，还有些家长，他们喜欢大喊大叫，这样无疑会让宝宝觉得不舒服或者变得胆小。这两种方式中，无论哪一种都无益于你和宝宝的对话沟通。

我必须指出，当代家长们快速的生活节奏让聆听变得愈加困难。因为我

日常对话

以下是我和一个学步期宝宝日常对话的节选，我要强调的是在对话中尽量使用短句来表达。

早上

早上好，维奥拉，我可爱的小玫瑰！你睡得好吗？我想你了。好吧，让我们起床吧。噢，你该换尿布了。尿布湿透了。你能说"湿"这个词吗？很好：湿。来吧，换尿布，让小屁屁干爽舒适。我给你换尿布的时候，你愿意帮我拿着这个润肤霜吗？好吧，尿布换完了！我们一起去找爸爸说"早上好"，怎么样？说"嗨！爸爸"。好的，我们去吃早餐喽。我把你抱到椅子上去。我们坐到椅子上了！戴上你的围嘴儿。今天我们吃点啥？你想吃香蕉还是苹果呢？这是我给你做的麦片粥。这是你的勺子。好吃吗？吃完了。该洗碗了。你想帮忙吗？好吗？好吧，你把它放到这里，你做对了，你真棒！

外出

我们需要买东西了。我们一起去采购。让我们出去兜兜风。穿鞋。我来帮你穿上外套。我们上车。你能说"车"这个词吗？车。你真棒！我们开车去商场。我把你抱到推车上。噢，看看那是蔬菜。你看见黄色的香蕉了吗？你会说"香蕉"吗？香蕉。好的。这是绿色的豆角。把这些放进我们的推车里。好的，买完了。我们有足够的食品了。去收银台结账吧。我把钱给这位漂亮的女士。你想和她打个招呼吗？谢谢你。再见！看看我们的购物篮。我们把它放到车上去。

游戏

现在我们出去玩。你的玩具箱子在哪里？哦，你想和你的娃娃玩一会儿吗？你会说"娃娃"吗？娃娃。好棒！和芭比娃娃一起玩什么呢？你把她放在婴儿车里好吗？我们为她盖被子。把毯子盖到她身上，让她暖和暖和。哦，芭比哭了。把她抱起来。芭比好些了吗？哦，芭比饿了。我们给她吃点东西吧。芭比想喝奶吗？你能说"喝奶"吗？好的，喝奶。看看，芭比累了。你想让她睡觉吗？把她放回玩具箱里让她睡一会儿吧。晚安，芭比。你对她说"晚安"。

就寝

我们要上床睡觉啦。选一本故事书吧。哦，你喜欢这一本？好主意。你会说"书"吗？对啦，书。你真棒。过来坐在我的大腿上。这本书的名字叫"一只棕熊"。你能找到棕熊吗？你能说"熊"吗？把书翻开。看看有没有蓝色的小鸟。对啦，就是这只蓝色的小鸟。所有的都看完了。把书放好。晚安，书！说"晚安"。我要把你放到床上去。给我一个拥抱好吗？宝贝，我爱你。这是你的被子。晚安，亲爱的。如果你需要我，就叫我。明早再见。

们过于忙碌，所以我们往往催促宝宝，我们没有耐心等宝宝说完就想要一个结果。就像家长们依靠安抚奶嘴来止住宝宝哭闹一样，忙碌的家长把电视当成了靠山。孩子们变得浑浑噩噩，你不去了解他，他也不知道怎样了解你。（当孩子成长到青春期的时候，这种现象尤为明显。）

总之，倾听是建立孩子自信心的灵丹妙药，也是获取信任、解决问题、消除冲突的基础。在现今充满各种各样诱惑的时代里，倾听是一项尤为重要的能力。通过倾听，你让宝宝明白你一直在关注他、对他感兴趣并理解他。

电话 - 注意力 = 干扰

如果朋友一边劝告孩子——"本杰明，别爬到上面去"——一边和我通电话，我会崩溃的。当你的心思不在宝宝身上的时候，宝宝就成了会钻空子的"机会主义者"，妈妈打电话的动作向宝宝传递一个信号："妈妈在打电话，我需要她关注我。"我女儿最喜欢在电话铃响起之后，爬到煤斗上面去玩。

可是，亲爱的，我们本可以利用宝宝午睡的时间或者宝宝在小床里玩的时间打电话的。当电话铃响起，你可以说："我在照看约翰，这个时间通话不合适。"如果事情紧急，至少要告诉宝宝："妈妈必须要回个电话。"然后，拿给宝宝他最喜欢的玩具或者让他做游戏来占据他的注意力。尽量把通电话的时间缩短。

C——理解。我们要花点心思确认我们的孩子到底说了什么。宝宝"能听懂"和"会表达"不是一回事，宝宝有他自己特殊的方式用来表达想法，但是我们需要鼓励宝宝使用正确的词汇，比如我的女儿萨拉对我说"波……查查……"的时候，我就和她说："哦，你想喝点茶吗？"（在英国，妈妈让孩子喝点淡茶，而美国的妈妈更喜欢给宝宝喝果汁。）我们需要帮助宝宝了解如何用语言进行交流，这是最基本的社交规范。例如，如果孩子扯着嗓门大喊大叫，我们要告诉他："在这个场合，你应当低声说话。"细心的家长可以毫不费神地理解宝宝的语言，比如我在第四章提到的一场生日聚会，健谈的小艾米每次说"卡……卡"的时候，她的家长就会纠正她："是的，那是一辆卡车。"

无论你的宝宝正在积累新词汇，还是像刚刚开始学习说话的艾米一样，用令人一知半解的"儿语"和你说话，你都要仔细倾听他的语言，尽量破解他们的含义，在语境中寻找理解语义的线索，并大胆去猜测和联想。不过，千万不要重复他们的"儿语"，而要用正确的词汇纠正他们的"儿语"。例如，宝宝指着车窗对你说"大大"，因为你听见他的声音，并看见在人行道上有一只狗走过，你会知道他的意思是"狗"，所以你对他说："是的，宝贝，那是一只狗。好棒！狗。一会儿我们可能会再看见一只狗的。"这样，你帮助宝宝学习了词汇，也表扬了他的表达方式。你也可以用一个疑问句来纠正宝宝的错误：如果宝宝说"布布"，你说："你想要你的喝水杯吗？"这两种方式既可以纠正宝宝的"儿语"，又不至于让宝宝因为犯了错误而羞愧。

另一种理解宝宝的方式是延伸：当宝宝说出了"狗"这个词汇，你补充："是的，那是一只黑白相间的狗"；当宝宝想要水杯的时候，你说："你渴了，是吗？"一方面，你确定了宝宝正在把一个物品和发音联系到一起，肯定他对语言的使用，另一方面，你还促进他学习新的词汇，"再上一个新台阶"。很快，"大大"会变成"狗"，"布布"也会变成"杯子"。尽管宝宝需要花费数月甚至是一年的时间才能理解"黑色""白色"或者"渴了"这些词汇的含义，或者有能力把单个的词汇串联起来形成更加复杂的语句，比如："黑白相间的

理解非语言情感

不必等到宝宝非得用语言说出来才能理解他的意思。小家伙儿会发出非语言的信号告诉你他的想法。然后他会盯着你看你的反应，利用这些暗示和语境来"读懂"宝宝，并为他当"翻译"："我知道你……(生气了、伤心了、为你自己感到骄傲、很快乐等等)。"

一些含义为"我不快乐、不愿意，或者我生气了"的暗语：

身体僵直
把头向后仰
敲脑袋
使劲儿拍打东西，比如沙发
生气地哭闹或者尖叫

一些含义为"我很快乐，或者我愿意配合你"的暗语：

微笑或者大笑
满足地"咕咕"叫
拍手
跳跃，或者快乐地扭动腰部

狗"或者"我渴了"，但在你的帮助下，宝宝的大脑会像一部小型计算机一样处理更加复杂的想法，为描述世间百态编写更多的程序。

当一个刚开始学说话的宝宝探究一个新词的时候，无论如何要满足他的愿望。同样，当只有你能听懂宝宝的话的时候，你最好充当宝宝的"私人翻译"向爷爷奶奶或者其他人作解释（"他想要他的水杯"）。不过，如果宝宝可以让别人听懂自己的语言，这个时候就不要继续当他的"私人翻译"了。

第二个孩子是"语迟儿"吗？

第二个孩子通常在语言发育上比第一个孩子晚，原因是他们的哥哥或者姐姐会帮他说话。以我家的两个女儿为例：索菲望着我，嘴里嘟噜着莫名其妙的声音。如果我没有做出及时反应，她就去向萨拉求助，仿佛在说："难道妈妈不明白我的意思吗？"然后萨拉就会向我翻译索菲的话："她想要一碗麦片。"

只要萨拉坚持为他的妹妹当翻译，索菲就不需要使用语言。当我意识到这一点以后，我对萨拉说："你真是一个帮助妹妹的好姐姐（这基本是事实）！但是你必须让索菲自己和我说话。"

一旦萨拉停止为索菲当翻译，索菲只用了很短的时间就从一个字都不会说到能用完整的句子表达。事实证明，她的语言发育比我们想象的快得多——只不过她不愿意使用罢了。

关于"T.L.C.策略"的一些重要提示

做……

既要注意语言信号也要注意非语言信号。

当和宝宝说话或者听宝宝说话的时候，直视他的眼睛。

用短句子和简单的语言和宝宝交谈。

用简单的、直接的提问鼓励宝宝自己表达。

和宝宝一起做一些学习语言的游戏。

锻炼你的克制力和忍耐力。

不要做……

声音过大或者过轻地说话，或者说话太快，过度解释。

如果宝宝发音有误就羞辱他的错误。

当孩子和你说话的时候，打电话给别人。

在安排好的陪孩子的时间段里忙着做家务。

打断孩子的话。

利用电视机做孩子的临时保姆。

注意，理解宝宝的语言并不意味着让宝宝承载过多的信息压力。一些望子成龙的家长急切地想扩大宝宝的知识量，他们通常会给宝宝提供过度的信息。我想起了一个经典的笑话，说的是一个3岁的孩子问他妈妈"我从哪里来"，妈妈马上把两性关系的基本常识详细地解释给孩子听，这个孩子不但没有听懂妈妈的话，反而疑惑地反驳说："可是，约翰尼是从费城来的！"

我曾经见过无数的父母向宝宝过度解释的真实例子。最近我在一家儿童餐厅就餐，一位母亲站在收银台前支付账单，而她的宝宝紧紧盯着柜台上面摆放的糖果。小男孩对妈妈说："糖！糖！""不，你不可以吃那样的糖。"妈妈的口吻就像一位"女教师"，"这些糖果有大量的色素，会让你的牙齿烂掉的。"看到这里，我难受得几乎喘不上气来！（你可以把孩子的注意力从糖果上转移到更健康的选择上："宝贝，看这里！我有一只香蕉和一个苹果，你要哪一个呢——香蕉还是苹果？"这才是更聪明的做法。详见第七章。）

咿呀学语

尽管很多"参考书"都告诉你大多数宝宝在一岁左右能说出单个词汇的语言，可是事实证明：因人而异！有些宝宝在一岁的时候一口气能说出包含

二十个单词的话，还有些宝宝连一个字都不会说。有些孩子按照参考书上的节奏"按部就班"地进入"学语期"，有些孩子直到18个月或者更晚些才开始学说话，然后他们突然就会说出完整的句子，就好像他们故意"留一手"一样。

孩子们可以感受到家长对语言的焦虑——糟糕的是，这会使宝宝更不愿意说话——所以，我们需要接纳宝宝"因人而异"的发育进程，这非常重要。我了解到几乎所有的家长都想知道宝宝的发育"是否正常"，所以我为你提供针对不同年龄宝宝的发育指标供你参考。而且，我要特别强调宝宝在获得语言技能上的巨大差异性。根据宝宝的实际情况采取行动，宝宝的点滴进步将顺利地持续下去，或者产生突飞猛进的效果。不要困扰于特定年龄阶段的特定表现，而要通过观察确定宝宝的实际情况，这更为重要。

宝宝的咿呀"儿语"。宝宝天生具有分辨不同声音的能力，孩子对声音的迷恋是进入语言世界的通行证。最初，宝宝不停地咿咿呀呀，他这样做可不是在做游戏，而是提醒你他正在做"实验"，看看他的舌头和嘴唇能发出何种声响。有趣的是，即使宝宝还是婴儿，他就会模仿你的语气和声调。一个9个月大的美国孩子，他的"咿咿呀呀"很有美国特色；而一个瑞典的宝宝，他的"咿咿呀呀"里带着轻快和单调的口音，非常像他们父母的语言。

> **令人震惊的研究**
>
> 婴儿喜欢声音。在实验中发现一个月大的婴儿会因为喜欢听吸奶所发出的声音而努力地吸奶。不过他们也会感到厌烦，可是如果出现陌生的声音时，他们又会振作起来重新快速吸奶。婴儿能分辨声音的微小差异。成年人仅仅能分辨出母语的差异，而婴儿却可以分辨出所有声音的差异，可惜这个能力在婴儿8个月大的时候就消失了。

你的宝宝非语言的表达能力也在迅速提高。宝宝的小脸像一本敞开的书——他会因为高兴而眉飞色舞，会因为小成绩而面露骄傲之色，会因为伤心而嘬起小嘴，当他不怀好意的时候，他脸上会流露出夸张的狡黠的神情。宝宝的理解力要远远超过他的表达能力，他会"读懂"你的面部表情。严厉的表情或者突然改变的语调足以让他停下自己的游戏，或者让他更加坚定信心来反抗你的命令。

例如你问宝宝："恩里克在哪儿？"，他会用手指向自己；问："妈妈在哪儿？"他会指着你。当有人要离开，他会挥手再见；他会用摇头表示"不"，把手掌一开一合表示"我想要"。当宝宝用手指着某件东西，他可能想让你关注这件东西，或者告诉你他想得到这件东西。这个时候，你需要把东西用名字来称呼："噢，恩里克，那是猫。"有时候，帮助宝宝识别物体足以满足宝宝的永不知足的好奇心，宝宝期待你的帮助。

在一整天的时间里，你听宝宝的咿呀儿语，对宝宝非语言的暗示进行反应，用语言和他交谈，对他发出的声音进行翻译和解释。当他说："Mm，mmm，mmm，muh...muh。"你也对他说："Mm，mmm，mmm，muh...muh。"这是理解沟通的最早期的形式。

利用布袋木偶或者柔软的娃娃来加强你和宝宝的谈话效果。为宝宝购买用没有毒性的硬纸板制作的书籍，因为宝宝在听你读书的时候，经常会试图品尝一下书的味道。当你为宝宝读书的时候，你需要告诉宝宝书上各种物品的名称。相同的书看了几个星期之后，让宝宝区分书上不同种类的花朵。宝宝喜欢童谣的韵律感和语言游戏的声音。

宝宝的学习速度是惊人的。你问宝宝："告诉妈妈，宝宝长多高了？"然后帮助他把手举过头顶来回答你的问题。"这么高啊！"你的反应让他感到愉快。一会儿，他就不需要你的帮助也能把手举过头顶来回答你的问题了。帮助宝宝知道身体各个部位的名称。"宝宝的鼻子在哪里？"你用手指着他的鼻子替他说"在这里！"在我小时候，奶奶常常和我玩 "脸蛋和下巴"的游戏，我用手指着脸蛋用富有节奏的语调哼唱着："眼睛，鼻子，脸蛋，下巴……脸蛋，鼻子，下巴，眼睛……"这样的游戏和"躲猫猫"的游戏一样，既简单又可以教会宝宝与人交谈的重要规则：轮流说话。很快，你的宝宝也能抓起毯子盖住脸，或者藏在椅子下面，仿佛在说："来啊……我们躲猫猫玩！"

你也要不断强化宝宝对语言的理解和记忆能力，特别是遇到危险的时候。例如，如果看见宝宝正在靠近茶壶，你说："汤米，小心，茶壶是烫的。"他可能会停下来做其他的事，可是过了一会儿他又向茶壶靠过去。这不是因为他没有听懂你的话，只是他忘记了你的警告罢了。你需要再说一遍："记住，宝贝，这是烫的。"要知道，孩子听到的重复语句越多就越容易记住。例如，英国的孩子要比美国的孩子更早地学会"茶壶是烫的"这句话，因为他们每天都会看到茶壶！

婴语的秘密②

　　宝宝能说简单的单词。掌握和区分不同的声音将会让宝宝学习单词的过程变得更加容易，这个过程可以早在宝宝七八个月大的时候开始，晚到宝宝18个月才开始。全世界的宝宝发出的第一个声音都是辅音d，m，b，和g，和元音"ah"；而像p，h，n和w这样的音节宝宝学习起来相对困难一些。宝宝会把这些单音节连起来说，例如"巴巴爸爸爸爸"或者"妈妈妈妈麻麻"。

　　"妈妈"和"爸爸"这两个词在各种文化中的发音都特别类似，这是非常有趣的现象。父母们都在假设他们的宝宝在"呼唤"他们，但是艾莉森·高普尼克博士、安德鲁·N·梅尔左夫博士和帕特丽霞·K·库尔博士在他们合著的书《婴儿床里的科学家》中提出一个有趣的观点：婴儿发出"妈妈""爸爸"的声音，是因为父母们在婴儿面前如此称呼自己，还是由于婴儿这么说导致父母如此称呼自己，这还是未解之谜。

　　作者们还指出过去二十多年来的研究清楚表明婴儿最初的语言就是"妈妈"和"爸爸"（当然，婴儿先发出这两个单词中的哪一个还没有定论）。除此之外，他们还会说出很多成年人没有注意到的单词。心理学家高普尼克做过许多实验，试图发现婴儿说这些单词时候的真正含义，他发现他们使用"gone"来表达东西消失了，"there"表示成功（把石头准确地丢到桶里，或者脱掉袜子）。当听到英国宝宝说"哎呀dear"或者"哎呀bugger"的时候，我只感到好笑，丝毫也不会感到惊讶。

　　最初，宝宝说出的单词带有只有他自己（还有他的哥哥或者姐姐）明白的特殊含义，和你理解的含义可能相似也可能完全不同，所以，认真观察、耐心聆听是很重要的，这样你才能从语境中理解它们的真正涵义。不过最终，宝宝还是会渐渐懂得这些单词的含义，并在很多场合下应用。这就是宝宝的成绩！说出一个单词是一回事，正确地使用这个单词去命名一个物品则是另一回事，尽管两个物品有明显的差异，但是它们却可能共有一个名称。例如，艾米学会说"truh"，她以为那个巨大的、在街上呼啸而过的卡车和家里的玩具有相同的名字。宝宝在玩虚构游戏的时候，需要理解符号象征含义，与此同时，宝宝的令人不可思议的复杂想法——单词代表着物品——经常伴随着这些虚构的游戏一起出现。

　　如果你的宝宝正处于这个阶段，此时他的心智在迅速地发育，他的大脑就像一部计算机一样，你必须帮助他输入新的数据来充实内部程序，宝宝正在尝试着理解他所听见的每一个陌生单词背后的含义。有时候，无论对你还是对宝宝来说在这个阶段都会经历挫折——宝宝心里明知他想要什么，但就是不知道如何来表达。这个时候宝宝需要你的帮助，无论他用手指什么，你都告诉他这个东西的名字。可能宝宝说出一个词语，例如"杯子"，你认为他想看看放在柜子上的杯子，拿在手里把玩一下，但是他的真正含义是他口渴了。如果你认为他只是想要杯子，就把杯子递给他，如果他抗拒，对她说，"哦，你一定口渴了"，往杯子里倒点水让他喝。

什么？不要"爸爸"？

宝宝突然把所有人都称作"爸爸"，无论是自己的叔叔还是送货的小伙儿，这让做父亲的感到很没面子。宝宝能够模仿别人说出一个单词，可是并不明白单词的真正含义。直到宝宝的认知水平达到一定高度之后，"爸爸"这个词才对宝宝来说有特殊的含义。但是，这个词最终表示那个每天晚上回家逗弄孩子的父亲，还需要一些时间。

有些父亲还有不同的抱怨。最近有位父亲对我说："亚丽珊德拉能叫'妈妈'，可是为什么她不会叫'爸爸'呢？"事实证明，亚丽珊德拉很少听见有人叫"爸爸"这个词，因为周围的人都直呼爸爸的名字。我问他："你的女儿通过什么途径才能学习说'爸爸'呢？除非她听你这么叫过。"

尽管宝宝最早说出来的语言——包含喝水、吃、吻、猫、洗澡、鞋和果汁等词汇——是宝宝每天日常生活中的动作和接触的物品，但是每个宝宝最先掌握的单词却千差万别。有时候，生机勃勃的宝宝像个语言大师一般一学就会。但是不要忘记即使一个成年人想记住一个单词也要经过反复听、重读定义、多次使用这个复杂的过程，所以，大多数的宝宝最初学习语言的时候也要经过反复的练习。在这一点上，我的看法和对待食物的看法相同：给宝宝四五次重复的机会让他习惯这些词汇。如果他不能重复地说出来也不要表现出沮丧的神情，接受宝宝的失败，他只不过还没有准备好而已。

告诉宝宝如何表达各种各样的情感。让宝宝看图画，对她说："这个小女孩很伤心。"或者："你能告诉我哪个宝宝伤心吗？"询问宝宝她为什么感到伤心，告诉宝宝有时候人如果伤心会哭泣，看看宝宝是否可以做出伤心的表情。

小贴士：如果宝宝露出某种神情，要准确地对此做出反应。一般来说家长认为宝宝噘起小嘴的样子十分可爱，当宝宝做出这个神情的时候，如果家长发笑，

把宝宝揽入怀中，这会让宝宝感到困惑。更糟的是，你就分不清宝宝噘起小嘴到底是想表达不悦还是想吸引你的注意。

尚处在学步期的宝宝对什么事情都感到好奇，每一次崭新的体验都能让他学会新东西。所以，在日常生活中我们要不断地告诉宝宝各种物品以及各种行动的名称，一定要用简短的句子："看，来了一辆红车。"此时的宝宝也会对一些简单的疑问句（"你把泰迪熊放在哪里了？"）或者指令（"把鞋子递给妈妈。"）做出反应。当他成功地解决一些简单的问题或者执行你的指令之后，宝宝会感到自我的价值，拥有成就感。每天都给宝宝提供这样的机会："把那本有小白兔的书取来""把你想要的玩具放在浴盆里"或者"去挑选一本书吧"。

和宝宝玩名字游戏。反复地告诉宝宝物品的名称，再加上你和宝宝之间的大量交谈，几个月之后，所有的努力都将收获回报——宝宝的单词量呈现爆炸式的增长。如果你为宝宝最初能说出来的词汇做记录，可能在20~30个词汇之间，但现在，宝宝几乎可以说出任何物品的名称，你想记也记不过来了。只用两三个月，宝宝的词汇量从二三十个猛增到二百多个（4岁的宝宝可以拥有五万多个词汇量）。只要有他叫不出来名字的东西，他就会想办法让你告诉他。你曾经对宝宝记忆陌生单词的能力没有信心，那么现在他的记忆力足以让你感到吃惊。

是什么原因导致宝宝单词量的快速提升？科学家们给出了不同的解释。大多数的科学家认为宝宝在掌握了30~50个单词之后进入了一个新的认知发育阶段。任何一个经常玩"命名游戏"的孩子会认识到他周围的物品拥有名字，并知道询问"那是什么"？宝宝也可能在听见别人称呼物品的名字之后记住它们，当然包括"所有的物品"。这个时候，家长说话就得加倍小心了，免得你从宝宝的嘴里听到的不是"咿呀婴语"而是你不经意间说出来的粗俗的语言。我在感到沮丧的时候习惯说"我的天啊"，从来没注意过我的女儿萨拉的反应。有一天我带萨拉去超市采购，等待付款的队伍前面的一位妇女不小心打翻了一瓶漂白剂，当瓶子在地板上裂开的一瞬间，萨拉大声地惊呼："我的天啊！"听到萨拉的叫声，我真想躲到地缝里去。

最开始的时候，宝宝可能只是简单地把词汇组合到一起，构成两个单词的短句："妈妈起来""给饼干"或者"爸爸再见"。当他全神贯注地玩耍的时候，或者宝宝临睡之前躺在自己的小床里的时候，你也可能听到宝宝在"咿咿呀呀"地自言自语，其实他在利用一切时间来练习语言的能力。我们总是忽略语言，因为我们想说话的时候，语言就在我们的嘴边。但是对我们蹒跚学步的宝宝来说，他不仅仅能一次使用几个单词，而且还会把这些单词按照正确的规律组合起来表达自己的想法，这是多么大的成绩啊！

小贴士：通常情况下，宝宝会经历一个语言模仿阶段，在这个阶段里，宝宝不断地重复别人说的话。例如，当你问宝宝"你想要甜麦圈还是可可泡芙"的时候，宝宝不回答你的问题，而是重复你的话："甜麦圈还是可可泡芙？"尽管我一向认为应该鼓励宝宝自己说话，但是每遇到这个情况，我认为还是让宝宝用手指来选择更为妥当。

很多宝宝从这个时期开始学会把物品归类。例如，如果你把各式各样的玩具放在宝宝面前，要求他把其中的一些放在你的左手上，把另一些放在你的右手上，他会按照某种方式把玩具分拣——把玩具车放在一起，把娃娃放在另一边。宝宝曾经把所有带四条腿的动物叫作"狗狗"，现在他知道这些动物有的被称作"牛"，有的被称作"羊"，还有的被称作"猫"。最好让宝宝用名字来称呼他所能认识的动物，可以带他到动物园里或者农场去指认动物，这样会强化他在这方面的认知和理解。

尽管这个时期婴语从宝宝的嘴里滔滔不绝地说出来，但是也要注意宝宝的情绪。宝宝会因为发音上的力不从心而感到懊恼，甚至有时候话说到一半就不知道怎么继续说下去了。这个时期宝宝会问许多的问题，而他最喜欢的单词是"不"。

小贴士："不！"这个词汇并不一定说明宝宝固执地拒绝，事实上，宝宝甚至不清楚这个词汇的真正含义。小宝宝总喜欢说"不"是因为他经常听别人这么说。因此，想要减少这个词汇的使用频率，最好的办法是管住自己的嘴。另外，要多说，多听，多观察。这些都是宝宝需要的。

这一时期也是教育宝宝使用礼貌语言的最佳时期。当宝宝想要东西的时候，提醒他说"请"。最初你要替他说，比如当你把东西递给他的时候，以他的名义说："谢谢妈妈！"每天坚持这样做五十次，重复相同的程序，这些礼貌的语言就会自然而然地成为宝宝社交语言的一部分。

小贴士：当你在教宝宝学说"对不起"期间，如果宝宝用"对不起"来打断你和他人的谈话，请不要拒绝他，更不要对他说"等我把话说完"。首先，宝宝根本不明白"等"的含义是什么。其次，你传递给他的信息令他感到困惑。他按照你的规则做事，而你却让他等待，改变了先前的规则。这个时候，你应当表扬他这么有礼貌地和你说话，听听他的诉求。正和你交谈的朋友也会理解的。

当宝宝逐步扩大他的词汇量，并且学会表达越来越复杂的想法的时候，"明确"就显得尤为重要了。尽管我从未建议您坐下来"教"宝宝学习，但是你要设计有针对性的游戏让宝宝拥有更多的机会认识物品的形状和颜色。在教宝宝区分颜色的时候千万不要用考试的方法，而是随意地叫出各种颜色的名称——黄色的香蕉、红色的小轿车等等——让宝宝慢慢掌握。在游戏中教宝宝认识颜色也是一个好办法。比如你递给宝宝一件红色的衣服，对他说："你去找一找和这件衣服相配的红色的袜子好吗？"宝宝通常先能够区分颜色然后才能说出颜色的名称。同样地，你可以用这种方法教宝宝其他的抽象的词汇，比如软的、硬的、平的、圆的、里面的和外面的，这些词汇能够帮助宝宝认识到每一件物品具有独特的性状。

读好书，让宝宝变得更文雅

即使是婴儿也喜欢读书。让宝宝早读书，让书籍成为他的好朋友。读书的时候，不要光读给宝宝听，最好适度地改变你的语调，扮演故事中的人物。和宝宝谈论书中的内容。适合 3 岁以下的宝宝阅读的书需要有如下特点：

简单的故事和语言：年龄小的宝宝喜欢辨认书里面的物品，而大些的宝宝会喜欢故事的内容。

撕不破的书：这一点对 15 个月以下的宝宝尤为重要。要保证印刷书籍的油墨是无毒的，一定购买用硬纸板制作书页的书籍。

有插图的书：有色彩鲜艳、清晰逼真的插图的书最适合宝宝阅读；大一些的宝宝可以理解富有想象力的图画。

些都能让他回忆起小时候的生活，不过，幼儿在游戏中能理解更多的内容，而且他喜欢儿歌的重复和节奏，他开始学，甚至自己背诵。宝宝也会对音乐着迷，轻易地学会歌曲中的歌词。如果你为他唱歌的时候再配上肢体的动作就更好了，因为宝宝非常喜欢模仿大人的动作。《汽车轮子咕噜噜》《可爱的小蜘蛛》和《我是一只小茶壶》这些在我们国家耳熟能详的儿歌都非常适合教宝宝学唱。

数数游戏也很棒，这个游戏有助于宝宝对数字的理解。"一、二、三，系鞋带儿"，或者读"五只小猴子"的诗歌："五只小猴子，一起跳上床，一只摔倒了，头顶起个包；四只小猴子，一起跳上床……"

与宝宝做游戏的时候一定要专心致志地配合，还要坚持让宝宝带领着你。另外，你也可以和宝宝谈论他感兴趣的事情，比如他看到了什么、玩到了什么等等。宝宝最先学会那些和他生活起居息息相关的词汇。让宝宝回答一些问题也有助于帮助宝宝开发记忆力，回忆起过去发生的事情，或者预测未来会发生什么事情（"昨天在公园里我们玩什么了？""奶奶明天要来看你，我们为她准备什么好吃的？"）。重要的是，我们通过愉快地交谈，让宝宝感觉到与人交流是一件非常有趣的事，也是一个非常重要的能力。

健谈的宝宝。2~3岁之间的宝宝能学会大量的单词，会说含有3~4个单词的简单句子。他会犯一些语法的错误，比如用"childs"代替"孩子们"，或者"我倒了"代替"我摔倒了"，但是请不要担心，因为你不是他的英文老师。宝宝会通过模仿（而不是通过你的纠错）来纠正自己的错误的。这个时期宝宝会意识到语言作为交流和表达情感的工具的重要性。宝宝会使用语言，用语言玩游戏，并从中获取快乐。诸如阅读书籍、背诵儿歌和唱歌等活动不但令他非常着迷，而且会继续锻炼他的语言能力。现在他开始学会玩"假装的游戏"，在游戏的时候为他的动作编故事。你可以为他简单打扮一下，出席他举办的"茶话会"。尽量为宝宝提供各种各样的道具辅助他的游戏，比如医生用的听诊器、公文包或者其他成年人日常用的东西。你也可以给他几只蜡笔，他会涂鸦，并告诉你他在"写字"！事实上，他的涂鸦作品会比以前有很大的进步。

一些宝宝在这一时期会喜欢带有字母的书，但是请不要坐下来一个一个

地教他辨认字母。请记住我们的H.E.L.P.口诀：直到宝宝有兴趣主动去学之前，不要轻易地教。重要的不是让宝宝辨认字形，而是让宝宝学会辨认不同的发音。你可以为此编一个游戏："请找一找用B开头的东西好吗？波、波、波……我看到了……ball，球！你看到了吗？"

到目前为止，如果你已经把读书作为宝宝睡前习惯的一部分（如果还没有，那要问问自己为什么？），那么你的宝宝会热爱阅读的。宝宝会一连几个月要求你为他朗读相同的书，这没什么奇怪的。如果你在阅读的时候有意省略其中的某些内容，他会扑向你对你说："不，这不对！下面应该读到'小鸡的故事'了！"有时候宝宝甚至会告诉你他要"为你读书"，当然，他已经把书中所有的内容都背下来了。

说与不说

学习说话的宝宝会给您带来无穷的快乐，有时候也会让您感到尴尬，就像我的萨拉在超市里面让我难堪的那一幕一样。那些及时给予宝宝T.L.C帮助的家长会拥有最出色的宝宝——他们愿意和宝宝说话，倾听宝宝的心声，并且理解宝宝的想法和行为。这些家长愿意花时间来陪伴宝宝，他们不用"儿语"和宝宝交流——否则，宝宝就会一直使用不正确的发音说话——他们允许宝宝按照适合自己的速度成长；当发现宝宝取得一些成绩的时候，他们会感到激动而不是大惊小怪地小题大做；而且，他们从来不让自己的宝宝像一只受训的小海豹一样在人前表演（"宝宝，你为梅尔阿姨唱一支新学的歌曲好吗？"）。

129页的图表说明，家长要充分重视听觉损失或者发育迟缓的信号。但是也有许多案例表明没有按照时间表学会说话的宝宝，并不是因为他们有生理上的缺陷。最近，一个叫布雷特的母亲给我讲述了她的一段经历。她的15个月大的儿子杰罗姆并没有像大多数同龄的宝宝一样学会说话。布雷特没有感到惶恐不安，因为她知道孩子的发育方式和发育的速度千差万别。但同时，直觉又告诉她有可能哪里出了"问题"。有一天当布雷特比以往早些下班回到家，这个"问题"的答案终于水落石出了。通常在布雷特回家的这个时间，保姆一定带着杰罗姆在公园里玩，所以布雷特直接驱车到公园里找他们。经过布雷特的观察，她发现可爱的儿子和悉心照料他的保姆之间的互动似乎缺失了什么东西——保姆只和杰罗姆玩，却不和他说话，即使说话也用非常轻的语调或者单音节的简单词汇。尽管布雷特非常信赖这个保姆，但是她不得不另外找一个愿意和宝宝交流的保姆来陪伴儿子。仅仅在新请来的保姆上任几天以后，杰罗姆就开始咿呀地学习说话了。

这个故事告诉我们，不论是您还是与宝宝接触的其他的成年人，都需要坚持不断地与宝宝用语言交流。如果您想知道宝宝的保姆是否经常和宝宝说话，或者她是否在照顾宝宝的时候与宝宝做足够多的语言上的交流，您会通过很多方法非常容易地获悉内情。比如你可以在你在家的时候把保姆请来陪伴宝宝，并观察他们的活动。我并不认同在家里安装保姆监视器的做法，因为这样做会让保姆感觉自己不被信任，时刻受到监视而心情不愉快。我还是觉得当面观察最好。如果把宝宝送到日托的幼儿园，也应该找机会观察一下。有一对父母，为他们的宝宝报名上一所托儿所。他们坚持一周三次留在托儿所里观察宝宝的情况，直到他们认为托儿所提供的服务无论是看护宝宝的能力上还是和宝宝互动交流上都令他们满意为止。在任何情况下，都需要用你的真诚对待为宝宝提供照顾的人："我只是想知道您和凯蒂之间是不是经常交流。"你有知情权，这是你的权利。事实上，不和宝宝交流像不给宝宝吃饭一样可怕。不吃饭身体会感到饥饿，而不交流大脑就会感到饥饿。

我经常看到在有些家庭里总是妈妈在滔滔不绝地和宝宝说话，而爸爸却在一旁保持沉默，即使在爸爸陪伴宝宝的时候，也不知道如何和宝宝说话。有一位妈妈给我讲述发生在她家里的事：她的丈夫向她抱怨"儿子查理不喜欢我"。她的回答是："那是因为你不常和他说话。除了说话，你们两个人还能用其

两种语言好过一种语言？

经常有人咨询我关于外语的事，他们想知道让孩子接触一种以上的语言是否有好处。如果您的家里一直在用两种语言交流，为什么不继续这样做呢？有研究表明，经过双语教育的儿童尽管最初的语言发育较为迟缓，但是过些时候他们的认知能力的发育优于其他儿童。1～4岁的幼儿有能力接受多种语言的教育。如果所教授的两种语言都在语法上符合规范，那么宝宝就会同时学会它们，到3岁的时候能够非常流畅地使用它们。因此，如果您和您的伴侣分别使用不同的母语，你们每人都要用母语和宝宝进行交流。假如宝宝的保姆的母语不是英语，最好让她用母语和宝宝交流。

他的方式进行了解吗？"她的丈夫却说："怎么办？我并不是一个健谈的人啊！"这位妻子在和我讲述这件事情的时候也承认："我的丈夫就是个'闷葫芦'，他一向如此，我常常代替他说话。"

我认为，这个观点是不能接受的。作为父亲，在教会宝宝玩橄榄球之前你需要先学会和宝宝进行谈话交流。我建议你在晚上睡觉之前把为宝宝读书的工作承担下来。书籍可以作为你和宝宝交流的话题，所以，你不光要为宝宝读书，也要和宝宝谈论书的内容。在其他时间，你可以和宝宝说说你的工作，比如说一说你利用周六上午的时间洗车这件事："比利，看看，我准备洗车啦！看到了吗？我把一些洗涤剂倒进水桶里。现在，我要把水桶注满水，你想摸摸水吗？我把你放在婴儿车里，你就可以在一旁看着。想看看爸爸怎样洗车吗？看看肥皂水在起泡沫，看看喷水枪。太冷了！"等等诸如此类的话。无论话题是什么——正式的工作还是花园里的杂物活儿，甚至是球队的比赛——和宝宝谈论正在发生的事、过去发生的事或者未来要发生的事。你说得越多，感觉越自然，和宝宝交流就越容易。

在本章里我一再重复这样的理念：与崭露头角的"小说客"接触的每一个人都应该不断地与他谈话交流。正如《从神经细胞到社区》报告中的结论所说："与孩子交谈的人越多，孩子的交流机会就越多，孩子的语言就越丰富和精致。"在你理解这句话之前，你的"从国外来求学的小交换生"将学会说一口流利的语言，以至于他把自己的"儿语"都忘到九霄云外了。在下一章中，这些语言能力会帮助宝宝从家里的安全空间勇敢地走到外面的大千世界中去。

语言发育：寻找的目标

我提供这个图表，是因为我深知父母们需要用一个标准来衡量自己宝宝的成长发育。然而，事实上，宝宝的发育因人而异，所以以此图表只能提供大概的指标。记住，很多语言发育迟缓的幼儿在3岁之前都能赶上来。

年龄	语言发育指标	需要警惕
8~12个月	尽管有些宝宝在七八个月大的时候就会叫"妈妈"和"爸爸"，但是直到此时他们才能把这些称呼和人联系到一起。宝宝也可以对单一的命令做出回应（"请把它递给我"）。	宝宝不能对他自己的名字做出反应；不能发出或长或短的声音；当有人和他说话的时候，他不看对方；或者在想要某件东西的时候，不会用手指或者发出声音。
12~18个月	宝宝最开始会说几个简单的名词（狗、宝宝）；对他们有特殊意义的人名；几个表示动作的单词（上、走）；可能会对一步或者两步的指令做出回应（去起居室拿玩具）。	一个字都不会说，即使不清晰的发音都不会。
18~24个月	宝宝可以说十个不同的单词，以及大量的胡言乱语。	宝宝不能清晰地说简单的句子；直到20个月也不能对简单的指令做出回应（到妈妈这儿来）；不能用"是"或者"不是"来回答简单的问题
24~36个月	宝宝几乎可以叫出任何东西的名称；会把词汇连成句子表达思想和感觉；尽管语法上不够完美，但是词汇量还是很可观的；会和成年人进行简单的对话。	宝宝会说的词汇少于50个，不会把词汇连成句子；不能理解不同的含义（上或者下）或者不能回应两步能完成的指令；对周围的诸如汽车鸣笛的声音毫不关心。

第六章

外面的世界：帮助宝宝练习生活的技能

这些年来，我渐渐学会欣赏我的经历过往，通过它们，我感悟人生并知晓如何在世间立足。

——南希·纳比尔博士
《神圣地实践有意识的生活》

帮助还是放手！

◎ 10个月的佩吉正依偎在爸爸的怀里恸哭。今天是妈妈第一天离开佩吉去工作，尽管佩吉喜欢爸爸，但是在妈妈出门的一刻她还是觉得痛苦，她甚至不能确定妈妈是否还能回到她的身边。

◎ 15个月大的盖瑞正畏惧地看着站在桌旁的女服务员往一只杯子里面倒水。这是他第一次去餐厅吃饭。他伸手去抓最靠近他的杯子的时候，一旁的妈妈想帮助他，可是盖瑞却用"不"来拒绝妈妈的帮助。

◎ 两岁的朱莉站在房间的门口，注视着房间里的小伙伴们的一举一动，他们跑来跑去、在垫子上蹦跳，互相投掷皮球。这是她第一次参加游戏课，她想加入到游戏中却胆怯得紧紧抓住妈妈的手。

◎ 一岁大的德克迈着蹒跚的步伐，不时地打量着四周的环境。这是他第一次到公园里来。他看着秋千、立体方格游戏架、跷跷板，但直到看到盛满沙子的沙箱的时候，他才松开奶奶的手，因为在自家的花园里他最喜欢在沙箱里玩。

◎ 这是18个月的艾丽第一次来宠物动物园参观。当她在书里面看到小羊的照片的时候，嘴里会发出"咩咩"的叫声，她认出了这就是她曾在书里见到过的小羊。当然，她还不知道如何去和小羊打招呼，还不敢触摸它。

第一次迈步、第一次说话、第一次用手吃饭、第一次坐在马桶上排便——这诸多的"第一次"标记着人生中最重要的阶段 "学步时期"。不过这些"第一次"都是在安全又熟悉的家庭氛围里面发生的，而以上的"第一次"却发生在"外面的世界"里，它们需要宝宝有更成熟的思想和行为。可以理解，宝宝们通常会对这些"第一次"怀有矛盾和忐忑的心理，这就是我说的"帮助还是放手"的困局：宝宝想去探索，但是却离不开他所熟悉的环境；宝宝想独立，可是当他勇敢地迈步向前的时候，却期待着父母不离不弃地跟随。

这些"第一次"让幼儿的学步时期充满了挑战。当你的宝宝智力水平发育到一定阶段，能够接受你——这个在他生活中最不可或缺的人——离开他的时候，他的身体发育也到了能够支持他靠自己的能力出去"闯一闯"的时候了。他想离开你走得更远……或许他还没有这样做。当他还是襁褓中婴儿的时候，你对他的每次召唤都能够及时地做出反应（我希望如此）。但是到了这个阶段，有时候他不得不在你不在身边的时候独自承担，自我安慰。他的意识发生重要变化，从前他认为自己就是世界的核心，现在，他却意识到自己只是这个大千世界中微不足道的一部分而已。巨大而残酷的世界期待他拥有足够的耐心和控制力，去分享、去承担。听起来是多么可怕啊！

如果你一时还接受不了你的小宝贝即将离开你的怀抱迈步走向文明世界的想法，你应该感到可喜的是，这一切不可能一蹴而就。社交能力的发展（在新环境下与非亲人之间的互动能力）和情感能力的发展（在困难面前展示自我控制的能力以及在事情没有按照期望而发展的时候所展现的自我安慰的能力）进展缓慢，而且发展的速度因人而异。当这些巨大的变化发生的时候，"帮助还是放手"无论对宝宝还是对家长们来说都是艰难的抉择。

当然，有些孩子天生在社交能力上就很出色，还有些孩子在自我安抚上面也具有天赋。研究人员发现人的个性和语言的发育是两个非常重要的因素——显然，如果你的宝宝能清楚地表达他的需要，让你知道他的想法，他

也会比较轻松地离开你的庇护，勇敢地面对陌生的环境。但是，对大多数宝宝来说，情感和社交技能的养成都是来之不易的。无论你的宝宝拥有何种个性，他的说话能力如何，让他拥有处理问题的能力和技巧需要一个养成的过程。正如宝宝不是天生就知道如何使用勺子吃饭、如何坐便盆一样，他也不是天生就会与人分享，知道如何控制本能，或者在事情不如所愿的时候保持安静和克制。他们需要我们的指导。

家庭的"彩排"

学步期经历的每一件事都是成长的必要准备。每一个新环境，每一次新的交往都是学习和体验的机会。如果你期盼宝宝在真实世界里应对自如，我们就必须把"工具"交给他们，并且给他机会练习使用这些"工具"。这不是意味着你急急忙忙给宝宝报名参加游泳培训班以便为海滩聚会做准备，也不是让你带宝宝去参加幼儿班学习社交礼仪，我的建议是你应该在家中给宝宝"上课"。对于宝宝将会经历的任何变化和遇到的任何困难，你必须事前让宝宝有所准备，并提前进行"彩排"。

为了应对变化而进行的"彩排"
在为了应对变化而进行的彩排中，什么样的人和什么样的环境更适合宝宝？答案是：不使宝宝感到恐惧的、更容易控制的环境更适合宝宝练习他所需要的基本技能。所以，让宝宝循序渐进、逐步过渡地接触人和环境，这一点很重要。 　　你→其他成年人→小朋友 　　家庭晚餐→饭店用餐 　　自家花园→公园、游乐场 　　家里的浴室→泳池、海滩 　　家中宠物的陪伴→动物园 　　坐车外出和短暂的外出→去购物 　　短途旅行，在祖父母家中睡觉→长途旅行、住宾馆 　　游戏日→游戏小组→游戏课堂→幼儿园

彩排或者预演是一个现场演练的过程，演员在这个过程中练习台词，臻磨动作。我发现为了让宝宝应对未来的变化而做出的演练方式和剧场彩排有着异曲同工的过程和效果。经过事前演练，宝宝可以充分练习他所需要的技

能。所以家长要鼓励宝宝先在家中进行操演，以便日后有能力应付外面世界的各种情况。这样的演练也能够让宝宝积累人际关系和人际交往的经验，为日后的行动做充分的准备——或者两者兼而有之。如果学步期的幼儿能够在安全、熟悉、可控的家庭氛围里与更多的成年人进行互动（在餐桌上和家人一起进餐或者和家人甚至宠物一起分享），当他在面对非熟悉的环境和变化的时候——比如遇见陌生人或者和家人一起外出旅行——一般会比较容易适应。在132页的表格中，我罗列出这样的几个案例，你也可以想想其他的发生在你身边的例子。

把你自己当成负责调度和监控整个排演进程的导演，这样你就会给予宝宝他所需要的耐心。所谓的成功——宝宝拥有合作和学习的意愿——的关键在于你和宝宝之间的纽带是否牢固。换句话说，如果宝宝感到你是他稳定的依靠，他就会愿意在演习中充分表现，就更愿意学习"剧本"、尝试新技能、发展他的潜能。有一个貌似自相矛盾的有趣的观点：宝宝感受到你的陪伴越多，就越容易变成一个独立自主的人。假如你给他提供练习感情变化的机会，而且最初是和你一起练习的话，他就会逐渐认识到他自己的能力，并且想办法控制自己。最初在"彩排"的时候宝宝需要你在身旁的陪伴，最终他会完全依靠自己的能力独立。

毕竟，你是宝宝世界的中心。当宝宝感到疲惫，他会自然地奔向你的怀抱；当他感到不舒服，会把脸藏在你的腿后，观察你的反应；当你离开的时候，宝宝会感到不安，这些都是很自然的情况。可是，

> "孩子可能不会在意是谁为他剪发、为他花钱购买玩具，但是他却非常在意谁会在他感到不安的时候拥抱他，谁会在他受伤的时候安慰他，谁会和他一起度过特殊的时刻。"
> ——摘自《社区的神经元》

随着宝宝活动范围的扩大，这样的情况将一去不复返。不过当宝宝看到你总是在陪伴着他，尽管你偶尔地离开，过一会儿也会回来，他会信任你，也会信任他所处的世界。"哦，妈妈说她会回来——她回来了，所以我觉得世界真是一个好地方！"

不得不承认，有很多"剧情"被错过，也有很多"台词"被忘记。但是可以肯定的是，每一次"彩排"都会让宝宝在能力上有所提高。在这一章里，我会为你提供真实的案例，帮助你规划和导演为宝宝准备的"彩排"，这个活动在以下三个方面有助于为宝宝提前做好准备：

◎识别情感和自我安慰：当遇到痛苦的时候，学会自我安慰。

◎公共行为：在餐馆或者其他陌生环境里学会基本社交礼仪。

◎社会行为：学会和同龄人之间建立友谊关系的技能

无论场景如何变换，成功的"彩排"应该包括：
- 充分的准备和事先考虑
- 以现实为基础，考虑到宝宝的可承受范围
- 在宝宝感到舒适的情况下
- 慢慢向宝宝介绍对他陌生的想法和动作
- 在时间和强度上要循序渐进
- 对宝宝的感觉要实事求是
- 为宝宝亲身示范
- 在宝宝感到沮丧或者失去控制之前及时停止

识别情感和自我安慰行为的实践

几乎所有的学步期幼儿或多或少地经历过恐惧，例如和亲人分离、遇见可怕的物品或者动物、遇见陌生人等等。我们不可能准确地知道宝宝恐惧的来源究竟为何物，因为宝宝的天赋秉性、心理伤害、成年人或其他儿童的影响、听到或见到的东西等等都可能造成宝宝的恐惧。对特别的情感反应，我们很难找到理由加以解释。作为家长，我们能做的是去帮助宝宝认识这种情感，让宝宝在需要的时候向我们表达这些情感，并鼓励他学会自我安慰。事实上，宝宝成长独立的标志之一是看他是否有能力处理新问题，当事情发生的时候，是否会管理自己的情绪。

鼓励宝宝演练各种情感的表达。如果你一味地让待在家中的宝宝快乐无忧，那么当他面对外面世界冷酷的现实的时候就会免不了受到惊吓。因此，事先进行情绪上的演习是必要的，花点时间帮助宝宝辨认情绪，表达情绪，这些情绪包括诸如悲伤和失望之类被我们称之为"负面"的情绪。否则，当他面临伤害，以及需要处理那些不可避免的沮丧情绪的时候，他将如何自处？

情绪控制的规则

想要学会控制自己的情绪并做自我安慰，宝宝需要经历所有的情绪，甚至包括那些诸如悲伤、沮丧、失望和恐惧的情绪。

宝宝期待着你对他的指导，尽管有时候你的指导是无意识的动作。对于宝宝来说，他把你当成世界上最重要的人，所以你的一切情绪的变化都和他息息相关。例如，一个终日郁郁寡欢的妈妈会把自己的情绪传染给她的宝宝，所以宝宝会经常露出伤心的表情。幼儿也能够从年长的哥哥姐姐那里"学会"害怕和焦虑。例如，谢丽尔曾经一口咬定："当我的婆婆想去拥抱凯文的时候，他总是害怕得大哭。"

然而，我在凯文家待了一段时间之后，通过观察凯文的一举一动，我发现这个小男孩非常希望我能拥抱他，所以我想凯文的情况可能比妈妈的描述更为复杂。凯文的妈妈谢丽尔，是一位成功的时装设计师，怀孕之前她做了几年的准备，所以当她怀上凯文的时候，已经年过四十了。凯文出生以后，她的目光一刻也不曾离开过他。看到凯文愉快地在地板上游戏，我对谢丽尔说："凯文既专注又有好奇心，是的，他有些害羞，不过给他点时间，他能渐渐和陌生人熟络起来。"后来我问谢丽尔："当你看到你的宝宝快乐地和别人拥抱的时候，你是不是感觉有些不舒服呢？你的焦虑情绪会不会感染你的宝宝呢？"谢丽尔哭了起来；显然，我说中了！谢丽尔的母亲在六个月之前由于癌症过世。她依然没有从悲伤中恢复过来，却拒绝向外人承认她的悲伤。她说她的婆婆如果能照看凯文的话，她最好外出一段时间散散心，但是显然她还没有下定决心。

我向她建议对凯文实施一系列的"彩排"措施。我建议谢丽尔请她的婆婆在凯文上游戏课的时间过来，以便让凯文习惯于每天的这个时间看到她。下一步邀请婆婆来家里，我说："让凯文和她一起坐在沙发上，让他坐在你和婆婆之间。你可以渐渐地远离她们，要自然地远离，不要渲染。然后你渐渐地延长离开的时间。"学步期的幼儿可能天性胆小，他需要花些时间逐渐适应和别人相处。

在每个场合，无论是在家里还是在外出期间，宝宝们都会从我们这里得到情感的暗示，这也是为人父母者如此重要、如此具有影响力的原因。一个六七个月大的宝宝会一边向前移动身体，一边注视妈妈的表情，仿佛在问："我可以这样做吗？"他的动作可能仅仅需要妈妈一个严厉的眼神就停下来。心理学家把这个现象称为"社会参照"，并且做出大量的研究来解释"社会参照"的影响力。举个例子，妈妈们被要求盯着两个空盒子里面看，一只盒子被染成红

色，另一只被染成绿色。打开红色的盒子，妈妈平静地说"啊呀"；打开绿色的盒子，妈妈用快乐的语气叫起来"啊呀"！当问及孩子们他们喜欢哪一只盒子的时候，所有的孩子毫无例外地选择了绿色的盒子。

时刻陪伴在宝宝身边。尽管戏剧导演不能和演员一起登上舞台表演，他们也要站在舞台的两侧以应对舞台上意外事故的发生。然而，生活中这种意外事故层出不穷。一位母亲把宝宝放在地板上，自己朝着伙伴们走过去，小家伙儿立刻拽着妈妈的大腿。妈妈的口气像是在赶走他："乔纳，你很乖——你走开些。"这时候，宝宝的情绪完全崩溃了，他大声地哭起来。妈妈不得不找借口来避免人前的尴尬："他累了！""他中午没有小睡。"或者"他刚刚睡醒，所以情绪不好。"

宝宝还是不停地哭闹，绝望的妈妈羞愧而疑惑地望着我，期待我的帮助。"先和宝宝一起坐在地板上，"我对她说，"直到你表现得好像要一直陪伴他的样子，你才可以起来……但是要慢慢地让他适应。"如果此时妈妈的注意力从宝宝的身上悄悄地转移，情况可能会变得更糟。当小家伙儿转过身，看到妈妈不在而倍感惊慌，这个时候，我们能责怪宝宝吗？

家长的育儿方式直接影响孩子探索的意愿。注意"社会参照"的影响力，留心你给宝宝传递的信息。你在鼓励宝宝探索还是不知不觉地拖住他探索的脚步？宝宝是否知道你相信他的能力？他知道你相信他有能力管理自己的情绪吗？

重新认识一下在第二章提到的三位宝宝的家长。共同观察在一个活动小组游戏的宝宝们的表现以后，这三位家长给他们的宝宝传递了完全不同的信息。小艾莉西娅被玩具绊倒，摔倒在地，她用疑惑的眼神看着她的妈妈多莉（一位"控制型"妈妈）好像在问："我受伤了吗？"多莉轻轻地瞟了一眼，面无表情地对女儿说："没事的！"或许多莉想让她的女儿"坚强起来"，她不止一次地对其他的妈妈说过这个想法。但是小艾莉西娅却显得垂头丧气，她认为她一定做了什么错事。妈妈向艾莉西娅传递的信息是对她自身感觉的否定，她可能变得不再相信自己的感觉了，而她的判断主要依赖别人的看法。

　　克拉丽丝（一位"骄纵型"妈妈）一直倾着身子靠近儿子艾利奥特，她神色焦虑地望着他，即便艾利奥特在全然不顾地愉快地做自己的游戏。她传递给儿子的无言的信息和多莉传递给女儿的大相径庭：你最好待在我的身旁；我不确定你能处理好。克拉丽丝的关注可能会压制艾利奥特探索的欲望。没有人信任他的能力，他当然会裹足不前。

　　与此形成鲜明对比的是莎莉（一位"辅助型"妈妈），她镇静而沉着地站在一旁观察她的儿子的举动。当她的儿子达米安望着她的时候，她的脸上露出安慰的笑容，尽管她没有中断和其他妈妈们的聊天，但是却让达米安认为妈妈对他完全放心，他做的一切都很棒。当达米安摔倒的时候，她迅速地评估儿子的反应，却不急着奔过来，她相信达米安会自己站起来——事实证明，他真的很棒；当达米安和其他的小伙伴发生争执的时候，除非发生了打人和咬人的事，她都会放手让达米安自己解决。

　　像多莉一样的"控制型"妈妈总是做拔苗助长之事；像克拉丽丝一样的"骄纵型"妈妈经常过度保护自己的孩子；而像莎莉一样的"辅助型"妈妈却一边鼓励支持孩子独立成长，一边让孩子充分意识到妈妈会在他需要的时候给予及时的帮助，并在"帮助和放手"之间达到微妙的平衡。达米安的例子终将证明：宝宝相信自己的感觉，从而做出独立的判断，因此他会充满自信地解决问题。

　　如果宝宝不能管理自己的情绪，就帮助他管理。个人的天性禀赋影响着孩子的情感控制和社交的能力，但这也并不是一成不变的。尽管有些孩子比其他的孩子在控制冲动情绪上能力偏弱，有些孩子天生害羞，而有些孩子个性坚忍不拔却不能很好地与人合作，家长的干预指导在这里会发挥巨大作用。有一个方法是在不试图改变宝宝个性的前提下，对宝宝的行为做"现状核实"。设想一下：假如你在指导一部戏剧的演出，你不会对纠正演员的行为或者展示更好的舞台技巧方面质疑你自己的智慧。在指导宝宝控制情感和培养宝宝的社交能力的时候也需要你相信自己的智慧。举例说明：假如你的宝宝由于受到小伙伴的攻击而不敢继续参加游戏，你对他说："我知道你需要花点时间来适应在胡安家里做客，所以直到你准备好加入游戏之前，最好和妈妈待在一起。"如果你的宝宝的天性是"活跃型"的，他为了吸引你的

注意而动手打你，这个时候你要对他说："哎哟！妈妈很疼。我知道你很高兴，但是你不可以打妈妈。"如果你的"暴躁型"的宝宝在你吃饭的时候毫无耐心地推着你的大腿，你对他说："我知道对你来说保持耐心是很困难的，不过妈妈还没有吃完，我吃完了就会陪你玩。"这种在家中有矫正作用的交流将会为宝宝接触外面的世界打下良好的基础。

如果宝宝能够自我安慰，请为他鼓掌。在宝宝感到害怕、疲惫、惊慌失措或者被抛弃的时候（当你对一位一岁大的宝宝说"再见"的时候，他就会有这种感觉），假如他很自觉地拿起某件象征着安慰的物品，或者依赖某种行为让自己安静下来，你真的要长舒一口气，因为宝宝已经在情感独立方面有了巨大的进步。或许这些能让他进行自我安慰的东西是一个破烂的泰迪熊，或是其他种类的毛绒玩具，抑或老旧的、丝质或者羊毛的、上面留有你的气味衣服。另外一些动作也能够让宝宝达到自我安慰的效果，比如他会吸吮大拇指、摇晃脑袋或者在睡前不停地用手在头发上打卷儿；也可能会不断地重复儿歌或者嘟嘟囔囔地发出毫无意义的声音、摆弄他的小脚、手指或者睫毛，拽他的鼻子或者生殖器。这些都是具有自我安抚功能的行为。

让家长们感到奇怪的事，有时候孩子们"拥抱"的物品让人难以理解，比如一块塑料板或者一辆玩具小车。或者他们的行为也让家长们费解——我认识一个小男孩，他会趴在地上，在地毯或者垫子上摩擦头顶（带着好奇心我也尝试了一次，我感到脑袋里面嗡嗡响）。有些孩子会采用两种方式安慰自己，比如一边吸吮大拇指，一边卷动头发。有些家庭中不同的孩子有不同的信仰图腾，而另外的家庭中，独特的自我安慰的方式仿佛是遗传而来。我朋友的女儿詹妮弗，喜欢把她最喜欢的毛绒玩具史努比身上的绒毛拔下来，她会一边吸吮食指，一边用这些绒毛扫过上嘴唇。而比她小三岁半的弟弟杰里米，也喜欢这么做，动作简直如出一辙。

这些具有安抚作用的物品和行为是正常且有益的。当孩子感到疲惫或者不安的时候，他会寄情于这些物品或者沉浸于这些行为中，而不至于总是依靠外人纾解自己的心情。在现实的世界中，拥有一块"安慰毯"就像拥有一位挚友。（如果你的宝宝依赖于他人提供的"支柱"来保持安静——例如安抚奶嘴、妈妈的乳房或者在爸爸的怀里晃动——你可能需要帮助他建立能够进行自我安慰的方式来取代。）

你的"安慰毯"是什么?

在你对肮脏无比却被宝宝崇拜至极的东西不屑一顾时，请认真思考一下这个问题。尽管我们成年人不会整天带着安抚奶嘴或者毛绒玩具，但我们也有能让我们感到安慰的东西。以我自己为例，我总是拎着大手袋，里面装着我的祖母和女儿们的照片、随时用来补妆的各种化妆品、还有以防万一的卫生棉……如果我离开我的手袋，就像丢了魂儿一般。这一点都不奇怪，因为我的祖母在我还是蹒跚学步的幼儿的时候曾经送给我一只粉色的袋子，这只里面装满了我喜爱的玩具和纪念品的袋子让我爱不释手。我相信每个人都有这样的寄予情感的物品，可能是一个幸运符，或者一个动作，例如清晨的祈祷，会让你更加自信地迎接新的一天。

公共行为的实践

大人们喜欢带着孩子们短途旅行，为应对突发事件的"彩排"活动正好增加了这样的机会，无论对大人还是对孩子都是非常愉快的体验。关键是要对在不同场合下将会发生的事提前有个预估，分析孩子们需要哪些准备来应对危机，并事先在家中做必要的技能上的指导。

下面的内容是为了应对最普通的家庭短途旅行而制定的详细建议。选择适合宝宝的活动，这一点特别重要。要知道迪斯尼乐园和一些豪华奢侈的娱乐场所是不适合宝宝进入的，甚至一些最健壮最有适应能力的孩子也会被娱乐场的设施吓到。有一半的学步期幼儿见到米老鼠会感到恐惧，这一点我毫不吃惊。如果你只有几十厘米的身高，看到巨大的黑色的塑料制成的大脑袋朝你走来，你会作何感想?

公共场所活动的原则

不要做超出孩子年龄的举动。如果公共场合不适合孩子，最好的办法就是离开。

家庭晚餐→饭店就餐。全家人共进晚餐的习惯会为宝宝在饭店就餐提供预先"彩排"的机会。如果你阅读过前面的章节并按照里面的内容去实施的话，现在你的宝宝已经至少每周有几次机会和家人一起坐在餐桌前共进晚餐了。大多数的餐厅都会提供适合幼儿就餐的儿童餐椅，但是如果宝宝在家中从未坐过这样的椅子，他在饭店里就不会感到舒适。只要你的宝宝经历过

两个多月和你一起坐在餐桌前就餐，你就可以尝试着带他到外面的餐厅就餐了。尽管在他还是婴儿的时候，你曾经带着他到外面吃过饭，但宝宝还是没有足够的准备。事实上，很多家长对孩子外出就餐的行为感到惶恐："以前出来就餐的时候，宝宝表现很乖，可是现在简直是经历一场噩梦。"现实点儿吧！看看你的宝宝在家中吃饭的样子，你就可以预计到带宝宝外出就餐会发生什么事了。宝宝通常在儿童餐椅上能坐多久？他吃饭的时候很容易分神吗？他是个挑食的宝宝吗？他会对他从未吃过的食物大惊小怪吗？他经常吃饭的时候发脾气吗？

即使你的宝宝在家吃饭的时候表现很乖，在第一次外出就餐的时候，也不要强迫他从始至终地坐在餐桌旁。对宝宝不要大肆渲染外出就餐的重要性，因为宝宝可以从你的身体语言上感受到焦虑，他可能会因此而怯场。反之，在周六早晨散步的路上或者偶尔经过的路旁，带着宝宝随意地进入到一家咖啡店里（注意不要让这次外出就餐的安排和午睡时间撞车）。为宝宝带上一件可以在餐厅里玩的小型玩具，或者给他一只勺子让他玩——这会避免他想把桌上的整套银器当成他的玩具。如果餐厅里提供彩色的图书就再好不过了。吃一块点心喝一杯咖啡，所花的时间不要超过十五至二十分钟为好。在经历了四五次这样的随意进餐之后，你可以带他尝试一下外出吃早餐。但是一定要注意就餐时间不能过长。然后经常带他到附近的咖啡店吃点心喝咖啡。

请记住宝宝的注意力集中的时间是有限的，这和你是否准备和练习的频率高低是没有关系的——即使最乖的宝宝一次坐在餐椅上的时间最长也不能超过四十五分钟至一个小时之间。另外你要知道，宝宝现在还不能理解等待的概念。在家中吃饭的时候，通常你会先准备食物，然后招呼家人到餐桌前就餐。而在餐厅就餐的时候，在点菜之后坐着等待期间，宝宝会感觉不习惯。最好问问餐厅服务员你们点的菜需要多长时间端上桌。如果这个时间超过二十五分钟，就带宝宝离开餐桌，或者由一位大人把宝宝带出餐厅等待。如果就餐期间宝宝表现焦躁不安，不要想办法哄他，这样往往会适得其反。最好你带着宝宝先回去，留下你的伴侣付账单。

如果外出就餐的经历总是以不愉快收场，你就应该一个月之内不安排宝宝去饭店吃饭。无论如何，避免带宝宝去豪华餐厅进餐，大多数的宝宝都适应不了那里的氛围。在去饭店之前对饭店的情况做一些了解，直截了当地询问店家："我要带一个幼儿一起去吃饭，你们会提供幼儿进餐的服务吗？你们提供幼儿餐椅吗？我们可以预定特殊的位置，以便不打扰其他的客人吗？"在英国，几乎每个酒吧都设有儿童游戏区，有些餐厅甚至配备有室外儿童乐园。我注意到，在美国有很多餐厅非常欢迎儿童就餐，这些餐厅的等候区可以允许孩子们在那里游戏。但是要当心以家庭为主题的餐厅里面提供的饮食，这些餐厅欢迎小客人就餐，但是也需要容忍这里的噪音和凌乱。当你带着宝宝去一家面向成年人开设的餐厅就餐的时候，如果宝宝大声喊叫或者跑来跑去，你也不要责怪他，因为他不认为这些行为是不适合的。

　　自家的花园→公园、游乐场。在公园或者游乐场里面的活动可以锻炼宝宝大肌肉群的活动能力，比如跑、跳、投掷、滑行、摇摆、转圈以及掌握身体平衡的运动等等。恕我直言，评价宝宝身体的灵活性应该从自家的花园里开始。如果你的家里拥有一套秋千设施，或者你曾经在宝宝很小的时候带他去过公园或者游乐场玩耍，宝宝的第一次尝试就不会是个问题。如果事情不是这样，公园里或者游乐场里的设备可能会让宝宝感到不知所措。不要粗暴地把宝宝放在秋千上或者跷跷板上，先让他观察一会儿，自己探索一会儿。他可能会仅仅满足于观看其他孩子们的游戏，或者他可能会着急地爬上滑梯。无论情况如何，都要等待宝宝自己迈出第一步。最好随身带上一只球，因为这是宝宝非常熟悉的东西，或者在风和日丽的天气带上一块小毯子，这样你们就可以坐在草地上，如果准备一些零食和饮料就更好了。经历了几次这样的旅行之后，如果宝宝还是不能完全融入游戏中也没有关系，他只是还没有准备好罢了，我建议你在一个月里多尝试几次。

　　游乐场和公园为宝宝提供与其他孩子交流的机会，这种交流的体验会帮助宝宝学会与人分享、轮流等待、考虑他人的感受等基本生存技能。然而，要注意观察他和游戏伙伴的一举一动。在公园里游戏与在教室里游戏不同，在公园里宝宝可能只有一个玩伴，而游戏课堂里面的玩伴都是被精心挑选出来的。还要注意为宝宝设定行为的界限。如果你的宝宝表现过于兴奋或者具有攻击性，就立即带他回家。在他学会自己管控自己的情绪之前，你需要帮助他管理。小心碰伤或划伤，最好在背包里带上急救包来应急。

家中洗澡或者玩水→户外泳池和海滩。大多数的儿童都喜欢水，不过也有许多幼儿尽管喜欢在水里玩儿，但是却不喜欢池塘、湖水或者大海。家里的浴缸或者花园里的儿童泳池比起巨大的水体来说，会更让孩子们感到轻松（对于年龄尚小的孩子来说，泳池就是一个巨大的水体）。如果你的宝贝本身对洗澡不感兴趣，或者根本不喜欢浸泡在水里（相信我，的确有很多挑剔的孩子），最好不要计划着长达六个小时的水边度假。如果要驱车很久才能到达最近的水边乐园或者度假海滩的话，就更不值得尝试了。如果非要这么做，请准备"备选方案"——你们可以在这个地区游览其他的景色。

安全是硬道理。即使你花钱购置了泳圈或者浮漂等设备——现在市面上能够买得到安装有漂浮设备的游泳衣——也不要让你的宝宝在无人看管的情况下下水。同时要注意保护宝宝的皮肤，水面和沙滩的反射都可能让宝宝的皮肤晒伤，最好为他戴上一顶遮阳帽，穿上一件衬衫，不要让他大面积地裸露皮肤。在海边，孩子们也容易患上风疹，因为你们四周到处都是沙子。记得带一把雨伞、一件备用的衬衫、盛放尿布的容器、防晒霜（防晒指数在SPF60以上），一个能让食品和饮料保持温度的隔热袋。

注意事项!

无论在游乐场还是公园、池塘边、长满青草的小山上，你的宝宝都有可能跌倒。
- 不要急急忙忙地冲过去——这样会让宝宝感到害怕。
- 要冷静地评估情况，看看是否有没有注意到的伤害发生。
- 不要说"你没事"或者"你没有受伤"这样的话。否定宝宝的感觉是对他的不尊重。
- 对他说"宝贝，你一定很疼吧。让我抱抱你吧。"

如果你预计到了宝宝该午睡的时间，你们仍然会在外逗留，要事先准备必要的应对方案。如果你的宝宝在他的小床之外的任何地方都能睡得着——比如，他愿意躺在毛巾或者毯子上睡觉——当他疲劳的时候，会睡得很安稳，必要时用一把雨伞为宝宝遮蔽阳光。如果宝宝睡不着，就抱着他，让他在你的怀里睡。

宠物→动物园。孩子们都喜欢宠物——豚鼠、兔子、猫咪和狗。但是在宠物陪伴宝宝的时候，家长要格外谨慎。为了宝宝和动物的安全，请不要让宝宝单独和宠物待在一起。当然，宠物能够让宝宝学会很多东西，比如慷慨、责任感（"到了狗狗吃饭的时间了，你把这个碗端过去好吗？"）、对其他生命的同情心（"如果你这样拽着狗狗的尾巴，它会疼的。"）以及好奇心（"当狗狗吃饭的时候，不要靠近它，否则它会生气咬你的。"）。如果你没有饲养任何宠物而且以后也不打算饲养的话，至少陪着宝宝在大自然里散步，或者在花园里安装喂鸟器，这些活动可以帮助他意识到其他动物的存在。一旦宝宝开始听懂并喜欢以动物为主角的故事的时候，你就可以用毛绒玩具让他学习如何和动物相处。

以上的措施和方法可以帮助你的宝宝做好去动物园的充分准备，但是要注意，动物园是千差万别的，特别是规模较大的动物园，那里的动物体型较大，环境也很特别。宝宝的身高和我们的膝盖一样，所以，如果动物的笼子太高，

眼见也不一定为实

当宝宝们表现出对某件事情感兴趣的时候，家长们有时就会忘记宝宝的注意力是有限的这个事实，并做出错误的结论。例如，3岁大的格雷是一个小小的运动健将。他在院子里打球，会抓住每一次得到球的机会。他的爸爸亨利认为他一定喜欢观看一场真正的球赛。

但是，亨利发现，作为一名观众和作为一名球员差别实在太大了。格雷喜欢打球，但是他对棒球比赛不理解也不感兴趣。他坐在观众席上，身上穿着整套的球服，头盔、球拍和手套样样齐备，可是他却不理解为什么他不能真正地上场打球。

我还从其他的父母那里听到过类似的故事。两岁半的戴维能够挥动高尔夫球杆打球，可是当爸爸带着他去观看高尔夫锦标赛的时候，他却感到十分厌烦！特洛伊喜欢看动作电影，但是当他的妈妈为他报名参加空手道培训班的时候，他却拒绝上课。就像我的女儿索菲拒绝上芭蕾课一样。尽管她喜欢穿着芭蕾舞短裙在房间里舞蹈，但并不意味着她准备接受芭蕾舞，只有我想象着她跳天鹅湖的样子。

宝宝的视线又很低，他对动物的观感和体验要比你的差很多。即使在迷你动物园，情况也差不多，所以，尽量让你的宝宝站在你的前面。在本章的开头我们认识的小女孩艾莉，在迷你动物园里面的反应就非常典型：妈妈……那只小羊看起来很有趣，但是我要退后一点看。为了宝宝和你的健康着想，最好带一块抗菌药皂，在接触动物之后把宝宝的手清洗干净。

乘车兜风→购物。坐在汽车的座位上是宝宝外出旅行的"前奏"。如果你已经有好几次带宝宝外出的经验，接下来你可以尝试一下带他去超市或者购物中心。仔细规划好行程是拥有愉快旅程的关键，否则可能随时变成通往地狱的痛苦之旅。外出购物的常识：如果你必须去一家大型购物中心，而这家商场不提供幼儿可以坐在上面的购物车，我建议你最好把宝宝留在家里。

带宝宝乘车需要注意
● 使用美国消费者产品安全协会认证的车载儿童座椅。把儿童座椅安装在汽车的后排座椅上，确保系好宝宝的安全带。 ● 在关闭自动车窗前注意观察宝宝的情况。 ● 关闭车门和车窗锁。如果你的汽车安装手动锁，让儿童座椅远离车窗和车门，以免宝宝打开锁，向车窗外抛物或者把手伸出车窗外。 ● 不要在车里吸烟。 ● 不要把宝宝独自一人留在车里。 ● 使用纱窗遮阳或者让宝宝的座位安置在后座中间的位置上，以免阳光直射宝宝。

不要在宝宝感到饥饿、疲劳或者情绪不好的时候（比如刚刚注射过疫苗）带宝宝外出购物。从家里出发之前，对于购买的物品要和宝宝沟通好，尽管我建议最好不要让宝宝养成影响你购买商品的习惯。如果一开始你就给他立下规矩，无论他如何乞求也不会购买他想要的商品，而且也不留有讨价的空间，这样他就会理解"规矩"的含义。尽管如此，还是要为宝宝准备些零食，因为商场里琳琅满目的商品和令人眼花缭乱的包装会让宝宝垂涎欲滴的。超市对宝宝的影响力就像巴甫洛夫的铃铛对狗的影响力一样——让他分泌口水。如果场面失控，赶紧带宝宝离开。

短途旅行，在祖母家留宿→长途旅行，在宾馆留宿。按照常理，即便宝宝能很好地完成购物之旅，长途的离家旅行对他也是极大的考验，长途旅行需要精心的规划和身心两方面的周密准备。有一个可能会让你大跌眼镜的看

遥远的祖母
假如你的父母住在很遥远的地方，你一年只有一两次的机会去拜访他们，所以，当宝宝见到他们的时候感到陌生和排斥你就不要觉得奇怪了。不过，如果你在每两次带宝宝去祖父母家之间的时间里，能够让宝宝保存对他们的记忆，那么宝宝接受他们的时间就会大大缩短。现在，除了使用电话和他们联系之外，我们还可以通过网络。 　　让宝宝看看祖父母的照片。大多数的宝宝都会对家人的照片感兴趣，他们会一遍又一遍地翻看而不觉得枯燥。和宝宝一起看，对他说照片上的人物都是谁。"这是外祖母汉莉埃塔，妈妈的妈妈。这位是桑德拉姨妈，我的妹妹。"可能宝宝接受起来不那么容易，但是这样的谈话会让他产生长期的印象，记住照片中的人物。当他再次见到他们的时候，他不会一眼就认出来，但他接受起来，就会容易得多。 　　让祖父和祖母拍摄视频给宝宝看，或者用音频录制他们讲故事让宝宝听，力争每周都做一次，这也是帮助宝宝记住他们的好办法。

法：无论是长途旅行还是短途旅行，我们根本无力为宝宝的出行做准备，因为宝宝不理解距离和空间的概念。但是如果你兴奋地对她说："我们要去看亲爱的奶奶啦！"宝宝至少会理解特别的事情就要发生了。

此外，有些东西你是可以提前准备的。无论你们计划的是短途自驾游还是在祖父祖母家里留宿，或者乘坐飞机长途旅行，在宾馆或者汽车旅馆过夜，都要提前确定宝宝有一个舒适安全的房间用来休息。很多的祖父母的家里会为宝宝准备婴儿床（很多酒店也提供婴儿床给需要的客人使用）。如果不是这样的话，随身带上便携的婴儿游戏围栏是很明智的做法。但是如果你的宝宝习惯于把围栏和游戏联系在一起，你要在出发前给宝宝提供机会让他在围栏里午睡一次。在出发前的三至四天，把围栏放在宝宝的卧室里，可以让他在里面睡觉作为对他的奖励。

不要忘记带上宝宝最喜欢的玩具以及必要时使用的保证宝宝安全的设施。如果你有便于携带的儿童餐椅，最好带上，必要时宝宝的便盆也要携带。另外，为了预想不到的拖延或者突发事件，要额外多带些换洗的衣服和尿布以及盛放脏衣服和垃圾的塑料袋。如果旅途较长，为宝宝准备两顿膳食，以免路途耽搁或者宝宝吃不惯飞机上提供的饮食而让宝宝挨饿。也要带上大量的零食——饼干、水果、麦片以及百吉饼——婴儿围嘴、勺子以及止痛药。如果你的计划是一周以上的旅行，在出发之前，尽量查到目的地最好的儿科医生的姓名和电话，还有药店和杂货店的地址。如果出国旅行，要饮用瓶装水，做好全家健康方面的预防措施。在有些人群聚集的机场，污浊的空气和污秽的公共盥洗室的卫生状况堪忧，所以随手带上一罐消毒剂以备不时之需。

小贴士：请记住，带着宝宝出门旅行并不意味着你会成为挑行李的夏尔巴人。一方面你要考虑携带以上罗列出来的必须物品和应对拖延行期和意外事故的应急物品，另外也不必拖着里面盛放够宝宝使用一个星期的尿布和宝宝所有的玩具的行李箱。其实，多大的空间也盛放不下宝宝所有的物品。如果你们的旅程超过一个星期，而你的宝宝需要携带特别的食物和设备，可以考虑把一些物品邮寄过去。轻装简行的旅程会让你和你的宝宝感到愉快和轻松。

如果自驾旅行的车程只有几个小时，设法把开车旅行的时间和宝宝的午睡时间错开安排。有些宝宝在出发之后的几分钟内就变得焦躁不安——有些孩子成长到十几岁还有这样的现象！特别是没有午休的宝宝更可能有这样的倾向。如果宝宝表现烦躁不安，可以和宝宝玩一些简单的游戏让他高兴，比如对他说："你能找到我吗？"（你可以用手指点着对宝宝说："狗狗在哪儿？蓝色的小汽车在哪里？你能看见飞机吗？"）可以为宝宝准备一个口袋，里面盛放他最喜欢的东西，宝宝不但能找到爱吃的食品，还可以找到新玩具。

"这个方法超级有效！"一岁大的辛迪和妈妈乘坐飞机飞行了两个小时，妈妈深有感触地对我说："飞机刚刚起飞的时候，辛迪玩从前的旧玩具，可是不一会儿就感到枯燥了。当我把新玩具交给她的时候，她脸上的表情仿佛在说：'哇哦！这些东西从哪儿来的？'这些玩具足足让辛迪安静了45分钟。"

一旦你们到达目的地，不要急着安排大量的活动。给宝宝时间让他慢慢适应陌生的人和陌生的环境。无论"奶奶"还是"奶奶的家"对宝宝来说都是陌生的。

小贴士：如果你带宝宝拜访亲朋好友，千万不要让宝宝在人前表演。望子成龙的家长们经常要求宝宝："你捏捏鼻子让奶奶看看！用一只脚站着，说这个……说那个……"如果宝宝一动不动，他们就会失望地说："哦，他现在不想做这些动作。"孩子会感受到父母失望的情绪。所以，请不要让他们表演。我向你保证，如果你给他们自由，所有的孩子都会展现他们高超的交际技巧的。

你可以准确判断宝宝能应对的情况，据此判断来安排宝宝的行程。举个例子，假如你的宝宝在家里的时候经常外出去餐馆吃饭，而且非常随和，那么每天晚上在外面吃饭让宝宝接受起来就难度不大。假如情况不是这样，你可以想点办法自己做饭给宝宝吃，如果宝宝排斥得厉害，就带宝宝在自己的房间里吃。找到一些厨房用具或者购买旅行锅具用来准备食物。用酒店的小冰箱储存牛奶、果汁或者其他的易腐食品。在任何行程中留在房间吃早餐都是一个不错的选择，因为这样可以让每个人都有轻松愉快的心情迎接新的一天。

如果在旅途中宝宝因为没有休息好而感到疲惫的话，很容易烦躁或者不配合，这个时候需要你克制自己的焦虑情绪——孩子能够感受到家长的情绪，如果你对着司机或者对飞机上的服务员大喊大叫的话，你的宝宝更容易情绪失控。

另一个关键是从始至终坚持一致。尽管大人们往往不按照时间表做事，在旅行中经常打破日常生活规律，但是，宝宝却需要有规律的起居。如果宝宝可以预见到之后会发生什么，他就会感到心安，表现得较好。所以，要尽可能按照之前养成的生活规律起居——按时吃饭、午睡，按照一贯的方式在相同的时间就寝。如果宝宝在家里的时候和你分开睡，在度假的时候也要坚持和他分床睡觉；如果你对宝宝看电视和吃糖果有严格的规定，在度假期间也不要打破这个规矩。

当然，无论你的预防措施做得有多出色，当你们回到家里的时候，还是需要花一些时间来调整和适应，以便宝宝能够回归从前的生活轨迹。但是请相信我，如果在旅程中你抛弃了日常的生活规律，打破了一贯严格执行的规矩，过度放纵宝宝，你就需要花费更多的时间帮助宝宝重新建立生活规律和遵守规矩。

乘坐飞机旅行的注意事项

飞机旅行很容易引发"适者生存"态度。由于你穿得太多，系不上安全带或者独占了头顶行李箱的空间，或者你的宝宝摆弄别人的东西，用手戳他们，在机舱里哭闹，同机的乘客不会善意地去理解。以下建议帮助你消除飞行中的怒气，会让你的旅程更加顺畅。

- 为每个孩子准备单独的护照——甚至婴儿也需要单独的护照——让一个成年人负责所有证件的保存和管理。
- 在出发之前务必给机场打电话确定航班的状态。
- 要求座位安排在前舱隔板旁边——额外的空间一定会派上用场。
- 不要选择靠过道的座位——过道里面经常通过的送餐车和乘客会碰到宝宝不老实的小手和小脚。
- 提前登机——在大量乘客登机之前安放好你的物品和行李。
- 不要在其他乘客寻找座位的时候坐在自己的座位上——如果在起飞之前宝宝一直坐在座位上等待，在起飞的时候他就会没有耐心。在安顿好你的物品和行李之后，带宝宝到机舱的后部，直到所有的乘客都坐好再回到自己的座位上去。
- 在飞机起飞和着陆期间，让宝宝吃奶（如果宝宝还没有断奶，让他吮吸乳房）——让宝宝吮吸和吞咽可以缓解宝宝耳痛。

社会行为的实践

为你的学步期的宝宝介绍几个小朋友，让他们在一起游戏，因为这种早期的友谊关系对培养宝宝的社交技能至关重要，也会为未来宝宝发展与同龄人之间的关系奠定基础。此外，对宝宝来说，他们更愿意看见同龄的孩子，在一起游戏的过程中，他们互相模仿、互相学习，学会交往互动的规则。学步期幼儿很容易被别人影响，这是一件好事。比如，一个不爱吃饭的宝宝看到其他孩子狼吞虎咽地吃饭，可能也会多吃一些。在宝宝的世界里，他自己是宇宙的中心，但是通过早期的社交体验，他逐渐开始意识到其他人的需求和感受，会感受到自己的行动和行为给他人带来的后果。

与别人交往对家长也有好处，因为在遇到育儿方面的问题的时候，通过与其他家长的交流，家长们感觉到自己不再孤立。每当你在抚养孩子的时候遇到难题，看到或听说其他孩子也有同样的问题的时候，你心里会感觉宽慰。而且，父母们之间还可以共同分享育儿经验和技巧。例如，我知道有一个由全职妈妈组成的"妈妈沙龙"，她们每周六聚会，而且所有的妈妈都非常喜欢这个沙龙，因为她们有太多的共同话题。她们一起谈论作为妈妈的得与失、保姆的问题、如何平衡工作与家庭的关系、怎样让宝宝晚睡一会儿以便有更多的时间来陪伴宝宝，以及平凡的但是困扰每一位母亲的育儿话题，比如如何教宝宝守纪律、如何训练宝宝如厕、如何应对挑食的宝宝、如何让爸爸多陪伴宝宝等等。这些拥有相同年龄宝宝的家长们之间的友情是珍贵和长久的。通常，当他们的孩子长大了接触其他的新朋友以后，这种成人之间的友情仍然能够持续下去。

社会交往的"彩排"包含在家中帮助宝宝强化与人互动的技巧，制定游戏规则并让宝宝实践和练习。以下是我的一些建议，当然还需要你把它们和你的生活联系在一起。

尊重宝宝的个性特点和发育节奏。我在书中反复强调的原则，我还是要再一次强调：每个孩子都有他们独特的情况和特点。当然，孩子的社会交往活动和掌握交往规则的能力是受他们的个性气质影响的。但是个性气质不是全部的影响因素，还包括：宝宝的注意力、注意力的持续时间、语言的掌握、社交经验、在家里孩子的出生次序（大一点的孩子有更多的社交经验）等等。另外，宝宝的信任感和安全感也至关重要，他们的安全感越强，他们越愿意与人交往。

如果宝宝排斥和别人交往互动，总是坐在一旁观看，也不要强迫他。不要问她："你不想和胡安一起玩儿吗？"如果你催促他，他的安全感可能会降低。你要知道幼儿是跟着感觉走的，他们靠潜意识辨别情感，有时候某种特殊的环境会让他们感到不安。

> **社会行为的规则**
>
> 在鼓励宝宝与人交往方面，尽管有时候你感到忧心忡忡，也永远不要催促他，让他按照自己的情况和节奏建立社交关系。

控制你自己的情绪。如果你的宝宝一直坐在一旁，不参与其他小朋友的游戏，你可能会感到难堪，但你其实并不孤独，很多父母都经历过这样的事。不过你要尽力克制住你的负面情绪，不要为宝宝的行为找如下借口："哦，他只不过是累了。"或者"她刚刚睡醒。"你的宝宝会本能地感觉到你的不安，这会让他对自己丧失信心或者认为自己做了什么错事。

波琳是一位聪慧的妈妈，她了解并接受自己儿子的个性。她知道在家庭聚会的开始阶段，她要和儿子待在一起，过一会儿，宝宝就会自己在房间里随意走动。如果她催促，可能会起到反作用。因此，当家中来了亲属或者有其他小朋友来拜访，她就会和他们解释："给他一点时间，一会儿他习惯了就好了。"

千万不要小题大做。如果你的宝宝性格内向，不能立即和陌生人熟络起来——这是"易怒型"宝宝特有的性格特点——你可以重新认识宝宝的特点，

> **一封电子邮件：社会交往的好处**
>
> 是的，做一位学步期幼儿的家长不是一件轻松的事，特别是当你的宝宝特别好动的时候，你会感到手忙脚乱、力不从心。我们每周都要参加游戏小组的活动，还要上游泳训练课程，这些活动让宝宝变得更加活泼好动。每隔一天，宝宝就会和自己的小朋友聚会，我发现可以在这些活动中遇见其他的妈妈，和她们在一起让我也感到快乐。而且泰隆的奶奶每周来我家拜访一次。

因为无论哪种性格都有其优势和劣势：他很内向，但很谨慎，做事不毛躁。"活跃型"宝宝可能会成为一个领导者；"暴躁型"宝宝可能会有更强的创造力和发明才能。要知道很多成年人在社交方面也表现得相当谨慎：当我们参加聚会或者来到一个陌生的地方，也要审时度势一番。我们环视四周，观察别人，找出感兴趣的人和他交谈。一定有什么人会吸引你的注意，让你愿意和他谈话。当然也会有些人没有理由地拒绝你，这是人性的一部分。请给予你的孩子充分的机会让他们自己评估形式，慢慢适应，无论花费多长时间都值得。

要坚持下去。有时候经过一两次聚会之后，有些母亲会说："我的宝宝看起来不喜欢这个游戏小组。"然后，她就会带宝宝参加另一个游戏小组的活动，然后再换班级，反反复复。这位母亲无法忍受自己的宝宝感到苦恼，而且可能自己也感到为难。但是她不让宝宝经历困难的体验，恰恰阻止了她的孩子在生活中练习控制和管理情绪。她没想到，她的行为让宝宝学会了在困难面前的放弃。这样的孩子有可能会成为目光短浅，立场左右摇摆的人。

不要中断宝宝与其他小朋友之间的交往活动，哪怕宝宝在游戏中略显孤立也不要这样做。如果宝宝表现出不情愿的样子，或者要求离开，对他说："既然我们已经决定来这里了，就要坚持下去。你可以和我待在一起，我们在一旁看看也好啊。"拉娜的宝宝肯德拉，是一个"易怒型"宝宝，所以她知道女儿需要更多的时间来适应。当拉娜带着肯德拉来我这里参加"妈妈与宝宝"的亲子游戏小组的时候，她从不为女儿的孤立找借口。反而，她让女儿坐在她的膝盖上在一旁观看其他小朋友的游戏。在大多数时间里，肯德拉从不参与，直到最后五分钟。她终于迈出了关键的一步！

不同个性类型宝宝的表现

"天使型"宝宝有非常受欢迎的性格。他总是笑容满面，在小组中是最开心的一个，而且愿意做第一个与人分享的人。

"模范型"宝宝，各方面都表现出这个年龄的宝宝的典型特征。他喜欢从其他的小朋友那里拿取东西，并不是因为他小气和好斗，而是因为他对别人的东西充满了兴趣和好奇心。

"易怒型"宝宝，在活动中退缩不前或者经常观察妈妈的反应。如果其他小朋友拿了他的东西，碰撞了他，或者打扰了正在进行的游戏，他就会心烦。

"活跃型"宝宝，在活动中不喜欢与人分享。他的注意力迅速转换，在房间里到处乱窜，跑来跑去，几乎把所有的玩具都玩上一遍。

"暴躁型"宝宝，更喜欢自己玩。他在持久力方面会比大多数宝宝都强，但是如果其他小朋友打扰他，他会很生气。

在新环境里重复体验社交障碍。肯德拉从两个月开始就参加我组织的"妈妈和宝宝"的亲子游戏课堂，在这里，肯德拉渐渐熟悉了和她一起游戏的小朋友。当她15个月大的时候，妈妈拉娜为她报名参加"金宝贝"亲子园，她发现在这个新环境下，肯德拉还要经历一遍"预热"和适应的过程。第一天，肯德拉站在门口大哭。拉娜陪着她站在教室外面，15分钟以后她们才走进教室。在接下来的五周里，肯德拉就坐在拉娜身旁不肯参加任何活动。拉娜感到有些害怕——事实上，这是所有有相似经历的家长都会有的感觉——她害怕肯德拉永远也不会加入到游戏中去。我告诉拉娜："肯德拉有自己的特点，你必须给她时间让她慢慢适应。"后来，肯德拉渐渐喜欢上"金宝贝"的游戏，甚至课堂结束了都不愿意离开教室。两岁的肯德拉参加游泳学习班的时候，同样的事又发生了一次。在泳池边度过了惊恐的两周之后，她才加入到课堂中，现在的肯德拉已经像一条小鱼一样在水中畅游了，想让她从水中出来，需要花费一番心思才行。

让孩子学会管理和控制自己的情绪是长期而又艰巨的任务，这需要家长极大的耐心。可能需要你一遍又一遍地安慰沉默的宝宝，给他足够的时间来适应；可能需要你反复地劝告天生顽皮的宝宝："要乖点……不要打人。"当然了，每一次"练习"之后宝宝都会有进步，但你的耐心是宝宝进步的基础。相信我，现在是解决宝宝爱焦虑、爱发脾气的最好时机，你要拿出时间和耐心，让宝宝看到你始终如一地在帮助他、在支持和鼓励他，因为在这个关键的成长节点上，所有的宝宝都要经历这一切。事实上，那些经常为自己的孩子社交困难找借口，或者当宝宝不合作的时候允许孩子转换班级的家长们，经常在孩子上幼儿园的第一天说出他们的真心话："我能早一点坚持就好了！"

想想你自己的与人交往的历史和经验。个人因素有时候会蒙蔽家长的双眼。如果你有一个害羞的宝宝，可能会费尽心思去查找宝宝身上的原因，可是你是否关注过你的经历过往对宝宝也会产生重要的影响？如果你在交友方面毫无障碍，可能会倾向于经常催促宝宝像你一样主动和别人交往。如果宝宝不配合，尽管嘴上不承认，你还是可能找你认为合理的借口："没什么大不了的，宝宝只不过处于这个爱害羞的阶段而已。"由于你和你的伴侣的行为会本能地反映出你们各自的童年经历，所以在社会交往方面可能意见迥

异。一个说"支持"，另一个说"反对"。要区别对待你和宝宝各自的情况，这很重要。你不能改变你自己从前的个性，也不能让你遇到的社交障碍重新逆转，但是你知道你的童年时期的体验给你留下多么巨大的影响，所以不要让你的经历过往影响现在你对宝宝的教育。

设计社交情境以满足宝宝的需要。社交情境三要素包含环境（社交环境）、活动（发生的社交活动）和人（参与活动的儿童和成年人）。如果你的宝宝是一个内向寡言的孩子，你可能会挑选压力较小的活动带宝宝参与——比如，你会带宝宝参加音乐课堂的活动，而不会去学习摔跤；如果明亮刺眼的灯光对宝宝产生影响，你要让他待在灯光不是特别明亮的地方；如果宝宝喜欢发脾气和捣乱，手工课堂就不大适合这样的宝宝。

当然，你不必每天都做出选择。我建议你参加有组织的游戏小组的活动，或者和其他小朋友和家长定期约会，尽量使接触的人员相对固定，而且参加定期的活动比去游乐场或其他公共场所活动相对好控制。如果在公园里遇到一个顽皮的孩子，你对他做不了什么，但你可以看好你的孩子。你们也不会在日托所待上短短的一天就结识所有的孩子。不过，你可以拜访他们或者提前观察他们，了解是谁总在你的宝宝身旁跑来跑去，他有什么样的表现，你从他那里得到什么信息以及他有怎样的需要。尽管你对日托所的管理没有发言权，但至少你能为你的宝宝建立"朋友圈"做一些准备。

为宝宝体验社交经历坐好准备。多莉不折不扣地执行我给她的建议。她仔细研究了几家日托机构之后，最终找到一家距离她的工作单位不太远的托儿所。她确认这家托儿所有完善的管理制度，所提供的玩具和设备非常适合18个月大的幼儿使用。她向托儿所的管理者交代了她的儿子喜欢吃的食物，而且把电话号码留下以便有问题的时候进行沟通。所有的准备看起来都是那么完美，可是在安迪上托儿所的第一天，还是发生了意料之外的事。一贯听话懂事的儿子在离开她之后，先是若无其事，一会儿就开始哭闹了。当托儿所的管理人员打电话告诉多莉她的儿子在托儿所大哭不止的时候，多莉才意识到，尽管她在儿子入托这件事上精心准备，还是疏漏了一个环节：她忘记提前让安迪预知妈妈要和他分离几个小时。虽然她无法向安迪解释时间的概念，但是她却可以先陪安迪在托儿所待一个小时，让安迪逐渐适应托儿所的环境和其他的小朋友，而且让这样的陪伴持续几天之后再离开去工作，这才是最精心的准备。

让宝宝掌握基本的社交技巧

　　两岁以内的宝宝把自己当成世界的中心——所有事情都围着"我"运行，或者所有东西都属于"我"。有时候，和他讲道理是没有用的。在成年人眼里，宝宝的行为通常很"咄咄逼人"。我们如何做才能让宝宝为他人着想，考虑别人的感受呢？

　　这里我们需要再一次提到"彩排"这个概念。孩子不是天生就懂得文明的举止，他不知道轮流和分享的含义。我们不得不采用亲身示范和反复练习的方式让他明白这一点。所以，预先"彩排"是必要的——先在家里对宝宝进行指导，教会宝宝和别人交流的方法。但是你千万不要对宝宝抱有不切实际的期待，而且要有毅力长期坚持做下去。你不可以今天让宝宝学习与别人分享，明天看见他从其他小伙伴手里抢夺玩具而无动于衷。当他和别人分享东西，无论是你要求他这么做的还是他自己主动做的，都要及时地对他进行表扬："珍妮特，分享很棒！"

　　为了应对人生的挑战，孩子们需要大人指导，帮助他们掌握基本的社交技巧。尽管他们还不能理解社交的规则，我们也必须开始教导，坚持强化和拓展孩子的理解力，让孩子具备基本的社交礼仪。如果我们的孩子由于他的善良和体贴受到其他家长、老师甚至同龄的伙伴的喜爱，那么我们付出什么都是值得的。

　　以下是几个重要的社交技巧，你要在家中或者在宝宝游戏的时候帮助他掌握。

　　文明的举止。在上一章，我们探讨过如何教育你的宝宝说一些礼貌用语，或者说一些感激的语言，这些对于宝宝来说远远不够，还要教宝宝学会文明的举止。举个例子：午休刚过，弗洛莉姨妈前来拜访。一开始，你对弗洛莉姨妈说："很高兴你能来看我们。你想喝茶吗？"然后你转身对宝宝说："让我们一起去为姨妈准备一杯香喷喷的茶吧！"在你冲泡茶水的时候，宝宝一直陪伴着你。"请姨妈吃点儿点心吧！"然后，你把点心也放进盘子里。回到客厅，你把宝宝的积木递给她，对她说："梅兰妮，你可以送

给姨妈一块积木吗？你愿意吗？"你的行为让宝宝知道你在为客人服务，让宝宝知道"客人优先"的道理，这些都是最基本的社交礼仪。最开始的时候，你的宝宝有可能一把夺过所有的点心。记住，在纠正她行为的时候不要羞辱她："不，梅兰妮，我们要共同分享。这些是弗洛莉姨妈的点心，这些才是梅兰妮的。"

教宝宝学习文明举止的关键是在合适的场合下亲身做示范。在教堂里你降低音调对宝宝说："在教堂里，我们要小声说话，不能乱跑。"而且在每一次聚会的时候都要强化宝宝遵守礼仪的意识：当有菜被端上了餐桌，你要说"谢谢"；不要推搡路过的人；不要打扰别人的谈话；或者在人前打嗝的时候，要说"对不起"。教宝宝学习文明礼仪的最好方法就是先让自己文明起来。当宝宝递给你一个玩具的时候，要对他说："谢谢宝贝！"当你想让他和你合作的时候，对她说："请！"

同情心。研究者发现4个月大的宝宝就有能力关心别人的感受。你可以直接告诉宝宝你的感受来帮助宝宝建立同情心。如果她打你，对她说："啊呀！我疼了。"如果家中有人生病，对她说："我们要安静点。因为麦克身体不舒服。"有些孩子天生具有同情的能力。我有一位和我住在一起的姨妈，她的腿部有伤，不能正常走路。在萨拉16个月的时候，她显示出她的同情心，当她知道露比姨妈病了，就经常帮她拿拖鞋。为了鼓励她，我对她说："萨拉，你能帮助露比姨妈，你真是一个善良的好姑娘！"

鼓励孩子认识到其他小朋友的感受。当一个10个月大的宝宝对另一个孩子动粗的时候，要立即纠正这种行为，并且告诉他别人的感受："不要这样，这样做会伤害亚历克斯的。要轻点，温和点。"当看到一个小男孩摔倒在地上并哭泣的时候，对宝宝说："约翰尼一定受伤了。我们去看看他需不需要我们的帮助好吗？"来到约翰尼的身边，对他说："约翰尼，你还好吧？"当有一个小朋友因为疲劳或者不开心而要离开游戏的时候，鼓励宝宝对他说："西蒙，再见，祝你开心啊！"

学会分享。分享是建立在拥有所有权和使用权的基础之上的——物品的拥有者把物品交给他人或者允许他人使用该物品，一定知道物品最终会归还到自己手中。15个月大的幼儿就能够理解分享的含义了，但是他们还需要家长的帮助，毕竟，他的世界里的每件物品都是"他的"。"现在"是宝宝唯一理解的时态——在宝宝听起来"过一会儿"就像"永远"一样。无论你如何称赞他（"他两分钟之后就会还给你"），宝宝都会不为所动。

在我的游戏小组课堂上，当孩子们十三四个月大的时候，我亲身示范教他们如何与人分享：我拿出一盘饼干，对他们说："我愿意和你们一起分享我的点心。"让盘子里的饼干足够多，每人都能分到一块——五个宝宝，五块饼干。我在宝宝之间传递盘子的时候，不断地让他们知道每人"只能"有一块饼干。

然后我们就开始做"分享袋子"的游戏。我吩咐妈妈们在一个塑料口袋里装五块点心。我还劝告她们在家里让宝宝们帮她们准备"分享口袋"，而且要和宝宝谈论与人分享的事情。"让我们拿出为小朋友们准备的点心好吗？你可以帮我数一数有几块点心（也可能是胡萝卜条、手指饼干或者曲奇饼干）吗？"（做游戏的同时，孩子们也玩了数数的游戏）

当孩子们到来的时候，我们把所有的点心都放在"分享小桶"里。在游戏结束的时候，我们会安排"分享时间"的活动。每个小朋友每周轮流分发点心一次，她的妈妈在一旁指导他，并用礼貌的语言和孩子们说话："你想要这个吗？"当然，这个活动也让孩子练习礼貌的语言和举止。接受点心的宝宝会说："谢谢！"活动完成，我们会大声说："今天的分享好棒啊！"

这样的课程有助于宝宝理解与人分享的意义，但是，必须承认，想要让宝宝完全理解，也并非易事。但是至少当你说"艾德娜和威利，你们一起玩卡车"的时候，他们不会为了争抢而打仗，他们能够对你的话有一些初级的认识。我们的目的是逐步向孩子灌输分享的愿望和分享的回报，而不是简单称赞孩子能够听懂大人的指令。最好的方式是抓住孩子的闪光点——即使有时候只不过是一个偶然事件。

例如，玛丽正在游戏室里忙碌地摆弄着花园里使用的工具。她兴高采烈地往邮箱里塞邮件、转动一只塑料制成的小鸟。这个时候，朱丽叶走了进来。朱丽叶的妈妈已经准备抓住她的女儿，但是我阻止了她，告诉她要记住"H.E.L.P.策略"的内容："让我们拭目以待，看看会发生什么事。"朱丽叶先站在一边看了一会儿玛丽的游戏，然后，她打开了邮筒，把里面的一封塑

料信件交给了玛丽。"朱丽叶，很棒的分享！"我兴奋地说。朱丽叶的眼睛发亮，她也许并不理解是什么原因让我高兴，但是她一定知道她做了一件令人高兴的事。

当然，有时候家长不得不介入其中。如果你的宝宝从别的小朋友手中抢东西，立刻把东西拿走，然后：

纠正他的行为："乔治，这件东西不属于你。它是伍迪的。你不能要他的东西。"不过，不要教训孩子，也不要让他感到羞愧。

安慰他："我知道你想玩伍迪的卡车。你一定很失望。"这么说既承认了宝宝的真情实感，又没有试图隐藏让他失望的情绪。

帮助他解决问题："如果你求求伍迪，也许他会让你玩一会儿他的卡车。"如果你的宝宝还不太会用语言表达，你就替他说："伍迪，你可以和乔治一起玩你的卡车吗？"当然，伍迪也许会拒绝的。

鼓励他："乔治，也许下一次伍迪会和你一起玩他的卡车的。"设法把他的注意力转移到其他玩具上。

学会轮流做。孩子们需要学会游戏的基本规则：不能抢夺、不能把别人排斥在外，不能为了得到一块积木就动手毁掉别人的建筑等等。想要学会轮流做事，就得能够控制自己的冲动，并且能够耐心等待，这一点对于学步期的宝宝来说学起来是很困难的，不过，这确实是人生中重要的一课。等待是枯燥的——但是每个人都需要学会等待。

在家里，在每天的日常生活中，和宝宝一起练习轮流做事，让他熟悉并习惯这个规则。例如，宝宝在浴缸里沐浴，递给他一块毛巾，也给自己留一块。对宝宝说："让我们轮流做吧。我先为你擦洗这只胳膊，然后你自己擦洗另一只胳膊。"在宝宝做游戏的时候，对她说："让我们轮流做吧！你先按一下按钮，看看哪一只小动物会叫，然后让我再按一下。"

孩子们是不会主动要求和别人分享或者轮流做游戏的。但是你要像一位出色的教练员一样训练他。在我的游戏小组中，我会多分给宝宝们一些玩具，让他们手里分得的玩具数量不止一件。但是有些事还是不可避免：有些孩子总是对其他人手里的玩具更感兴趣。

小贴士：希望带着孩子定期参加游戏聚会的妈妈们为宝宝的游戏设定时间。不过，由于宝宝还没有时间观念，必要的时候，用闹钟来提醒他们时间到了。例如，当两个宝宝在一起争抢一个娃娃的时候，你对他们说："这里只有一个娃娃，所以你们必须轮流玩。拉塞尔，你最先找到娃娃的，所以你先玩。我们要定个时间，当你们听见闹铃响了，就该轮到缇娜玩娃娃了。"缇娜也会欣然接受并愿意等待的，因为她知道，只要闹铃"叮咚"一下，她就能得到娃娃了。

也要让孩子体验一下得不到想得到的东西的时候会是什么感觉。我经常听说有的家长对正在哭泣的孩子说："不要担心，宝宝。我会买给你和巴尼一模一样的玩具的。"这么做，你想让孩子学会什么？当然不会是与人分享的美德。宝宝只能从你的话里体会到：哭泣是让父母满足愿望的法宝。

如果宝宝被别的小朋友拒绝，他就会感到失望，这种失望的体验对于宝宝来说也非常重要。失望是生活的组成部分。例如，在我的游戏小组中，埃里克和詹森都来到装满玩具的箱子前。詹森第一个拿起小卡车，并且一心一意地玩起来。埃里克的目光转移到他的小伙伴身上，他脸上的表情告诉我：那个小卡车看起来很有趣，我要从詹森手里拿到它。需要说明的是，埃里克当然不是占有欲望强烈的"坏孩子"。在幼儿的心中，所有的一切都属于自己。当埃里克走到詹森面前用手拿小卡车的时候，我让他的妈妈去干涉一下，方法如下：

她可以把埃里克伸向小卡车的手拿开，对他说："埃里克，詹森正在玩这辆卡车呢！"

她转向詹森，对他说："詹森，你还想玩一会儿这辆卡车吗？"詹森已经明白她的意思了，他会把卡车放在身后，表明他还在玩。

"埃里克，詹森还想继续玩一会儿。"她一边对埃里克解释，一边递给他另一辆玩具车："这里也有一辆卡车，你可以玩玩这辆。"埃里克把卡车推开，他就想要詹森手里的那辆卡车。

"埃里克，"她的妈妈说："詹森正在玩呢！他不玩了，你才能玩。"

埃里克根本不想听妈妈的劝告，他带着十分不满的情绪望着妈妈。这时候，妈妈求助的眼神望向我，对我说："我该怎么做？"

"这个时候千万别说'对不起宝宝'，或者'可怜的宝宝，妈妈会给

你买一个一模一样的卡车'这样的话。你就直接跟他讲道理：'埃里克，詹森正在玩这辆卡车，你等着他不玩了才能玩。我们要学会分享。我们必须等待。'"

埃里克继续发脾气，我对他的妈妈说："这个时候你必须坚定立场，但口气要和缓。你的目标是尽量避免埃里克情绪失控：'我知道你很失望，但是你还是不能玩它。跟我到那边去，看看有什么更有趣的玩具。'然后，用手推动他让他离开。"

社会化的阶段

怎样才能让宝宝成为擅于社交的人。

随着宝宝的成长，他的游戏的能力也在快速地发展。通过观察宝宝的游戏能力，我们也会了解宝宝在经历何种发育阶段。

关注其他宝宝。两个月大的婴儿就开始喜欢接触其他孩子或者比他们年长的哥哥和姐姐，并对他们充满了好奇。最开始，他们的眼睛盯着房间里的小朋友的一举一动。大概在六个多月的时候，宝宝开始会用手够取物品，他也会用手去触碰其他的孩子。他在想"他是什么？"也可能他把小朋友当成了一件神奇的玩具看待："如果我打这个玩具，他就会哭的。"

模仿小朋友的行为。当我们看到宝宝伸手从小朋友手里抢夺物品的时候，我们会认为他很狭隘、自私或者充满恶意。事实上，你的宝宝只不过在模仿别人。看到别的孩子这么做，他觉得也可以尝试一下，即使一个被遗弃了很久的玩具在这个时候也焕发了生命力："嗨！我以前不知道这个秘密，现在我也能这么做了！"

愿意游戏的时候有小朋友在场。事实上，这个时期的宝宝还不能在一起玩同一个游戏，他们只不过愿意在游戏的时候，有小朋友在旁边而已，他们做的游戏也是"毫不相干"的。他们根本就不会理解分享和轮流的概念："我想做什么就做什么，因为我是世界上唯一的孩子。"

和小朋友一起玩。宝宝成长到两岁半或者三岁的时候，大多数的宝宝已经掌握了基本的社交技能，他们会想象。因此，"过家家"这样的想象游戏会越来越复杂，他们需要小朋友一起合作完成游戏，比如相互追赶、手拉手转圈或者踢球。此时，如果你的宝宝发现了一个新玩伴，他会想："如果我把球踢给他，他会把球踢回来的。"

帮助宝宝找到游戏伙伴或者参加游戏小组的活动

找到游戏伙伴或者参加游戏小组可以有助于宝宝练习社交技能，但是也会带来一些相关的问题。我知道很多家长不赞成带两岁以内的宝宝参加游戏小组的活动，但是我不同意这个观点。只要宝宝有家长在一旁陪伴，即使站在一旁观看其他小朋友的活动也是一次很好的体验。因此，我定期组织"妈妈和宝宝"和"爸爸和宝宝"的游戏小组活动，让每个小组有六周的活动时间。

找到游戏伙伴。游戏伙伴通常是一对一的，没有经过精心挑选的。一位家长给另一位家长打电话，他们约好时间和约会的地点（通常是其中一个孩子的家里或者公园里）让两个孩子见面，一起游戏一至两个小时。

寻找游戏伙伴要考虑的因素之一是两个宝宝性格是否"气味相投"。有些游戏伙伴会一拍即合，他们之间的友谊甚至可以一直持续到上幼儿园或者更久。如果两个宝宝都是"天使型"的宝宝，他们快乐、有鼓动性，并且容易相处，在他们之间就不用考虑是否"气味相投"这个因素。不过，如果你的宝宝是"易怒型"宝宝，特别容易害怕，被打扰的时候也特别容易生气，你就不会希望他的游戏伙伴是一位四处乱窜，招惹是非的"活跃型"宝宝。

同样，在成年人的世界里，他们也会寻找与自己"合得来"的人做朋友。通常，夫妻之间有相似的背景和兴趣，对子女的教育理念也保持一致。或者保姆也有自己的小圈子，她们都是来自于相同地区，或者曾经邻里居住过。也就是说，在为宝宝选择游戏伙伴的时候，要有原则，不能随意拼凑。

有的时候，伙伴之间是否"气味相投"很重要。例如卡西和艾米，她们的妈妈是在"分娩课堂"认识的。幸运的是，这两位宝宝一个是"活跃型"的，一个是"天使型"的，她们在一起游戏的时候非常融洽。不过有时候，尽管妈妈们都怀有良好的意愿和由衷的期望，但是她们的宝宝还是由于性格上的差异而导致经常发生小冲突，甚至最终以一方欺负另一方收场，无论是宝宝们还是家长都觉得很不愉快。另一位妈妈朱迪，她的儿子桑迪是一位"易怒型"宝宝，曾对我说她的儿子如果和盖尔的儿子亚伯一起玩，就像做了一场噩梦一样，通常以桑迪的哭闹作为结束。最后，朱迪不得不对盖尔说："我不想把我的育儿观念强加给你，但是，当这两个小家伙聚在一起的时候，桑迪一般都会感到不快，这也会削弱我们之间的友谊。"

小贴士：依靠常识为宝宝寻找游戏伙伴。即使你非常喜欢和另一位妈妈相处，但是如果在你们的宝宝们每周的聚会中，你的孩子总是很沮丧，从另一个宝

宝手里抢东西或者哭泣，或者你开始为定期的聚会感到担忧，因为你也不知道下一周会发生什么。那么，最好尝试着为宝宝换一个更适合他的游戏伙伴，毕竟，你有很多方法和你的朋友促进友谊，比如一起喝咖啡或者打网球。

> **分享母爱**
>
> 让你的宝宝意识到你有充分的自由！特别是当你想要第二个孩子的时候，与小伙伴一起游戏能让宝宝充分意识到你可以拥抱其他的孩子。卡西第一次看见自己的妈妈怀抱艾米，脸上露出吃惊的表情：我的妈妈为什么抱着艾米呢？她马上就有了答案："妈妈也可以被别人分享啊！"
>
> 让孩子知道爱也可以与人分享，这是非常重要的。有些宝宝看到爸爸亲吻妈妈的时候，用手去推爸爸，爸爸就此得出结论：宝宝不喜欢我们拥抱。其实，爸爸应该对宝宝这样说："过来，宝贝，我们一起拥抱吧！"

在和小伙伴约会之前，你应该问问宝宝："在见到汤米的时候，你愿意拿哪几件玩具和他一起玩？你不愿意给他玩哪些玩具？"或者你可以建议宝宝把他非常喜爱的玩具藏起来，并且告诉他为什么这样做："我知道这些玩具是你最喜爱的。可能我们应该把它们放好。"不幸的是，有些宝宝不知道哪些玩具是他们最喜爱的，直到看到别人玩，才意识到这一点。

尊敬是相互的。你的宝宝有可能以客人的身份来到其他小朋友的家中，也可能被小伙伴拒绝分享自己的玩具。这个时候，对他说："如果弗雷德不想让你动他的玩具也没关系，这是他的东西。"然后，想办法让他转移注意力。如果他依旧很伤心，对他说："我看出来你不高兴，但是这些东西的确不是你的。"

这些难题几乎是不可避免的，但是并不是什么坏事情。通过这些事，宝宝会明白许多道理。作为一个年轻的妈妈，我会拿出两件玩具给宝宝和他的小伙伴玩，另一位妈妈也会拿两件玩具。如果有一件玩具坏了，我们都会再换一个。你可以要求来访的妈妈鼓励自己的宝宝带一至两件玩具过来，这样会大大削减宝宝们争执的频率。我注意到这样做听起来似乎不切合实际，因为现在的宝宝每个人都拥有大量的玩具，但是我认为为了宝宝的健康成长，我们需要谨慎控制宝宝拥有玩具的数量。

小贴士： 如果你在家里招待其他的小伙伴来访，请为他们创造一个安全舒适的游戏空间。最好把你的宠物带走。另外要限制游戏的时间——通常游戏一个小时左右，宝宝们就会感到疲劳。一旦感到疲劳，他们之间就可能产生冲突。

尽量轮流当东道主。如果条件不允许，也要带上自己做的点心以减轻东道主的负担。如果你作为客人带宝宝前去拜访，也要带上你和宝宝的随身物品——尿片、奶瓶或者鸭嘴水杯。尽管在小伙伴游戏中不太重视树立"规则"，但是至少你要了解另一位妈妈大概的育儿理念以及小伙伴的基本情况。例如，如果你不习惯把你的珍贵物品收藏起来，平时只是教育宝宝不要碰它们的话，你最好确定另一位妈妈也会这样做。同样，两位家长关于宝宝忌讳的食品，宝宝的过敏反应，或者如厕训练的情况等等话题也要事先有所探讨。如果宝宝对他的小伙伴发起攻击，你们各自会怎么处理？

游戏小组。游戏小组通常由两个以上的小朋友组成，相比游戏伙伴，游戏小组的活动形式通常更加有计划。组建游戏小组的好处是小组的活动更加复杂，宝宝能得到更多的机会锻炼他们以上所述的社交能力。但是，我建议由三岁以内的宝宝组成的游戏小组，人数最好不超过六人——最理想的人数是四人。如果可能，尽量避免三人成组，因为总会有一个人感到落单，这是非常难处理的情况。

亲自组织游戏小组之前一定要好好规划（这种情况不同于在专业人士辅助下，通过注册的方式组织游戏小组），和游戏伙伴的约会不同，游戏小组的活动需要更多的"舞台指导"、更精密的"舞台布置"和更多的"演职人员"。

1. 组织一次单纯由家长参加的聚会来策划活动的日程，探讨组织什么样的活动，决定活动的目的和活动的方式——游戏、欣赏音乐还是在一起吃东西。另外，活动时间的分配也很重要。培养宝宝日常生活的规律和习惯可以让宝宝感觉更轻松和舒适，同样，游戏小组连贯的组织形式也会让宝宝们预知他们的期待和对别人的期待。我组织"妈妈和宝宝"的游戏小组的活动包含五个环节：游戏时间、分享（点心）时间、音乐欣赏时间、活动之后的打扫时间和"放松"时间，在最后的"放松"时间，我会播放舒缓的音乐，让妈妈拥抱自己的宝宝。你在自己组织活动的时候，可以参考这样的形式。

游戏的内容自然会根据宝宝的年龄而产生变化，拿在活动的时候播放音乐为例。在由6~9个月的宝宝组成的活动小组中，我为他们播放《可爱的小蜘

蛛》这样的儿歌，但是当家长和我一边唱歌一边做动作的时候，宝宝们会一动不动地坐着观看；在由12~18个月的宝宝组成的活动小组里，宝宝们活泼好动，他们能够模仿我们手臂的动作；在由15个月大的宝宝组成的小组里，宝宝们经过四五周连续听我和家长们的歌声、观看我们的动作之后，大多数的宝宝都会熟悉我们的动作，并去模仿我们的动作；而大多数的两岁的宝宝可以跟着我们唱起来。

2. 探讨游戏规则。家长们说出你们的期待——不仅仅要讨论宝宝们的能力的大小，也要谈论当宝宝们不能遵守游戏规则的时候，妈妈们该如何处理。有一个场景让我记忆犹新：一个宝宝故意打碎了另一个宝宝的玩具，这位宝宝的妈妈只说了句"对不起"，其他什么事都没有做，这样的情况很容易让对方的妈妈产生不好的看法。

有一次，我听到妈妈们正在讨论一位从前参加活动的母亲的故事。当她的宝宝每次用手打其他孩子的时候，这位妈妈都满不在乎地为宝宝开脱："哦，她只不过正好处在喜欢打人的阶段。"（打人是一种行为，不是一个阶段）。其他宝宝的妈妈们因为她的态度而深感不满，这次事件为这个游戏小组的接下来活动带来负面的影响。最终，其中一位妈妈开口说："我们在努力地让宝宝们学习管理自己的行为。当我们的宝宝不能控制自己的时候，我们应当插手干预。你可能认为在贝丝打别的宝宝的时候不要干涉为好，那是你的选择。但是我们认为这对其他的宝宝不太公平。"尽管有些尴尬，妈妈们还是要求这位妈妈带着自己的宝宝离开这个游戏小组。

在一个游戏小组中，如果能够事先制定游戏规则，就会大大避免矛盾和冲突。此外，游戏规则也会帮助宝宝意识到做事的底线。但是做什么事情都不要过分极端化。在要求宝宝礼貌地表达要求的规则下，即使有一位宝宝想喝水而忘记说"请"字，也可以把水递给她。鼓励他下一次用礼貌用语。

3. 准备足够大的活动空间。活动的场地一定是安全的，可以容纳所有的宝宝。为宝宝们准备适合宝宝使用的小桌子，让他们在桌子上吃点心。我建议每件物品最好准备双份。在我组织小组活动的时候，我把所有的必需品都按照双份来准备——两个娃娃、两本书、两辆玩具卡车。当然了，在现实生活中，并不是每样东西都有两个，但是我们在训练宝宝，双份的东西会避免他们产生争执。

自定规则

我知道有些妈妈会为游戏小组的活动自定规则。你或许不赞成这些规则的内容，但是你可以参考这些规则制定一些适合你和你的宝宝的规则。

宝宝要遵守的规则：

- 不要在起居室里吃东西。
- 不要在家具上面爬。
- 不要有攻击别人的行为（打人、咬人或者推人）

妈妈们要遵守的规则：

- 不要带大些的孩子一起来参加活动（如果其中一人打破规矩，可以礼貌地要求她退出活动）。
- 举止必须文明。
- 如果宝宝有攻击别人的行为，暂停他的活动直到他能表现得乖一些。
- 要用新玩具代替被宝宝损坏的玩具。

小贴士：如果活动小组的活动场地完全由一位家庭来提供，其他人应该自愿捐献一些玩具。如果轮流做东道主，最好准备一个可以移动的玩具箱。如果这周的活动在玛莎家里举办，下一周在塔尼亚家，当本周的活动结束的时候，塔尼亚就可以把玩具箱运到自己家里。下一周，另一位家长会继续做这件事。

4. 在固定时间结束活动，结束活动的时候要有固定的程序。我发现如果活动没有规定结束的时间，妈妈们会一直聊天。在妈妈们意识到之前，10~15分钟的时间很快就过去了，无事可做的小家伙儿们开始感到枯燥和不高兴。反之，在快要结束的时候，我喜欢唱一首告别的歌曲，歌词中会包含每一位小朋友的名字："再见了，史蒂夫。史蒂夫，再见，我们下周再相见……"歌声不仅仅预示活动的结束，而且也避免小朋友们一起拥到门口去。

尊重现实

尽管有周密的计划，但是游戏小组的活动还是会出现这样或那样的意外事件。宝宝都是经过先模仿别人，然后发展到喜欢和小伙伴共同做游戏的过

程，所以，你对宝宝的期待要放在让他更多地学会模仿别人，而不要奢求他和小伙伴合作共同完成任务。孩子们在活动中可以互相影响，比如卡西和艾米一起游戏的时候，当艾米看见卡西拿起娃娃，她马上也想要娃娃。有趣的是，艾米在家里也有一个一模一样的娃娃，而她连碰一下的想法也没有。在小组的常规活动中宝宝们可以玩一些特别的玩具或者开展一些特殊的活动，这是宝宝接触这些玩具和活动的唯一场合。例如，巴里非常喜欢在我的游戏室里坐在玩具车上玩，而他在家里从来也没有这样玩过。

在游戏小组的活动中，你不要指望宝宝们能够与小伙伴们分享他最喜爱的玩具。我准备一只箱子放在游戏室的门口，里面是我收藏的物品，为了确保这些物品的安全，直到宝宝们离开，我才把它们从箱子里取出来。当你做东道主在家里准备小组活动的时候，你要鼓励宝宝把他不想让别人碰的玩具暂时收藏起来，尤其是能安慰她，对它非常重要的物品。（如果他拒绝这么做，你最好替他收藏。）

"观察型"宝宝和"接受型"宝宝

在游戏小组中，我发现有些宝宝是"观察型"宝宝，他们总是不愿意参与活动，这样的宝宝性格特点往往是"易怒型"和"暴躁型"。他们看着其他的宝宝玩玩具而自己宁愿在一旁观着，或者他们会走到角落里，因为在那里别人不会干扰他。

另外一些宝宝是"接受型"宝宝，他们的气质特点是"天使型""模范型"和"活跃型"。他们能够与人保持目光接触，和小伙伴进行身体接触的游戏，或者主动去亲吻他们。

在宝宝独自游戏的时候，我们也可以看出来他的特点。如果送给一位"观察型"宝宝一件新玩具，他先会谨慎地试探，而"接受型"宝宝会马上接过来把玩。带一位"观察型"宝宝去一个新地方，他会先观望一会儿，而"接受型"宝宝会马上开始活动。做一件事情，"观察型"宝宝经常需要家长的帮助，而"接受型"宝宝往往乐于自己独立完成。

如果你为活动策划了一项新内容，你要知道宝宝们需要经过四五周的时间才能一点一点地适应。一般来说，孩子们要比成年人花费更多的时间来熟悉环境，对环境产生信任感也需要更多的时间。在指导宝宝们做游戏的时候，我发现有些宝宝接受得很快，他们马上去做，而有些孩子只是待在一旁观察。尽管妈妈们决定在活动中插入音乐的课程，或者其他有组织的活动，但是其中一些孩子还是不参与活动。这不是坏事！当他们感到安全的时候，他们会很乐于加入其中的。

我经常劝告参加游戏小组活动的妈妈们要多观察，少干预。不过，我还告诉她们，如果看到有的孩子被同

龄人欺负，一定要马上干预："保护
好你们的孩子，因为你是宝宝的监护
人。"有些家长因为害怕尴尬而不去
干涉，例如，当杰克用手打玛丽的时
候，玛丽的妈妈布伦达对杰克的妈妈

<table><tr><td>注　意</td></tr><tr><td>　　如果别人的孩子拒绝和你的孩子一起分享的时候，你不必参与；而如果别人的孩子用攻击性行为攻击你的孩子的时候，你必须站出来管一管。</td></tr></table>

苏珊说："没关系的。"很显然布伦达不想让苏珊为儿子的行为感到尴尬，
但是这么做是不对的。如果苏珊看到儿子无理的行为而无动于衷的话，至少
布伦达也应该果断采取行动，而不是让可怜的玛丽独自承担后果。

　　还记得我曾经举过的例子吗？有一位妈妈最终被迫带着宝宝离开小组
的活动，这个例子说明制定游戏小组基本规则的必要性。如果在活动之前就
决定对攻击性行为采取零容忍，苏珊在看到儿子袭击他人的时候，就会立即
进行干预，布伦达——之后不断地安慰她的女儿——也会及时对打人的小男
孩说："不要这样，杰克，我们有规则。"我发现妈妈们在要求别人家孩子
遵守纪律上，都表现出微妙的为难情绪，似乎她们不知道是否有权利做这
件事。

　　无论是游戏伙伴还是游戏小组，或者其他的户外活动，对你和你的宝宝
来说都是令人开心的事情——不过有时，可能会是一场灾难。尽管你没有能
力避免争执和危机的发生，但是在下一章，我会告诉你当遇到危机和争执的
时候，你要如何处理。

第七章

有意识的管教：教育宝宝自我约束

你是否能够完成你必须完成的任务而无关你自己的喜好，这种能力是教育的最大价值所在。

——托马斯·赫胥黎

当你讲道理，大多数孩子都能认真听，只有一些孩子会按照你的要求去做，而如果你亲身示范，所有的孩子都会认真去做。

——凯萨琳·凯西·泰森

两位母亲和两堂不同的课

年轻的父母们会反复询问有关管教孩子的问题。如果你仔细斟酌，就会觉得"管教"这个词似乎带有军事色彩。在字典里"管教"的定义是：1. 指令或者锻炼，旨在培养正确的行为和行动；2. 通过修正和训练对行为人进行的惩罚。考虑到这些令人生畏的含义，我希望找到另外一个词汇来替代它。无论如何，我要明确表示：我不希望把管教等同于惩罚，也不希望成年人把任何东西强加给孩子。反之，我把管教当成"情感的教育"，它的含义是：一种教会宝宝如何处理自己的情感和提醒自己如何处事的方式。因为用纪律来约束宝宝的同时，也要用纪律来约束自己，这个过程包含观察自己的行为，倾听自己与宝宝说话的方式，在为宝宝亲身示范的时候留心自己的过失，所以，我觉得"有意识的管教"这个措辞更加贴切。

"有意识的管教"的终极目标是要帮助宝宝实现"自我约束"。在这里，再一次强调我们的"剧院类比"——我们的孩子需要多次的"彩排"。你，作为戏剧的导演，在你的小演员能够完全记住台词、清楚演出的步骤、在舞台上完全独立演出之前，必须始终为他举着"提词卡片"。

我想以两位母亲在相似的处境下做出的不同反应为例，来说明这个浅显的道理。这两位母亲都是为了给她们分别两岁大的孩子购买糖果，在超市的收款台前排队等待付款。（我们都知道，超市的店主往往是孩子们的"同谋"，他们"狡诈"地让糖果摆放的高度正好处于孩子们的视线范围内！）

弗朗辛和克里斯多夫。当弗朗辛把购物车推到超市收款台过道的时候，克里斯多夫用手指着架子上各种颜色鲜艳的糖果。这位妈妈正忙着把购物车上的商品放在柜台的传送带上，直到儿子喊起"我……要！"才注意到他。

弗朗辛温柔地说："克里斯，咱们不买糖果。"然后继续往传送带上放东西。

克里斯多夫大声吵闹着："糖！糖！"

"我说过，克里斯多夫，我们不需要糖果，"弗朗辛严厉地重复着，"糖果会腐蚀掉你的牙齿的。"

克里斯多夫并不理解"糖果会腐蚀掉牙齿"的含义，他的小脸扭曲着开始哭泣起来，一边哭，一边叫嚷着："糖！糖！糖！"

这时候，超市里其他的顾客注意到这对母子，他们中有些人还皱起了眉头，至少弗朗辛是这么感觉的。她感到十分难堪，动作开始慌乱起来，她的目光尽量避免与克里斯多夫的接触。

克里斯多夫意识到他被妈妈忽略，所以他把行动进一步升级，用尖叫的声音强烈地表达诉求："糖！糖！糖！糖……"

弗朗辛用锐利的目光警告她的儿子，对他严肃地说："如果你不停止吵闹，我们就回家。"克里斯多夫的哭声更大了。"克里斯，我是认真的。"弗朗辛说。克里斯多夫继续大哭，还用脚猛踢购物车，这是他的"保留节目"。

看到儿子声嘶力竭地哭喊，弗朗辛感到非常苦恼。"好吧，"她一边说，一边把一盒糖果递给他："只允许买一盒。"她红着脸，一边向收银员付账，一边对旁边的顾客解释道："我儿子今天午睡没休息好，他只是感到疲倦了而已。一般小孩子累了就会发脾气的。"

克里斯多夫挂满泪珠的小脸上终于露出了笑容。

　　莉亚和尼古拉斯。当莉亚把购物车推到超市收款台过道的时候，尼古拉斯也发现了柜台上琳琅满目的糖果："尼古拉斯想要糖果！"

　　莉亚认真地说："尼古拉斯，今天不能买。"

　　尼古拉斯开始哭泣并大声喊："糖！我要糖！"

　　莉亚停下来，用眼睛直视尼古拉斯，她没有生气但是声音非常严厉地对他说"尼基，今天不能吃糖！"

　　这并不是尼古拉斯想要的答复。他开始大哭起来，并用脚踢购物车。莉亚毫不犹豫地把已经放在传送带上的东西重新放在购物车里。她对收银员说："在我回来之间，帮我照看一下我的购物车好吗？"女收银员面带同情和理解地点点头。莉亚转身看着尼古拉斯，语气平静地对他说："我们必须离开这里。"她把尼古拉斯从购物车里抱下来，冷静地离开了超市。尼古拉斯继续哭着，莉亚没有理会，他们一起回到车上。

　　莉亚等着尼古拉斯停止哭泣，然后对他说："你可以和我一起回到超市里，但是不可以要糖果。"他脸上挂着泪痕，抽泣着点点头。他们回到收款台，平安无事地办理完付款手续。当这位妈妈和她的儿子再次走出超市的时候，她对尼古拉斯说："尼基，你真棒！非常感谢你没有再要糖果。你变得有耐心了。"尼古拉斯开心地笑了。

　　管教其实是一种教育方式，但是父母们往往不清楚教育的真正意义。在上面完全相同的情境里，两个宝宝从他们各自的母亲那里领悟到完全不同的道理。克里斯多夫从中体会到：只要他采取某种方式——哼唧抱怨、哭闹、大发脾气，就可以达到自己的目的。他也体会到：不能把妈妈的话当真。因为妈妈不能坚持立场所以她不可信赖。而且，最终妈妈会妥协，为他的行为找借口。这些信息都具有强大的说服力，所以他以后再和弗朗辛一起去超市买东西的时候，我向你保证，克里斯多夫一定会故戏重演。他会对自己说："妈妈……我们又到超市里来啦……买糖果！上一次在这里我一哭就得到了糖果，所以我要再试一次。"如果弗朗辛拒绝并坚持立场，克里斯多夫就会让行动进一步升级。"啊，这个方法不灵了。我猜我必须更大声地哭闹才行。还不灵吗？试试跳出购物车在地上打滚儿会怎么样？"克里斯多夫认定他已经掌握了几个行之有效的办法，只要找到正确的办法，就可以得到他想要的一切。

而尼古拉斯却从母亲的言行中领悟到：妈妈是一个说到做到的人，她一旦认定就不可动摇。她有清楚的界限，一旦他试图超越界限，就会承担相应的后果。而且，莉亚没有把尼古拉斯硬拖出超市，而是保持冷静，所以她的行为对儿子起到示范的作用，告诉他无论发生什么都要保持克制。最终，尼古拉斯体会到：如果他表现良好，就会得到表扬——对一名学步期的幼儿来说，妈妈的表扬和糖果一样，都是他们的最爱。我敢说，尼古拉斯再也不会在超市里乱发脾气了，因为他的妈妈不会为他这样的行为买单。

有些孩子只要"管教"一次就知道遵守纪律的必要性。但是我们可以假设尼古拉斯进行了第二次尝试：妈妈在忙着付款，他发现了架子上的糖果。"啊，糖……让我试试哼唧抱怨这一招吧。不灵吗？或许大声哭闹和用脚踢购物车这些招数能起作用……也不灵！哎呀，她要把我带到哪里去？……带出超市吗？……最终也没有得到糖果。这就是上次的经历……我不喜欢这样——毫无乐趣。"在这一刻，尼古拉斯会意识到他的抱怨、哭闹以及发脾气都是没用的，而且会最终演变成自己不喜欢的后果。他的妈妈只奖励那些符合规矩的行为。

作为一名家长，你必须决定你要让你的宝宝接受什么样的管教。作为导演，你必须对你的演员负责任，你是一个成年人，你的宝宝需要你对他负责，需要你告诉他如何处事。正如很多为人父母者的感觉一样，可预见性和规则不会对宝宝的个性产生不良影响。反之，规则能够让宝宝拥有更多的安全感。

在本章中，我将引导你理解"有意识的管教"的基本原理。当然，你最好做到努力地避免出现问题。可是当问题不可避免时，你至少可以采用恰当的行动来解决问题。如果你经历了一次可怕的考验，并在实践中让宝宝认识到 "有意识的管教"的重要性，你会体会到保持克制、约束自己的情绪、让宝宝学会自我约束是多么有意义的事，你会感觉无比轻松舒适。我们不会要求宝宝们完美无缺，但可以要求他们不可以触碰底线。我们在塑造他们的人生，帮助他们树立正确的价值观，教会他们尊重别人。

"有意识的管教"的十二个基本要素

"有意识的管教"会让你的尚在学步时期的宝宝意识到生活的"可预见性"并增加他们的安全感，会帮助宝宝领悟到他的期待以及别人对他的期待，会衡量是与非以及形成正确的判断标准，也会让宝宝学会遵守纪律。学步期的幼儿不会故意"淘气"——只不过是他们的父母们没有教会他们正确处理问题的方法而已。但是当父母们建立"规则"来约束宝宝的行为的时候，小家伙儿们就会产生"自控力"。

最终，"有意识的管教"能让宝宝学会选择、负责任、为他人着想以及拥有文明的举止。当然，想要达成这样的目标绝非易事。尽管此时宝宝的智力发育已经可以让他们拥有计划的能力，可以预见事情发展的结果，能够理解你的要求和标准，也可以控制自己的冲动，但是所有这一切都得来不易。以下是"有意识的管教"的十二个基本原则，这些原则可以有效地帮助你成就你的宝宝。

1. 清楚你的界限——制定规矩。令你自己满意的标准是什么？隔壁的奈莉可能觉得她的儿子休伯特在客厅的沙发上跳来跳去没什么不妥之处，那么你还期待什么呢？你只可以对自己家里的事指手画脚。考虑制定规则并坚持下去。清楚明白地"告诉"你的孩子你对他们的期待是什么——你要知道，宝宝不可能了解你的内心所想！例如，不要一边带宝宝去糖果店逛，一边却对他说："你不能吃糖。"（除非你想看到宝宝痛哭流涕的样子，否则千万不要这样做。）你要在"事前"就制定规矩："我们去商店的时候，你可以选择一种点心。不过我不会给你买糖吃。你愿意帮我拿着装胡萝卜和曲奇的购物袋吗？"

制定规则之后就要严格执行。相信我，孩子们总是渴望得到每一件新奇的小东西——他们会不停地对你提出要求。如果你态度不坚定，就会上他们的当。他们知道如果他们多念叨几次，就会得到想得到的任何东西。不幸的是，通常孩子的"坚持不懈"往往换来的是你的"大发雷霆"。最后你发疯似的叫喊："天啊！这根本不行。"或者你将会采用似乎更容易的方法——为了防止灾难性后果，也为了避免人前尴尬的处境，还是妥协为好——这是多么目光短浅的做法啊！将来你和你的孩子都会为此事后悔的。没有规矩对孩子们来说并不是一件好事。我们所有人都要互相尊重，遵守规则，认识社会契约的价值。这样的教育应该从家庭教育开始，使孩子们在未来的人生中有更好的适应社会的能力，帮助他们成就人生的辉煌。

2. 在管教宝宝之前先审视自己的言行。环境对纪律管教的影响要超过性格对纪律管教的影响。事实上，有很多的孩子在克制冲动行为和处理新事情、难事情上比其他孩子麻烦更多，因此对他们实行纪律管教也会更加困难。不过，父母的辅助干预教育可以发挥作用。我曾经见过有一个"天使型"宝宝，由于他的家长没有尽到责任，不为他制定行为限制而变成了一个不可理喻的"坏孩子"。我还见过"活跃型"宝宝和"易怒型"宝宝，由于父母的理智、耐心以及始终如一地坚持纪律约束而使他们最终变成了一个乖巧的"小天使"。

此外，"我们"处理问题的方法——态度平静地坚持原则、依靠主动行动而不是被动反应以及面对压力冷静处事——会告诉我们的孩子如何来控制自己的情绪。例如，用暴力拖拽的方法迫使宝宝离开商场和用平静的、无任何偏见的方式让宝宝离开，这两种方式产生的结果大相径庭。前者教会孩子使用暴力手段解决问题，而后者则教会孩子自我约束。孩子就像海绵一样会吸收各方面的信息，我们在他面前的所作所为都会被他汲取并直接影响到他的行为。有时候，正如弗朗辛和克里斯多夫的故事告诉我们的一样，孩子们会学会那些我们不想让他们学会的东西。这种情况不仅仅会在处理危机事件中发生，我们生活中的点点滴滴都会潜移默化地影响孩子。如果你对商店的售货员态度粗鲁，如果你由于电话断线而对着电话咒骂一番，或者如果你和你的伴侣经常大声争吵，你的孩子会看在眼里，记在心上，把你的行为变成他的"节目"来"表演"。

3. 审视自己以确定你不被宝宝所控制。年轻的家长经常向我咨询一些问题：

"特蕾西，亚伦坚持不让我坐在椅子上。"

"帕蒂让我和她一起躺在地板上，如果她不睡着，就不让我起来。"

"布兰德是不会让我把他放在餐椅上的。"

"特蕾西，格里在晚上睡觉的时候不让我离开他的房间。"（此时，我的头脑中出现了这样一幅画面：父母们正在充当一个只有两英尺高的、手持玩具枪的孩子的人质。）

我要求这些父母按照自己建立的规矩做事，因为只有这样，他们才能体会孩子的感觉。在上述的戏剧脚本中，父母们让一个蹒跚学步的宝宝充当王者去发号施令，这是不对的。为人父母者理应承担起管教子女的责任。

例如，有些宝宝不喜欢穿衣服。如果只在家中活动，让宝宝赤身裸体也无可厚非，但是如果到室外活动，这样做怎么可以呢？"我们要去公园，你必须穿上衣服。"如果你这样说，表明你在用规矩约束宝宝的行为，其结果是要么宝宝接受穿衣服，要么接受不去公园玩的结果。如果父母对宝宝没有约束而任其行事，那么问题就会出现。

这也不意味着家长们可以专横霸道，不讲道理地要求宝宝，我们也不能不给宝宝选择的权利（"我们去公园，你想穿那件红色的衬衫还是那件蓝色的衬衫呢？"）。但是，如果你亲身经历过试图让宝宝配合你去做事，并尝试过这本书中所有的办法以后，你应该会成为制定规则的家长并掌控一切。

4. 尽可能地事先计划好，避免令人为难的处境。年龄幼小的宝宝尚不理解做事的界线，所以要尽量避开那些复杂的情况。如果你事先考虑周全，这样的事情是可以避免的。还记得"H.E.L.P.策略"中的L理念吗？它的含义是：控制那些让宝宝感到刺激的行为，避免宝宝接触不适合他们接触的环境。如果可能，请尽量避免"极端"的事情发生——过分刺耳的声音、会让宝宝过度兴奋的处境（孩子过多或者活动过于丰富）、过分严苛的要求（要求宝宝们长时间地注意力集中一处，或者久坐）、认知上的过度开发、恐惧的场面（电影、电视剧的某些剧情），还有身体上的过度锻炼（长时间、长距离走路）。要知道有时候环境可以改变一个人的性格。即使宝宝是一个乖巧懂事的"天使型"宝宝，如果他得不到午睡的机会，而你又强迫他陪伴你长时间逛街购物的话，他也会变成一个不负责任的、对人不友善的孩子。

不过，人的个性是一个重要的因素。所以，你的决定一定要基于对宝宝的了解。如果宝宝天生性格活泼好动，不要带他到那些摆满琳琅满目的易碎商品的商店里去，也不要带他去欣赏需要他静坐一个多小时的独奏音乐会；如果宝宝天性害羞，不要为他安排有攻击倾向的孩子在一起游戏；如果宝宝对噪音和刺激过度敏感，游乐场就不适合他；假如宝宝容易疲劳，就不要为宝宝安排大量的体育活动来透支他的身体。

在我向贝莎解释"有意识的管教"的观点的时候，这位漂亮的律师妈妈看着我，不停地摇着头说："特蕾西，理论上说我觉得这些都是好办法，但是这些方法是否全部有效，那也要看情况再说。"她用亲身经历继续阐述她的意见："我每天忙工作忙到很晚才能回家，从保姆那里把孩子们接回来以后，我会感到头痛难忍，这个时候我知道我需要一杯牛奶和一些食物充当晚餐。"

"所以，我会带着宝宝们去附近的超市购物，在长长的队伍中等待付账的时候（因为这个时候几乎所有的上班族都拥到了超市购买晚餐需要的食品），宝宝们开始哼唧抱怨起来。他们每个人都想要收款台旁边的货架上挂着的玩具。我对他们说'不'，可是他们的哭闹声更大了。"

"我知道我应该用合适的语调和他们说话：'孩子们，我们不能买这些玩具。如果你们继续这样下去，我们就必须离开这里。'但是这并不是管教孩子的合适时间。我没有时间，也没有耐心等待他们在车上一点点安静下来，我还需要准备晚餐，哪怕再耽搁十五分钟，我们都会由于交通堵塞而不得不待在车上直到很晚才能回家。我的孩子们会饿肚子、发脾气、最终失去耐心地相互争吵打架，也会对我大喊大叫。所以我开始叫嚷起来，在这个时候，我需要的是尽快付款，尽快带着宝宝们回家。

"特蕾西，你也会猜得到之后发生的事，"贝莎面露疑虑地问我，"我如何避免这样的事情发生呢？"

"我也不是魔术师，"我回答道，"如果事情到了这个地步，你就得这么做。我这些育儿小伎俩没一个管用，"我对她承认："除了经验，什么都不管用。"

贝莎的经历告诉了我们什么道理？是的，我们需要事先计划。在前一天临睡之前检查冰箱和橱柜，以确保你不会在最不适合宝宝购物的时间不得不带着他去商店购物。如果直到最后一刻你才意识到你忘记购买食品而必须去商店购买的话，在去托儿所接宝宝之前去购物吧。如果时间不够，你事先在汽车的储物箱里储备一些饼干或者健康的、不易变质的点心，这些东西会使你在情况发生的时候保持良好的心态。或者，在汽车里准备一至两件随身玩具以备不时之需。如果你允许他们带着玩具到商店里去，可能就会避免宝宝

在购物的时候感觉枯燥、索要糖果或者在你拒绝的时候大发雷霆。事先计划并不一定能够解决所有问题，但是能够降低问题的重复发生概率……只要我们能够从问题中汲取教训。

5. 从宝宝的眼神里了解所处的环境对他的影响。同样一件事情，在成年人的眼里和在宝宝的眼里所呈现的情况可能是不同的。16个月大的丹泽尔抓住他的朋友鲁迪手中的玩具，并不意味着丹泽尔是一个具有"攻击性"的宝宝；当他脚踏哥哥摆在地板上的拼图穿过房间，也不意味着他不考虑别人的感受；他用牙齿咬妈妈的手臂并不是因为他想伤害妈妈；如果几本书或者一箱玩具从游戏架子上跌落下来，并不能说明丹泽尔是一个"破坏型"的宝宝。

那这些实际的行为到底说明了什么？丹泽尔只是一名追求自立，希望得到满足的宝宝，但是他还没有能力达到这一目标。在第一个例子中，丹泽尔不会用语言表达："我想做和鲁迪一样的事"；第二个例子说明他身体还欠缺协调能力，不能绕开哥哥布置在地板上的拼图（或许，他在去取房间另一边的玩具卡车的时候，根本没有注意到地板上的拼图）；第三个例子说明丹泽尔牙痛，他没有意识到牙痛，也没有能力进行身体上的控制，或者用更合适的东西来缓解牙痛的症状；第四个例子说明他想让妈妈为他读书讲故事，但又不知道事物之间的因果联系，他不知道书上面的玩具会随着书一起掉下来。

在第六章中我曾经说过，很多在宝宝身上发生的侵略行为是源于宝宝的好奇心。例如，几乎所有的宝宝都曾经用手指去戳过其他宝宝的眼睛。谁不想用手摸摸湿润温软又会转的眼球呢？宝宝的行为因为发生在错误的时间和错误的地点，所以是错误的行为。或者宝宝可能过于疲劳，这样的身体状况极容易导致他们冲动的行为，有时候，甚至是进攻性的行为。而且，假如你不能始终如一地坚持原则，你也不能指望宝宝去猜你的原则是什么。如果你昨天允许宝宝在客厅的沙发上跳来跳去，今天宝宝仍然以为他可以这么做，那么，你又有什么权利去责怪宝宝呢？

小贴士：帮助你的宝宝遵守你为他制定的规矩。例如，你规定："不允许在房间里打球。"我们成年人都知道应该在户外打球。但是你为什么还要把球放在宝宝的玩具蓝里？所以，如果球在玩具篮里，当宝宝在房间里打球的时候，我们就不应该感到惊讶。

6. 有选择地去战斗。看孩子是一件让人身心疲惫的苦差事："不，本，你不要动那件东西"；"你要轻拿轻放"；"本，不要站在烫衣板的旁边"。有时候，不断的督促和教导会让你心烦意乱。当然，让宝宝遵守纪律是父母们对宝宝教育的一部分，也是父母们的责任。能够分清楚何时必须坚持原则，何时适度放松监管，对每一位家长来说都是十分重要的。显然，如果当坚持原则让你们双方都不获益，这个时候你必须作出抉择——是否坚持下去不动摇还是优雅地放弃？这个决定需要你的创造力。

举个例子。在游戏过后收拾玩具的时间，你的宝宝有些疲倦了，你对他说："现在我们到了收拾玩具的时候了。"他拉长了声音回应你："不！"如果你的宝宝通常乐意在游戏过后做收拾玩具的事，那这一次他为什么自讨苦吃呢？我的建议是：帮帮他。你要对他说："我负责收拾积木，你负责把娃娃放在床上好吗？"如果他还是拒绝，就再对他说："我会帮助你的，"然后收拾玩具，但要剩下一件留给他。把剩下的玩具递给他，对他说："你把这件玩具放在玩具箱里吧。"如果他按照你的要求做了，你要适度地表扬他："你做的棒极了！"

假设你正在帮助宝宝穿衣服。如果宝宝不配合穿衣服，而你上班时间就要到了，事先也没有想好备选的方案。在这种情况下，如果穿一件衣服都需要花费十五分钟的话，你确实时间不够了，这个时候该怎么办？你可以让宝宝任性一次，穿着现在的衣服去托儿所，即使穿着睡衣也无妨。他会很快意识到他的衣服不适合在公共场合穿着，可能以后就不会出现不配合穿衣服的事情了。（他可以找到其他的办法来表现他固执的一面！）

关键是需要你快速想出解决问题的办法。时间是有限的，要利用你的快速判断能力和创新性的解决问题的能力，但是不要寻找借口，也不要给宝宝做长篇大论的解释。例如，你带着宝宝在大型购物中心，这时，宝宝拒绝往前走，而你的时间也不多了。这个时候不要试图给他讲道理（"我们必须快点——妈妈十五分钟以后和医生有个约会。"）。宝宝不但不会理解你的话，而且你的长篇大论的解释会促使他更加拖延（孩子都会本能地意识到父母最脆弱的一面。）。这个时候要斩钉截铁立即行动，把他抱起来，毫不迟疑地去你想要去的地方。

7. 给宝宝提供闭锁式的选择。通常如果宝宝得到选择的机会就会表现出更乐于配合你的行为，因为选择让他们拥有控制感。我们不要用行动来威胁宝

宝，或者与宝宝产生冲突，应该试图让宝宝参与问题解决的过程，让他出一份力。但是要切记你为宝宝提供的选项一定是闭锁式的——这样的选择有具体的答案，而不是"是"或者"否"就可以回答的："你想吃点甜麦圈还是可乐泡芙呢？"或者："你想先收拾积木还是先收拾娃娃呢？"这些都是可以让宝宝们进行真正选择的问题，这些选择是你已经在脑中归纳好选项，已经没有宝宝发挥其他选项的余地。例如，你在为宝宝脱衣服的时候对他说："你现在准备好要洗澡了吗？"这样的问题不是在要求他洗澡，而是在间接地告诉他将要发生的事。他非常有可能用"不"来回答你。更为合适的问题应该是这样的："你洗澡的时候，喜欢用这块红色的毛巾还是喜欢那块蓝色的？"

提供选项

要求/威胁	选择性陈述和问题
如果你不吃饭，我们就不能到游乐场去玩	你吃完饭之后，我们去游乐场玩。
马上过来。	你愿意自己走过来还是我带你过来？
你的尿布该换了。	你想现在换尿布，还是我们看完这本书之后再换？
把莎莉的玩具还给她。	如果你不想把莎莉的玩具还给她，让我来帮助你吧。
不要使劲摔门。	请轻轻地关上门。
嘴里有食物的时候不要开口说话。	你要把食物咽下去以后再和我说话。
不！我们在回家的路上不会停下车买冰淇淋，这样，你就不愿意吃饭了。	好吧，我知道你感到饿了。你可以到家以后先吃一点点心。

8. 在宝宝面前不要害怕说"不"。无论你的计划做得多么周密和完善，有些时候也避免不了要拒绝宝宝的请求。你要问问自己：我是一个愿意让宝宝每时每刻都快乐幸福的家长吗？如果答案是肯定的，当你看到可爱的宝宝在你的拒绝面前表现得痛不欲生的时候，你一定会感到非常难过。举个例子：最近我接触了一位母亲，她有两个儿子，年龄分别是4岁和2岁。当她的孩子们想要某种物品的时候，他们就哭闹——每一次，妈妈都会妥协。她从来不对儿子说"不"，因为她想让自己的宝宝每时每刻都感到快乐。事实

是：不但这个目标不符合现实，而且让宝宝知道人类的情感——包括悲伤、气愤和愤怒——是有一定承受范围的，这一点非常重要。从长期来看，她的做法对她和她的儿子们没有好处，因为挫折和失望始终在生活中存在，是生活的一部分，这位妈妈的做法，是剥夺了孩子承受挫折和失败的经验，让孩子们对此缺乏必要的准备。就像那首著名的由滚石乐队演唱的歌曲一样，我们并不总能得到我们的所想。如果孩子们从来没有接受过拒绝的教育，那么我们有义务让孩子们觉醒。

小贴士：当你的宝宝感到难过的时候，不要用甜言蜜语哄骗他，因为他会感到情感被忽视；也不要试图说服他否认自己难过的心情，因为这会让他的感情无处发泄。你要允许你的宝宝诚实地表达自己的真情实感。这样对他说："我知道你感到失望"，或者"看得出你对这件事感到很生气"，目的是让宝宝知道他宣泄负面情绪和心情不快乐是再平常不过的事了。

9. 把不受欢迎的行为阻止在萌芽状态。在你的宝宝"搞破坏"之前或者正在调皮的时候，就制止他们的行为。有一次，我参加了一个由19个月大的宝宝们组成的游戏小组的聚会，在聚会中我看到有一个名叫奥利弗的小男孩正在做"调皮捣蛋"的事。他和小伙伴们游戏的时候，经常做一些"过火的事"，这在这个游戏小组里已经不是什么新闻了。这时候，他的妈妈桃乐丝也注意到了奥利弗的举动，她的眼睛始终紧紧地盯着儿子的动作，并没有用"这么大的宝宝都会这么做"等借口让自己放松警惕。在奥利弗把手中的玩具马车举起来的刹那，桃乐丝马上意识到他要把玩具扔出去，她声音平静但警告意味十足地对奥利弗说："奥利弗，我们不可以乱扔玩具。"奥利弗把车放下了。

可能你不能每一次在宝宝"搞破坏"之前及时制止他的危险行为，但事情发生的时候，你可以干预一下。例如，丽贝卡在电话里和我讲述了她家在就餐时间发生的事。通常，如果15个月大的雷蒙德坐在餐椅上的时间超过十五分钟，就会乱扔他的食物。"亲爱的，这表明他对吃东西不再感兴趣了。"我对她解释道："马上让他离开餐桌。如果你继续让他坐在餐桌旁，就是自找苦吃。假如你继续喂他，他就会在椅子上扭动身体，弓起后背，或者大叫大嚷。"

"你说得太对了！他就是这样做的。"丽贝卡大声赞同，就好像她终于找到了"知音"一样。（她哪里知道，我曾经见过成百上千的宝宝做过类似的事情。）我给她的建议非常简单：让雷蒙德离开餐桌，过半个小时以后，再让他坐回餐椅看看他是否没吃饱。她按照我的建议做，尽管多次把宝宝抱上抱下很辛苦，但两周以后，雷蒙德吃东西的时候，就不会乱扔食物了。

帮助宝宝认识到做了"错事"之后会有不愉快的感觉，这也很重要。比如如果他没有午睡，他会感到疲劳；如果他没有做成事，就会感到失望；如果有人打他，就会感到疼痛。把这些感觉的名字直接告诉孩子："我知道你感到（某种感觉）。"千万不要因为他们有这些负面情绪而羞辱他或者责备他。同时，让宝宝知道这些情绪不是没有理由的。不管他的感觉如何，在他做错事的时候，比如打人、咬人或者大发脾气的时候，都要及时制止他的行为。我们的目标是让宝宝学会认识和管理自己的情绪。

10. 表扬正确的行为，纠正或者忽视错误的行为。不幸的是，很多家长只关心宝宝做的错事，却忽略了宝宝做的正确的事。但事实上，发现孩子行为中的闪光点要比谴责宝宝的错误行为更为重要。有一对年轻夫妇莫拉和吉尔带着他们可爱的宝宝海蒂来到我的办公室。他们向我诉说18个月大的宝宝"经常性地发脾气"。这对夫妇叙述着令他们感到痛苦的经历，相互指责对方过分宠爱孩子，而这个时候，在游乐园中的海蒂玩得不亦乐乎，她正忙着把塑料制成的信封投到邮筒中，开合各种形状的小门和门闩。

莫拉和吉尔完全没有注意到海蒂的乖巧举动，后来，海蒂感觉爸爸和妈妈忽视她在游乐园中的"成就"，感觉受到冷落而哼唧地哭起来。听见宝宝哭泣，他们马上奔向了宝宝，大惊小怪地对待她所谓的"痛苦"："啊，可怜的宝宝，发生什么事了？"吉尔同情地问道。"宝贝，到我这里来。"莫拉说。我们都可以感受到他们的遗憾。海蒂在吉尔的膝盖上坐了一会儿后，又跑出去玩其他的玩具。在我们谈话期间，相同的事情重复发生了至少五遍。当海蒂自己不哭不闹好好玩儿的时候，没人和她说话。如果海蒂厌烦了，或者抱怨一下，到父母怀里寻求安慰的时候，她一定能够马上得到回报。

我告诉莫拉和吉尔，他们的行为让海蒂学会用哼唧抱怨的办法寻求父母的慰藉。他们的行为同样会缩减宝宝注意力的持续时间。他们听了我的话之后，都感到惊讶，他们疑惑地望着我。"不要等着宝宝哼唧抱怨才去关注她，"我说，"在海蒂自娱自乐的时候，你要在一旁对她这样说：'海蒂，你做得真好！你真棒！'让她知道你在关注着她，这样做会鼓励她专心长时间地做一件事。"我接着说："无论她何时哼唧地抱怨，不要忽视，也不要对她说'你对我好好说话，我才回应你的要求'。在第一次纠正海蒂的时候，一定要重视所使用的语气，因为这会给海蒂做出榜样。对她说：'不要对我哼唧地说话，海蒂。'要这样对我说：'妈妈，请帮帮我。'"

小贴士：当心你的心不在焉、冷漠忽视会获得的"回报"——宝宝会在教堂里哭闹、哼唧、唠叨、跑跳。反之，如果你在宝宝配合你、做出善意的举动、安静做事、独自游戏、自己安慰自己的时候表扬他的行为，你也会得到回报的。总之。要通过对宝宝的肯定，让宝宝拥有更好的心情。

11. 不要使用体罚来惩罚宝宝。有一次我在商场里见到一位妈妈大声斥责宝宝之后，突然往宝宝的屁股上打了一巴掌。我对她嚷道："你以大欺小！"这位妈妈因此吓了一跳。

"你为什么这么说我？"她问我。

我毫无畏惧，对她重复着："我说你欺负幼小。你怎么可以打一个这么小的孩子？"

她咒骂着离开了。

为什么不能打孩子？

尽管最近有所谓的"育儿专家"出来为大人打孩子背书，但是我坚持认为任何形式的体罚都是错误的。无论这些人为此如何辩解（"轻轻拍打不会伤害宝宝的。"）或者轻视后果（"只是轻轻拍打而已。"），在我眼里，他们就像嘴里说着"我只喝点啤酒，没什么大不了"的嗜酒之徒一样。

这是一个暂时的解决方案。对孩子体罚只能让他认识到被打时的疼痛而不会让他反思自己的错误行为。他可能表现得乖一些，但只是因为他想避免疼痛而已。事后孩子不能学习到处事的技巧，也不会增强自控能力。

这是不公平的。当一个大人怒火中烧地打孩子的时候，他或者她就是一个标准的恃强凌弱者。

这是双重标准。你如何一边生气地打孩子，一边又期望他改过自新，不做打人的事呢？

这会鼓励他欺负别人。我的奶奶曾经说过这样的话："你把魔鬼打出来了。"意思是：孩子们会因为挨打而变得更加目中无人。有研究表明：那些经常挨打的孩子往往会出手打小伙伴，特别是攻击那些更弱小的小伙伴，更倾向于用暴力来解决问题。

我经常问家长们："你们认为打孩子对吗？"家长们在我的表情里就会知道我的答案。我问另一个问题："如果你看见你的孩子打别人，你会怎么做？"

大多数的家长都会说："我一定会制止的。"

"好，既然你的孩子打人是不对的，那么你为什么打孩子？孩子不是我们的个人财产。只有那些恃强凌弱者才会出手打一个没有反抗能力的、不会保护自己的孩子。"

也不能允许打孩子的屁股和手背。我觉得如果你打孩子或者用各种暴力的手段让宝宝屈服，说明你已经失去了自控力，是你，而不是你的孩子需要帮助。

有时候，父母们会反驳说："我的父亲曾经打过我，而我并没有受到伤害。"

"这不是事实。"我说："你受到伤害了！你学会了'打人不是坏事'这个坏道理——在我的书里，打人是坏事。"

对火爆脾气者的谏言！

有些一贯反对体罚孩子的家长，在一些特殊的时候，也会不由自主地揍孩子几下。比如，当孩子独自跑上公路或者做一些危险的事的时候，出于对后果的恐惧，家长们会下意识地对孩子进行体罚。或者，家长在对孩子极度失望下，也会做出体罚孩子的事情。你大发雷霆地体罚孩子是因为你的孩子反复地做一些淘气的事情——例如，不断地拉扯你的袖子或者把你正在阅读的书籍抢走。要知道，即使轻轻地拍打几下，你也要对此承担后果：

道歉。对宝宝说："对不起，妈妈不应该打你。"

照照镜子。你在什么方面感到不开心？你的胃口是不是不怎么样？你是不是没有得到充分休息？你的婚姻是否出现问题？如果答案是肯定的，你的忍耐力就会降低。

评估一下情况。是否你自己处于一种容易让人产生攻击倾向的环境？一旦你意识到你的触发点，就尽量避免相似的情况和环境，或者至少在你大发雷霆之前，逃离这种地方。我们都有令我们崩溃的事，比如：

● 噪音
● 孩子的哼唧声
● 失眠
● 哭声，特别是无法安慰的长时间的哭声
● 试探界限的行为（你告诉孩子不要去做某事，而他偏偏坚持做。）

不要抱有内疚感。父母们也会犯错误，这很正常。不要自责不已。向宝宝公开你对他的爱可以让他有更多的自控能力。你的内疚会使你将来对宝宝的合理管教变得愈加困难。

身体上的惩罚是一个短期解决问题的办法，对解决问题没有丝毫的好处。反而，我们的行为会让宝宝认为我们打他是因为我们自己很失望、我们找不到解决问题的办法、我们失去了自控能力。

12. 请记住，卑躬屈膝不等于爱。很多家长，特别是那些白天需要上班工作的家长，会发现管教孩子是一件困难的事。他们内心是这样想的：我一天都不在家陪伴孩子，我不想让他整天都不开心。我不想让他认为："爸爸一回家就责备我"。哦，亲爱的，你要记得有意识的管教是一种教育行为，而不是惩罚行为。不要把自己想象成军队里严厉的教官。恰恰相反，你会帮助孩子体会到与人合作是令人愉悦的事，只要表现得好，心情会愉快的。

如果你不帮助宝宝认识到行为的界限，你就是不称职的家长。你可能会因为内疚（"可怜的宝宝——他一整天都没有看到我"），恐惧（"如果我管教他，他会打我的"）或者否认（"他长大了就会变好的"）而做出让步或者放弃为人父母的责任（"让保姆去管教他好了"）。无论上述哪种情况发生，你都没有尽责任教育你的宝宝认识到如何约束自己的行为。当你对他放任自流的时候，当你快速作出决定用"购买"宝宝对你的爱来宽慰自己的时候，我可以肯定地告诉你，你的孩子会变本加厉。更糟糕的是，总有一天，你会因为宝宝的行为而倍感压抑——这种行为是你在无心的情况下培养起来的。总有一天你会清醒，会感到你无能为力。是的，无能为力！可是这并不是孩子的过错。

同时，我也要奉劝你原谅自己的过错。培养孩子自觉守纪需要大量的耐心。在我的女儿们小的时候，我给她们制定了明确而严格的家规，这也是承袭了我的妈妈和奶奶的传统。可是我做得也不完美，在这个过程中，我摸着石头过河。我也曾经害怕由于我的过失而给女儿们造成不可弥补的伤害。然而，一点点小瑕疵不会玷污整个童年的美好。现在，我的女儿们长大了，回想起对她们小时候的管教就像回想我们在公园里散步一样轻松。我的女儿们总是给我出难题，所以我不得不开动脑筋，全力以赴地应对，但是，不要情绪失控。尽管我初步掌握了婴语的含义，但是距离完美，我还有很长的路要走。

我从其他父母们的经历中看到，如果你清晰明确地坚持你立下的规矩，

不但你会自我感觉良好，会对你为人父母的角色充满信心，而且，你的孩子也会有更多的安全感。他知道你的原则，尊重你说的每句话，他会因为你的诚实而更加爱你，认为你是一个说到做到的人。

第一二三次规则

我的奶奶经常告诫我："开始了就要继续下去。"换句话说，你要时刻注意你传递给宝宝的信息。年龄越小的宝宝越敏感，越容易养成坏习惯。在本章的开篇我们提过的小男孩克里斯多夫已经知道在超市里只要大哭大闹就可以得到糖果，每次他的妈妈只要让步，都相当于往他的武器库装上一批弹药——这是对付妈妈的实用技巧，一旦他对妈妈有需求或者想对妈妈施加压力，这些技巧就可以派上用场。同样，如果宝宝今晚要求你讲两个故事、喝一杯水，或者给他额外的拥抱，如果你逐条满足，那么明天晚上他就可能会要得更多。

有意识的管教是让你理性思考，阻止宝宝的不良行为，而不是不负责任地拖延，直到产生不好的结果。当你发现宝宝身上确实存在这样不好的行为，你先要扪心自问：如果我放任不管，会不会最终变成大问题？特别是那些看似"可爱的顽皮"，却可能发展成坏习惯，比如在洗澡之前光着身子围着餐桌跑让你捉不到他就是这样的行为。

以下这些行为都适用于第一二三次规则：哼哼唧唧地抱怨、大发脾气、打人、就寝时间拒绝睡觉、餐桌上有不良行为、在公共场所哭闹、拒绝洗澡或者不愿意从浴缸里出来……

第一次。当宝宝第一次打破你为他建立的规矩的时候——比如爬上了你禁止他上的沙发、在游戏的时候袭击小伙伴、已经断奶了却在公众场所拉拽你的衣服想吃奶等等——你要提高警惕。你要让宝宝认识到他犯规了。例如，如果你抱着宝宝的时候，他第一次用手打你，你就要抓住他的手对他说："哎哟，你打疼我了。你不可以打妈妈。"有些孩子从此不会再打妈妈了，但不要指望一次就管教好孩子。

第二次。孩子第一次咬人或者在餐桌旁乱丢食物可能是一次孤立的事件，但如果发生两次，就可能是某种模式的开始，这种行为有可能变成常态。因此，如果你的宝宝第二次打你，你就要把他放在地上，重新告诉他什么行为是被禁止的："我告诉过你，你不可以打妈妈。"如果他继续哭闹不止，你就要对他说："只要你不再打妈妈，我就抱你。"记住，你对某种行为越重视，你的孩子就越不可能继续这种行为。如果你采用哄骗、妥协、认输以及例如大喊大叫之类的过度的反应，都会强化这些不好的行为。换句话说，家长反应过度会鼓励孩子再次犯错，因为宝宝可能把你的反应当成了一场游戏。或者当他表现乖巧的时候，你没有给予他足够的重视，而他采用这种新方式会让你关注他。

错误的管教方式

以下是家长们经常采用的错误管教孩子的方式，包括说得过多，或者说一些宝宝根本听不懂的话。

过度解释。这是一个真实的案例：有一个宝宝想爬上一把椅子，家长在一旁煞费苦心地解释："如果你爬到椅子上去，有可能会掉下来，你可能会受伤。"其实，在这种情况下，解释是没有用的，家长应该立即采取行动，把宝宝抱下来。

要么含糊其辞，要么反应迟钝。像"不，有危险"这样的语言有很多种含义，宝宝会不知道你对他具体的要求是什么。反之，"不要爬上台阶"这样的话更加清晰明了。同样，"你喜欢我打你吗？"对宝宝来说毫无意义，而"哎哟，我受伤了。你不可以打我"这样的话，宝宝更容易接受。

针对个人。我赞成家长说"如果你表现不乖，我会很难过的"。告诉孩子他的行为会让你不快，这样他就会更多地控制自己的行为以免让你不开心。这句话也暗示他应该为你的心情负责任。更好的说法是："假如你不乖，你就不要和我在一起了。"

第三次。字典里对"顽愚"这个词的定义是：反复地做相同的事并期待有不同的结果。如果孩子不好的行为模式继续重复发生，你必须要自省：我究竟做了什么让宝宝这么顽愚？再一、再二，绝不能再三！

拿宝宝打人这件事举例：第一次发生宝宝打人事件，你要直视他，对他说："不行！你不可以打麦克。麦克会受伤的。"如果宝宝第二次打人，立即把他带走。不要生气，只是平静地把他带离房间，对他说："你打人了，就不能和其他小朋友一起玩了。"如果你决心很大，那么你的孩子可能从此不再犯错。如果打人的事情没有被阻止，而是发生了第三次，这个时候，你应该立即带他回家。

还记得第六章里，有一位妈妈由于他的孩子攻击小伙伴而被迫离开游戏

坚持还是道歉： 一定要在心理不抵触和情绪不失控的情况下才能让宝宝遵守规矩。如果家长一边在宝宝面前坚持原则（"不要打妈妈"），一会儿又心感愧疚地向宝宝道歉（"妈妈不得不打断宝宝的游戏，这让妈妈很伤心"）是不负责任的表现。

不克制内心的愤怒： 内心的同情，而非愤怒，决定着你是否坚持让宝宝遵守规矩。千万不要威胁孩子。此外，最好不要没完没了地生气。因为宝宝会很快忘记发生过什么事的，你也会忘记的。

小组的故事吗？这位妈妈不但让他的宝宝越过了"第三次"的门槛，而且为他的错误寻找借口："这只不过是他成长的一个阶段而已。"事实并非如此。宝宝成长之后，唯一会抛弃的东西是他们穿过的鞋子！

而且，我也为这位宝宝贝丝表示遗憾。因为小组中其他的成年人对妈妈的态度不认同导致宝宝付出代价。这位妈妈对孩子的错误行为听之任之，让孩子从中学会使用暴力，而非与人合作，其结果是她们母女双双遭人排斥。我不承认像贝丝一样的孩子生来"淘气"。当然，有些孩子会不断试探大人的界限，观察大人的反应，有些孩子会更容易行为失当。但是尽管如此，她们还是会在意父母们为他们制定的规矩的。假如父亲或者母亲一方拒不承认孩子有行为失当的问题，不采取措施帮助宝宝纠正行为，那么最终，宝宝会为父母的不负责任背负恶名。

采用尊重宝宝的管教方式

当宝宝犯了小错的时候，你最好冷静而迅速地采取行动加以制止。不过，管教宝宝的时候也要注意对宝宝给予应有的尊重。也就是说，要保持沉着，保持对宝宝足够的同情心，永远不要让宝宝感到难堪、羞辱他或者贬低他。管教的重点在于教育而不是惩罚。

例如，马科斯是一名天性活跃的宝宝，他参加游戏小组活动的时候，情绪越来越兴奋。这种情况在学步期宝宝，特别是在那些总是生气勃勃的"活跃型"宝宝身上经常发生。当四个或者更多的宝宝在一起活动的时候，很多宝宝都会兴奋异常。他们互相模仿动作、都想玩同一件玩具，所以冲突时有发生。不幸的是，家长们总想尝试去控制或者安抚那个异常兴奋的宝宝。出于绝望和尴尬，妈妈或者爸爸会尽力让宝宝平静下来或者给宝宝另外的玩具以免宝宝之间继续争执。或者，家长会另辟蹊径，大喊大叫让宝宝服从。这些举措都会起到相反的效果。家长的反应越强烈，孩子越容易焦躁不安，行为顽劣。宝宝会觉得：这个办法能让妈妈（或者爸爸）更加重视我。所以，这种所谓的管教其实是孩子顽劣行为的回报。

幸运的是，在我组织的游戏小组中，如果有宝宝有任何形式的攻击他人的行为，所有的妈妈都赞同立即采取管教宝宝的行动。因此，当由于过度兴奋而怒目圆睁的马科斯

> **尊重宝宝的管教方式**
>
> 摆出规矩："你不可以……"
>
> 告诉宝宝他的行为会产生怎样的后果："那样会伤害莎拉／让莎拉哭／那样做是不对的。"
>
> 让宝宝道歉并拥抱小伙伴："对她说对不起。"（但是不要让宝宝使用"对不起"来遮掩自己的坏行为。）
>
> 告诉宝宝你会采取什么样的行动："当你……，你就必须离开这儿；如果你不安静下来，我们就离开。"（这可能是暂停宝宝兴奋的好机会。）

来到萨米的身旁，猛推萨米的时候，马科斯的妈妈塞丽娜立即过去制止。她先走过去安抚倒在地板上哭泣的萨米："萨米，你受伤了吗？"这个时候，萨米的妈妈走过来安慰她，塞丽娜开始对马科斯进行管教：

她告诉马科斯规矩是什么："马科斯，你不可以推小伙伴。"

她告诉马科斯他的行为会产生什么后果："你让萨米受伤了。"

她让马科斯道歉并拥抱萨米："对萨米说对不起，再给她一个拥抱。"

马科斯走过去，给萨米一个拥抱，在马科斯看来，道歉的话充满了魔力，能抵消他之前的错误行为。当塞丽娜注意到她的儿子仍然情绪亢奋的时候，她才意识到他儿子的真实想法。她知道已经到了"第二次"的时候了，她不得不采取以下行动：

她向马科斯说明她会如何处理他的冒失的行为："你对萨米说对不起，这一点值得表扬，但如果你不安静下来，我们就得到外面待一会儿。如果你再推搡小朋友的话，你就不能和他们一起游戏了。"

尽管有些孩子屡教不改，最终不得不把他们带回家，但是绝大多数的宝宝在离开其他小朋友独自待上10~15分钟之后，基本就可以改掉错误的行为了。这种"暂停"的形式特别适合于年幼的宝宝。在别人的家里做客的时候，问一下主人你是否可以暂时使用一下客房，或者在公共场所，你可以利用一下走廊或者洗手间。"暂停"的目的是让你的宝宝恢复自控力。如果宝宝在你的怀里闹得更厉害，或者开始用手打你，你就把他放在地板上。鼓励

了解自己

家长的做事风格严重影响着对孩子的态度和管教方式。

"控制型"家长可能会气愤地管教孩子。他们通常会对着孩子大喊大叫，或者干脆体罚孩子。

"能干型"家长可能会为孩子的错误行为道歉，并为他的错误找借口。他们直到万不得已，不愿意去管教孩子。

"帮助型"家长往往采用"折中"的做法。他们会在一旁观察，给予孩子足够的时间自己处理麻烦，并评估情况。但是在必要的时候会立即出手管教，在管教的时候给予孩子足够的尊重。他们知道让宝宝拥有他们自己的想法非常重要，所以，他们不会劝说宝宝改变想法或者哄骗他让他高兴。他们能够给宝宝立规矩，如果宝宝的行为超越了规矩的界限，他们会采取行动让宝宝品尝错误所带来的后果。

他说出自己的感受，对他说："你看起来非常气愤，所以我们不得不出来待一会儿。"当宝宝安静下来，对他说："你现在安静了，我们可以回去找其他小伙伴啦。"

经过"暂停"处理，大多数的宝宝会平安无事地回到小伙伴中间。如果他不能，马上告别回家。但是，不要让宝宝因为离开而感到内疚。对宝宝来说，接受这样的后果也是一件很困难的事。他需要知道你在帮助他学会自己控制自己。（另外，如果你的宝宝被人袭击或者看到打人的场面，如果他不主动询问，不要告诉他为什么马科斯被带走。你要记住，宝宝有相当强的模仿能力。我想你并不希望通过你的关注和给其他宝宝贴上"淘气"的标签让你自己的宝宝有想法去学习他人不好的品行吧。）

了解宝宝的"要花招"

很多宝宝天生就有"表演天赋"，他们随心所欲地开展"魅力攻势"。家长们因为觉得宝宝"天真可爱"而疏于管教——之前的管教也前功尽弃。最近，我在一位朋友的家中拜访。当我和亨利的妈妈交谈之时，亨利用手拍打一只叫"毛毛"的小猫。妈妈看到之后，对亨利说："亨利，你不能用手拍打毛毛，这样做会让它受伤的。"她制止了亨利的动作，并对他继续说道："你的动作要轻些。"亨利仰着脸庞看着妈妈说："嗨！"脸上露出最甜美的天使般的笑容，仿佛什么事情也没有发生过一样。我感到这对母子之前一定也发生过类似的事。只有19个月大的亨利知道他的一声"嗨！"再加上洋溢在脸上的甜美可爱的笑容，足以让妈妈心灵融化。事实正是如此，妈妈骄傲地笑了。"特蕾西，他很可爱吧？"她竟然不知道用什么修辞方式来表达自己的感觉好了，"你不会被他的脸迷惑了吧？"我问道。几分钟以后，亨利用卡车去冲撞毛毛的头，然后满屋子追逐着那只可怜的猫咪。（我不由得担心起来：如果妈妈对亨利疏于管教的话，猫咪毛毛会不会用爪子来教训教训小亨利呢？）

"令人同情"的脸庞。有些宝宝会在游戏的时候"假哭"，也会做出假表情来迷惑大人。当17个月大的格蕾琴想获得妈妈关注的时候，就会"噘起小嘴"，表现出生气的样子。她的妈妈觉得她的表情太可爱了，对此完全没有免疫力。可是，问题是格蕾琴把这个表情当成了工具和武器来使用。妈妈除了被格蕾琴虚假的"伤心的表情"操纵之外，现在，她已经分辨不出来她的女儿是真的感到伤心还是想操纵她。

我相信你的宝宝一定也有用来对付你的"小花招"。虽然他可能是世界上最可爱的孩子，或者是全中国最聪明的宝宝，一旦他动用"魅力攻势""伤心绝望"或者其他的伎俩来回避你的管教的时候，你最好不要被他高超的"演技"所迷惑。你对宝宝的错误行为视而不见，无助于他学习"自控能力"。哄骗或者投降就好比为没有经过防感染处理的伤口贴上"创可贴"一样，你可能会感到短暂的解脱，但是情况会越来越糟。下一步，你的宝宝会变本加厉，更加无法无天的。

发脾气的两个步骤

在整个幼儿期的每个阶段，宝宝都会有发脾气的情况。当然，如果你严格地听从我的"第一二三次管教规则"和"采用尊重的方法管教"这些策略的话，宝宝发脾气的概率会大大降低。然而，如果你是一名幼儿的家长，可能你经历过一两次宝宝发脾气的情况。宝宝通常在让父母感到最难堪的场合发脾气，比如到朋友家中做客的时候，以及在教堂里或者像饭店、超市一样的公共场所。你的宝宝会在地板上打滚儿、尖叫、用脚踢、手脚并用地打

人，或者站在地上踩脚、使出全身力气冲你喊叫等等。无论哪一种情况发生，你都会希望尽快找个地洞钻进去。

发脾气的本质是宝宝寻求别人关注的行为，是失控的行为。尽管你不能让他摆脱这种行为，至少你不要鼓励他使用这种行为来打破你为他建立的规矩，挑战你的界限。我建议分两步走解决宝宝发脾气的问题：先分析情况，后采取行动。

1. 分析情况。分析宝宝发脾气的原因以便找到方法来制止。宝宝发脾气有多种原因，毕竟宝宝也觉得和大人之间"帮帮我还是放过我"的"拉锯战"是个耗费精力的苦差事。疲劳、困惑、沮丧和过低兴奋都是宝宝发脾气最常见的原因。

宝宝没有足够的能力让别人明白他的想法，也会导致他发脾气。比如索菲不喜欢去参加小朋友的聚会。在第一次聚会上索菲和一个小朋友搭上话，我觉得实属巧合。第二次参加生日聚会的时候，索菲不高兴地在门口哭闹，我意识到来到人多的场所让索菲感到非常不舒服——显然，对索菲来说，聚会意味着混乱。一方面，我觉得参不参加聚会都没什么关系，索菲是一个害羞而安静的小女孩，她需要更多的准备以便适应不同的环境。但是，我也想尊重她的"发脾气"所暴露出来的本质。因此，我要么会在聚会开始的时候带着索菲去，只逗留很短的时间；要么直到唱"生日歌"和切蛋糕的时候才带着索菲出现在聚会场地。我会询问其他的家长我这样做是否合适，并向他们进行解释："索菲只不过不大适应这种场合罢了。"

最坏的发脾气的原因是"我只想要我要的东西"，这是宝宝希望去操控他人和控制整个环境的行为——换句话说，宝宝最希望控制的是：你。尽管这种原因所导致的发脾气目的是想破坏家长的愿望（经常会成功，所以变成重复利用的武器），但是也不能说有这种行为的宝宝是任性和胡作非为的。他们只是在做家长们无意中教会他们做的事而已。

想要区分宝宝发脾气的原因是情感上的失落或者身体上的不适（疲劳或者过度兴奋）还是设计出来的想要控制他人的手段，请你应用我在第一本书中向你介绍的"ABC法"。

A（Antecedent）代表前提——事情发生以及所处的环境的前提。在当时你们正在做什么？你的宝宝在做什么？你在和宝宝互动还是忙于其他的事无暇顾及宝宝？在你们周围都是什么人？是爸爸还是奶奶？抑或是其他的小朋友？孩子的周围还发生了什么事？宝宝在自我保护吗？他拒绝接受他以前想要的东西吗？

B（Behavior）代表行为——宝宝做过什么事。他是否曾哭过？他的表情和声音里是否带有愤怒的情绪？他是否咬过人、打过人、推过人？他是否做了从未做过的事？经常会发生这样的情况吗？他是否曾欺负过其他的小朋友？这次是从未发生过的新情况还是习惯性的模式再次上演？

C（Consequence）代表结果——在A和B的基础上通常会产生的结果。要对你自己做出的影响孩子的行为负责。我不赞同大人"溺爱"孩子的说法。有些时候大人们会无意识地强化自己不好的行为习惯，并没有意识到自己的行为对孩子的影响，而且，也无力去改变这种影响。我称之为"随心所欲的教养方式"——家长们在没有意识到自己的行为对孩子的影响的前提下采用"我行我素"的行为方式。例如，家长们用"哄"的方式来安慰心情不好的宝宝；不坚持自己制定的规矩；为了避免尴尬和避免进一步冲突来安抚宝宝等等。家长们可能会一时制止不受欢迎的行为，但是从长远来看，他们在无意识中加强了宝宝的坏习惯。家长的让步让宝宝的坏行为进一步升级。

因此，改变结果的关键是改变自己的行为——允许孩子有自己的想法，但不要试图去取悦他，更不要在他的无理要求前认输。我们再次以弗朗辛和克里斯多夫、莉亚和尼古拉斯这两对母子为例。如果你用ABC法的观点来看待发生在超市的这两对母子的不同举动，你就会发现事件的前提（Antecedent）是：妈妈的注意力集中在收款台上，还有周围的货架上摆放着诱人的糖果。

克里斯多夫的行为（Behavior）——哼哼唧唧地抱怨并用脚踢购物车——导致了弗朗辛在他的要求面前屈服的结果（Consequence）。尽管放弃原则满足克里斯多夫的要求，可以暂时缓解身在超市的尴尬处境，但是弗朗辛却用自己的行动让克里斯多夫以为他乱发脾气的行为是非常有效的——他会再次尝试的。

尽管尼古拉斯的行为（Behavior）和克里斯多夫的一致，但由于莉亚采取了完全不同于弗朗辛的处理方式，没有让尼古拉斯的不好行为进一步升级，其结果（Consequence）却大相径庭。尼古拉斯可能不会让"超市的闹剧"再次上演了，他不觉得这个"武器"会发挥什么作用。妈妈的坚持原则，让

他发脾气的行为没有得到任何回报。我的意思不是在说尼古拉斯从此不再做"发脾气"的事，或者他以后的行为会堪为表率，但是由于妈妈拒绝关注这种特殊的令人不愉快的行为，这种行为就不会变得根深蒂固。

当然，并不是所有的"乱发脾气"的行为都是家长随心所欲教养的结果。宝宝不能表达自己的感受、过度疲惫、由于感冒情绪低落都可能让他感到沮丧，这些事情可能导致他夸大自己内心的需求和情绪上的亢奋。"乱发脾气"也可能是多种因素结合的产物，有"滚雪球"效应：一个疲惫的孩子不能达成心愿，或者被玩伴推倒等等。但是，如果你应用ABC法，并意识到一系列的"不快"——通常，相似的情况重复上演——是你对宝宝失当的行为强化的结果，你就需要采取措施来改变你的处理方式了。

暂停时间

这是什么？当使用"暂停时间"的时候，请注意经常会引起宝宝的误解。带孩子回到他的房间并不是对他的惩罚，而是一个避免"战争"扩大化和"白热化"的手段。一段及时的"暂停时间"可以有助于孩子重新控制住自己激动的情绪，也有利于阻止家长通过妥协的方式强化孩子不好的行为。对于学步期的宝宝，我建议家长和他一起"暂停"，甚至不要把他们独自留在婴儿床或者游戏围栏里。

怎么做？如果你们在家中，把宝宝带离现场，比如他在厨房发脾气，把他带到起居室，陪着他坐一会儿，直到他安静下来。如果你的宝宝在公共场所或者在别人家耍脾气，也把他带到其他的房间。无论哪一种情况，都要告诉他你对他的期望是什么。"如果你不安静下来，我们就不回去。"他的理解力超出了你的想象。你的语言，加上被带离现场的体验，都会促进他的理解。如果他安静下来就带他返回，但是一旦他老毛病重犯，就再次带他离开。

你的语言。给情绪下定义（"我看见你生气了……"），告诉宝宝结论（"……但是你不可以扔你的食物"）。用简短的语句结束："如果你这样做，你不要和我／其他小伙伴一起玩了。"千万不要说："我们不想和你玩。"

不要做的事。不要道歉："我不喜欢对你这样"或者"把你带出来，我感到很难过"。孩子不应该承受任何人对他的推搡或者咆哮，所以，带他离开的时候，一定要保持安静。也不要把孩子一个人锁在房间里。

---

2. 采取行动。 无论宝宝是由于何种原因发脾气，只要他们情绪激动到无法自控的时候，就需要你来充当他的"良知"。宝宝当然还不具备推理、思考因果关系的认知技能。让他停止发脾气的最好办法就是你自己要保持冷静的心态，当他感到他的"表演"没有观众的时候，就会自然地"收场"了。换句话说，宝宝发脾气的目的是引起你对他的关注，如果你仍然不关注他，他就不会继续闹下去了。为此，我开了三张D的药方给你：

分散注意力（Distract）。学步期的幼儿不能长时间保持注意力，在他感到伤心难过的时候，可以用分散注意力的方法来安抚他。比如递给他另外的玩具或者把他抱起来，看看窗外的风景。而把分散注意力的方法用在孩子发脾气的时候，效果就不明显，因为当时的情况是孩子正处于"情绪风暴"的中心位置。所以，不要用转移注意力的方式让局面更加混乱，耽误问题的处理，甚至用其他的物品或者行动让宝宝分心可能会让不好的行为升级。

脱离（Detach）。只要你的宝宝没有让自己受伤，也没有伤害其他人或者财物，最好的解决方式是忽视。如果他躺在地上尖叫打滚儿，你最好走开或者用后背对着他。如果他在你的怀里叫喊打你（或者其他攻击你的行为），把他放在地上。平静果断地对他说："你不可以打妈妈。"

卸下武装（Disarm）。孩子发脾气的时候控制不了自己的情绪，大人理应帮助他平静下来。有些宝宝只要回到父母的怀里就会安静下来，而有些宝宝一旦你限制他的活动他就会表现得更加躁动不安。首先你要把他带离现场，这是让他卸下武装的一个方法。如果他的愤怒迅速升级，就给他做"暂停时间"的处理。这样做，不但能够让他脱离引起他发脾气的环境，防止进一步的危机和危险出现，而且也给他保留了足够的体面。不过，让宝宝缴械投降无论采用"以怒治怒"还是"以暴制暴"的方式都是不可取的。

只用一种你认为最合适的方法还是三种方法同时采用都可以，你需要通过对形势的评估判断来决定哪一种是最有效的方法。但有一点是肯定的：无意义的威胁是无用的。

毫无疑问，宝宝发脾气，特别是在公共场所发脾气，会让父母感觉难堪和沮丧。无论你采用哪种D，你都要先审视一下自己的情绪状态。如果你还未意识到这一点，先要尽快熟悉你自己的"愤怒信号"——一些生理信号，可以告诉你是否处在情绪失控的边缘。有一种观点在本章里我反复提及，但是我还要再说一遍：不要用愤怒来实施有意识的管教。在管教孩子的时候，特别是稚嫩无助的幼儿，任何人都无权使用羞辱、大声喊叫、辱骂、威胁、推搡、打屁股、掌掴或者其他暴力的方式。如果你自己都不能控制自己的怒火，怎么来帮助孩子控制他冲动的情绪？

如果你感到怒气在血液里沸腾，马上离开房间，给你自己一段"暂停时间"。即使宝宝还在哭闹和抱怨，你也要把他放在他的小床里或者游戏围

栏里，在保证他安全的前提下离开他，独自待一会儿。我经常告诉幼儿的家长："没有孩子会因为哭泣而死亡，但是长期愤怒的家长会造成他们终生的伤害。"和朋友谈一谈，向他们咨询管教孩子失当行为的方法。或者求助于专业人士，他们会给你一些办法帮助你管理自己的情绪。

同情和关怀对孩子来说是最好的礼物。"说到就做到"不但会让你尚在幼儿阶段的孩子充分地信赖你，而且这种信赖感会一直持续到他们成长到青少年时期。他们会因为你为他们制定行为界限和对他们的管教而尊敬你，他们会因此而更加爱你。总之，有意识的管教不会折断，反而会加强你和孩子之间亲密的纽带。我知道有些时候坚持"说到就做到"是很难的事——幼儿会不断挑战最坚强的父母。但是，你会在下一章看到：如果你疏于管教的话，孩子的失当行为将会发展成"长期化"，更难以纠正。

有意识的管教简单指南

挑战	怎么做	怎么说
过度兴奋	让他停止一切活动	我看到你感到不高兴，所以我们出去走走吧。
在公共场所因为想要东西而大发脾气	无视 如果不起作用，带他离开	哇，这是很棒的东西，不过你还不能拥有它。 你不可以在这里闹。
穿衣服的时候拒绝合作	停下来，等几分钟。	如果你准备好了，咱们继续穿衣服。
他在房间乱跑	让他停下来，把他抱起来。	你把鞋袜穿好，我们出去待一会儿。
大声喊叫	低声和他说话。	请小声说话，好吗?
哼唧抱怨	用眼睛看着他，用正常的声音和他说话。	除非你正常说话，否则我听不见你说什么。
在不适合奔跑的地方跑	把双手放在他的肩膀上限制他的动作。	你不可以在这里跑。如果你不停下来，我们只好离开。

当你抱他的时候，踢你或者打你	立刻把他放到地上。	你不可以打我/踢我。我会受伤的。
从玩伴手里抢夺玩具	站起来，走近他，鼓励他把玩具还给别人。	威廉正在玩这件玩具呢。我们应该把玩具还给他。
乱丢食物	把他从餐椅上抱下来。	我们不能在餐桌上乱丢食物。
拽小朋友的头发	把他正在拽头发的手拿开；打一下他的手背。	温柔点，不要拽。
打小朋友	制止他；如果他躁动不安，带他出去或者到另外的房间直到他安静下来为止。	你不可以打人。你会让吉姆受伤的。
再次打人	回家	现在我们不得不离开。

第八章

偷窃时间的坏行为：睡眠困难、分离焦虑症以及其他耗费家长时间和精力的问题

我对被宠坏的孩子的定义是：一个焦虑的、总是在寻求界限的孩子。如果没有人提供界限，他们会一直寻找下去。

——T.贝利·布雷泽尔顿

偷窃时间的"坏"行为——尼尔的故事

一些家长经常咨询我关于如何处理"宝宝大量消耗父母时间的行为"这类问题，顾名思义，"偷窃时间的坏行为"指的是那些令人感到沮丧的、故意拖延时间的行为，这些行为每天发生，耗费家长大量的时间和精力。前来咨询的家长们在讲述他们令人悲哀的故事的时候，都会用这样一句话作为开头："特蕾西，我害怕……"之后，他们向我诉说他们的经历：每一次"出门"、每一次"午睡和晚上就寝"、每一次"洗澡"或者"吃饭"，这些每天都会发生的事情，在他们心中却演变成无法摆脱的令他们感到恐惧的事。他们不知道其他家长是否也曾经历过这些令人头痛的情况。

我讲一个真实的故事，故事的主人公是两岁大的尼尔，他的妈妈是马洛莉，爸爸是伊凡。这个故事有点长，因为我想详细描述这个家庭晚上就寝之前的真实情况，所以请你耐着性子听我诉说——这是我听过的最具有典型性的关于"偷窃时间的坏行为"的故事，你会感到有些片段似曾相识，在你的家中也曾发生过类似的情况。根据马洛莉的描述，她一般从晚上7：30开始准

备就寝，中间包括洗澡时间。尼尔非常喜欢洗澡。"可是，要想让尼尔从浴缸里出来，是一件十分令人头痛的事。"马洛莉对我说，"我两次三番地警告他'尼尔，洗澡的时间马上结束了。'

"尼尔听了我的警告，会发出不高兴的哼哼声，我心软了，'好吧……你可以再待上五分钟。'五分钟以后，他会继续哼唧着哀求，我又退让了一步，对他说：'好吧，你可以再玩几分钟，但是下不为例。把喷水的小瓶子和小鸭子从浴缸里拿出来吧，你也马上从浴缸里出来，我们准备上床睡觉。'

"几分钟以后，我终于下定决心对他说：'好吧，该结束了。'我的语气很严厉，'现在，你必须从浴缸里出来。'这时候我走过去抱他，可是他一心想挣脱我，而且全身光滑得像个小泥鳅，我怎么能抓得住呢？'尼尔，你过来，到妈妈这儿来。'我呵斥着他。一旦尼尔的身体被我像老虎钳一样的手抓住而挣脱不了的时候，他就会不停地用手打我、用脚踢我、哭闹着大声抗议：'不！不！不！'

"他挣脱我的束缚，浑身湿漉漉地跑到他的房间里。我踩着地毯上的水渍跟过去，喘着粗气抓住他，把他擦干，想为他穿上睡衣，这一切好像在经历一场激烈的搏斗，我开始气喘吁吁。我乞求他：'宝宝，到妈妈这里来……把睡衣穿上好不好……让我帮你穿上睡衣吧？'

"后来，我不得不强行往他头上套睡衣，他大声嚷嚷：'哎哟！哎哟！'

"我又开始心疼他了。'可怜的尼尔'我温柔地对他说：'妈妈不想伤害你，你还好吧？'

"这会儿，他看着我又咯咯地笑了起来，所以我继续为他穿衣服。'好，我们上床睡觉。因为你洗澡的时候浪费了很多时间，所以今晚我们只能讲一个故事。你去挑一本你喜欢的书吧。'尼尔走到书架前开始选择。'你想要这些书吗？'我看到他把几本书从书架上拿下来并把它们扔到地板上。'不，尼尔，我们只需要挑选一本书。那本书怎么样？'地板上的乱局让我感到很恼火，因为我刚刚花了半个小时的时间才帮他把自己的房间整理好，不过不得不承认，大多数的活儿都是我替他做的。

"不过至少，这一天的忙碌就要接近尾声了。我手里拿着书，对他说：

'好，我们一起到床上去看书吧。'他上了床，把被子盖在身上。我躺在他的身旁，让他依偎在我的怀里，开始为他读书。不过，他的情绪有些焦躁，我们的动作配合得不够好，当上页还没有读完，他就忙着翻到下一页。突然，他爬起来，站在床上，试图从我的手中把书抢走。'尼尔，躺下！'我对他说，'该睡觉了。'

"后来他躺下了，闭上了眼睛，好像懂事了的样子，这让我松了一口气。我对自己说：也许今晚会顺利吧！不过几分钟以后，他又睁开眼睛，大声嚷嚷：'我想喝水！'似乎有一个嘲笑的声音在我耳畔说道：'你想的真美！'

"'我去给你拿水喝。'我答应着，站起身要离开他的房间取水。刚走到门边的时候，就听见了他的叫声。我知道这个叫声的含义是：不要离开我！'好吧，你和我一起去。'因为我知道，如果我不让他和我一起去，类似第三次世界大战的事即将会在房间里上演，后果将不堪设想。所以我们一起来到楼下。他只喝了一小口水——其实他不是真的感觉口渴（他从来也不会真口渴），然后我们又一起上楼，我把他重新安顿到床上。突然，他像看到什么东西了一样又坐了起来，并试图爬下床。

"我急忙把他控制住。我把双手放在他的肩膀上，提高了嗓门对他说：'现在回到床上去，年轻人！我不想再说第二遍。现在很晚了，你必须上床睡觉。'我想走过去关上灯，但是他哭起来，死死地抓着我的手。

"我又心软了。'好吧，'我勉强地说道：'我不关灯。你想再听一个故事吗？不过这是今晚最后一个故事了。躺下，我讲给你听。'事实是，我说的话没有一句管用。他仍然身体笔直地站着，像一块木板，泪花还在小脸上闪烁着。'躺下，尼尔，'我重复着，'请躺下，我不想再说一遍了。'我坚持着。

"他还是一动不动。之后我试图让他转移注意力：'到这儿来，'我把书朝他推了推，'帮我翻页，好吗？'我的话一点也不起作用。我开始威胁他了：'尼尔，如果你再不躺下，我可要离开了。我的意思是——我要走了。如果你不躺下，妈妈就不给你讲故事了。'最后，他终于躺下了。

"我给他讲了几分钟的故事，当注意到他昏昏欲睡的时候，我轻轻地移

动靠近他的身体，避免把他吵醒。可是他的眼睛突然睁开了。'宝贝，'我安慰他，'我在这儿呢！'

"最终他完全闭上双眼，不过我还陪着他多待上几分钟，才轻手轻脚地把脚先放在地板上想起身离开。我屏住呼吸，他的手牢牢地抓住了我的，所以我不得不继续躺了几分钟。后来我轻轻地把手从他的手里抽出来，轻轻地移动身体，避免惊动他。正当我快成功离开床的时候，突然，尼尔睁开了眼睛，此时我半个身体正悬在床外。不过幸运的是，他重新闭上眼睛睡着了。直到这一刻，我的脚已经麻木了，我的胳膊也抽筋了。

"最后，我匍匐在地上，四肢并用地向门口爬去。我成功了！我慢慢地把门打开……让我害怕的事还是发生了，门发出"嘎吱嘎吱"的响声。哦，不！我清楚地听见，在房间的另一头有一个稚嫩的声音在说：'不，妈妈——不要走！'

"我马上缩回身。'宝贝，妈妈在这儿，我哪儿也不去。'但是我说的话根本不起作用，尼尔开始哭起来。所以我不得不重新回到床上安慰他。他想让我再读一个故事给他听，我只好把上一个故事重复一遍……"

马洛莉的故事讲完了。她尴尬地承认后来类似的事情又发生了很多次。尼尔直到十一点才能睡着，所以每天马洛莉都保持着四脚着地的姿势从尼尔的房间里爬着出来。"每天晚上，我都感到筋疲力尽、夜不能寐，"她说，"我去找伊凡，他正在房间里看电视或者在读书，根本没有意识到之前的三个小时里我被囚禁在宝宝的房间。当我对他说'又是一个痛苦的夜晚'的时候，他疑惑地看着我，对我说：'我以为你在书房里整理账单或者做其他事情呢。'我带着不满的情绪对他说：'那么，明天你来接班好了！'"

马洛莉感到智穷才尽，狼狈不堪。"特蕾西，我遭受着巨大的折磨，我感到我被儿子绑架了，是他的人质，这难道也是孩子必经的发育阶段吗？等他长大些就会好的，是这样吗？尼尔如此依恋我，是因为我白天要工作而很少有时间陪伴他的结果吗？他是不是有睡眠障碍？或者A.D.D.？"

"你说的这些有些是原因，有些不是，"我回答道，"不过有一点你是对的：你是他的人质。"

"偷窃时间的坏行为"是一些宝宝大量消耗父母时间的行为，这些行为会让家长牺牲掉大量的时间和精力，从而感到身心疲惫、力不从心，甚至牺

牲掉和自己的伴侣共享的时间。这些事情不但对亲子关系产生不良影响，而且也可以造成夫妻之间的矛盾。夫妻一方对另一方指责抱怨，或者因为试图寻找最佳解决方案而发生争执。当这些事发生的时候，家长们一般会忍耐和妥协，很少有人先行寻找原因或者解决问题的方法。

"偷窃时间的坏行为"之根源
耗费掉家长们大量宝贵时间的各种行为和它们所呈现的细节不尽相同，但是其根源可以归结为如下所列出的一个或者几个： ● 家长没有严格遵守已经制定的生活惯例。 ● 家长给予孩子更多的权利。 ● 家长想坚持原则却迟迟不采取行动。 ● 家长没有为孩子制定行为的界限。 ● 家长尊重孩子，并不要求孩子尊重他们。 ● 不接受孩子的真性情，总是期待孩子性格上的变化。 ● 家长没有帮助孩子培养自我安抚的技能。 ● 当疾病或者意外事故等诸如此类的危机发生的时候，家长们疏于管教，不要求孩子继续遵守规矩。 ● 家长经常互相争吵，不关注他们的孩子——家长甚至不知道孩子有什么问题。 ● 家长们忙于处理自己身上的问题，无暇顾及孩子的问题。

　　我们的宝宝们无心充当"窃贼"，却偷走了我们大量的宝贵时间；做家长的我们也无心充当"帮凶"，但是事实上我们经常帮助他们"盗走"我们的时间。不过，有一个好消息：改变宝宝这种习惯性的不良行为是可能的。在本章中，我要帮你解决掉那些我见过的最常见的耗费家长时间的不良行为——睡眠困难、分离焦虑症、安抚奶嘴成瘾（是睡眠障碍的原因或者睡眠障碍所导致的结果）、积习难改的坏脾气以及就餐时的行为失当等等。在不同的情境下，我会帮助家长们采取不同的方法来应对这些"时间的窃贼"。

　　◎ 了解你的哪些行为鼓励和强化了宝宝的这些行为问题。

　　◎ 确定你已经做好自我改变的准备了。

　　◎ 使用ABC策略分析问题。

　　◎ 制定计划并坚持按计划行事。

　　◎ 改变的速度要放缓；每一个改变都需要经过2~3周的时间。

　　◎ 尊重宝宝；你的孩子需要保留一些权利。

　　◎ 制定规矩并严格执行。

　　◎ 留心微小的进步。

负起责任来

当家长们向我咨询有关如何应对"偷窃时间的坏行为"的时候，我并不想让他们感到愧疚，或者因为他们糟糕的育儿方式而抱怨他们的过失。对他们来说，为了帮助孩子，他们必须首先为过去影响孩子的行为负责。让我们回顾一下"无心的管教"（accidental parenting）的概念：父亲或者母亲在无意识状态下鼓励并强化了孩子的不良行为。因为习惯在幼小的孩子身上会非常迅速地形成，所以完全避免"无心的管教"是不可能的。每一位家长都曾经或多或少地在孩子的无理要求面前退让屈服过；或者过度地回应孩子们的哭闹；被孩子童真可爱的笑脸迷惑以至于忽视了他们不好的品行。然而，当不良的行为模式持续数月，甚至数年以后，想改变它就会异常困难，最终这些行为会演变成"偷窃时间的坏行为"。

要想改变长期存在的任何形式的家庭问题，我一般推荐如下的行动步骤：

了解你的哪些行为鼓励和强化了宝宝的不良行为，从自我改变做起。不要盲目地认定宝宝是"惯坏了的孩子"。反之，你要照照镜子自我反思（如实地回答201页的"审视自己"中的问题）。马洛莉没有为孩子制定行为的界限，事实上，她让儿子"自己的事情自己做"，鼓励并强化了尼尔在浴缸里磨蹭和就寝困难等不良行为。如果她不改变自己，尼尔也不会改变自己的行为模式。

确定你已经做好自我改变的准备了。一位家长来到我这里咨询，希望得到我的建议。如果他说"哦！这个方法我们已经试过了"，我认为这位家长并没有准备好去改变自己。家长们通常没有意识到他们自己的"不情愿"——事实上，他们的"不情愿"的实质是对存在的困难感到不安，他们的潜意识在发挥作用。例如由于宝宝刚断奶，特别需要妈妈长时间的照顾，或者宝宝天性依赖妈妈，做母亲的会感受到宝宝对她的强烈需要；有些妈妈由于十分渴望与宝宝依偎的亲密感，所以忽略了宝宝已经两岁半了，应该学会独立的现实；或者有的妈妈虽然意识到让宝宝独自睡觉会对她和丈夫的关系产生一定正面的影响，但是她依然坚持陪伴宝宝睡觉；有时候，一些曾经

有过工作经历的母亲如果把全部的精力放在育儿上，在她处理宝宝的"问题"的时候会想起从前工作中所面临的挑战，她会拥有久违的成就感；有些父亲会对孩子的"攻击性"的行为感到"窃喜"，因为他们认为这才是"男子汉"应有的表现；另外有一些家长，他们不情愿管教孩子是因为他们成长在一个非常严格的家庭里，因此决定用"不同的方法"来养育自己的孩子。当我认识到家长们有某种思想上的"保留"的时候，我总是一针见血地指出来他们的问题："问题的根源不在你的宝宝——需要帮助的是你，而不是你的宝宝。"

使用ABC策略分析问题。使用ABC策略获知问题的"前情——问题发生之前的情况"（Antecedent），"行为——宝宝做了什么"（Behavior）和"结果——在A和B的基础上形成了怎样的行为模式"（Consequence）。假如宝宝长期在睡觉、吃饭以及其他行为上产生失当的行动，可能是由多种因素混合形成。如果你仔细观察并认真思考，你就可以知道这些行为模式的后果，并找到改变它们的办法。

从尼尔的例子中我们知道，在洗澡和睡觉行为的过渡阶段，马洛莉的退让放松了对尼尔行为上的约束。再讲一个故事……再延长五分钟……就喝一口水。尼尔的行为充分说明，他在不断地试探规矩的底线，没有给规矩以应有的尊重。另外，他对妈妈离开的恐惧造成如下结果：感到愧疚的妈妈一让再让，却不知不觉地鼓励并强化了儿子的错误行为，并让他学会如何去控制自己的母亲。我对马洛莉说："尼尔知道你不会坚持到底的。另外，你偷偷溜出房间的行为破坏了尼尔对你的信任，让他缺少安全感，因为他知道，如果他睡着了，你就会离开他。要想改变他，你必须先改变自己。"

制定计划并坚持按计划行事。在改变"偷窃时间的坏行为"的问题上，"有始有终"是非常重要的。如果在过去的8~12个月里，母亲已经习惯于每晚几次起身去照料她的孩子，那么宝宝会习惯性地在早上3点左右吃一次奶。现在，为了改变这种睡眠模式，妈妈需要坚持拒绝宝宝半夜里喝奶的要求。同样地，如果马洛莉今天试着改变尼尔拖延时间的坏行为，而明天又试图改变另一个坏习惯，那么她所有的尝试都不会有任何效果，她应该集中精力每次针对一个问题加以解决。我并不是一个僵化地执行作息时间表的人，但是如果洗澡的时间是从7:30到8:00，那么马洛莉就不应该让它延长至9点。她需要重新审视她制定的时间表并把这个时间计划坚持下去。

审视自己的行为

　　如果你用"是"来回答如下任何一个问题，说明在解决宝宝"偷窃时间的坏行为"的事情上，你需要更加努力了。

● 如果你为宝宝制定规矩，你会感到内疚吗？
● 你有过偶尔打破规矩的想法吗？
● 如果你需要外出工作，你会在居家期间放松对宝宝的限制吗？
● 当你拒绝宝宝的时候，你会感到愧疚吗？
● 你的宝宝是否只在你面前发脾气？
● 你想到过用哄骗的手段去安抚宝宝吗？
● 如果你对宝宝严格要求，是否担心会失去宝宝对你的爱？
● 当宝宝不开心的时候，你会难过吗？
● 宝宝的眼泪让你感到伤心吗？
● 你是否经常认为其他的家长"过分严格"？

　　改变的速度要放缓；每一个改变都需要经过2~3周的时间。生活没有捷径。改变婴儿的习惯相对容易，而对于学步期的幼儿，他的长期形成的行为模式是不大容易被改变的，你不要期待能一蹴而就。例如，罗伯托和玛莉亚带着他们19个月大的宝宝路易斯前来拜访，他们的目的是想向我咨询解决路易斯午睡困难的办法。"为了让他安稳地午睡，我们把他放在汽车上并开着车在路上到处转，"罗伯托对我说，"如果他睡着了，我们就把车开进车库，让他在座位上睡觉。"这对父母甚至在车上安装了电子对讲机，以便他们能及时听见路易斯的动静。而且从路易斯8个月大的时候他们就开始这么做了。

　　我建议他们在第一周把宝宝在车上午睡的时间缩短；第二周，他们发动汽车的引擎，但是不让车开走；到了第三周，他们把路易斯放在车里的座椅上，但不启动汽车的引擎。这时候，他仍然不会在自己的小床里午睡，所以他们必须坚持下去。他们用一把摇晃的椅子做过渡的工具让路易斯回到自己的卧室里午睡。在最开始的几次尝试中，路易斯在摇椅上的午睡时间能达到四十分钟——毕竟，他不是在车里睡的。罗伯托和玛莉亚逐渐地减少了摇晃路易斯的时间，并让每一种习惯保持4~5天。最终，他们根本无须再摇晃摇椅了，路易斯能够在自己的小床上安静地午睡。整个过程持续了三个多月，路易斯的父母显示出了巨大的耐心。

　　每一个"偷窃父母时间的坏行为"都需要相似的步骤来解决，其中的每一步针对问题的一个方面。蒂姆和史黛西和他们的女儿卡拉一起分享他们的大床，但是当他们想让卡拉自己睡的时候，遇到了不小的麻烦。所以一开始他们不得不轮流到卡拉的房间陪伴她，在靠近小床的位置上放一张可移动的充气床，在那里休息。他们不想让女儿感到被抛弃，他们尊重女儿的恐惧感，想让女儿知道他们会一直陪伴在她身边。第二周，他们把移动充气床的位置远离卡拉的小床。随着距离逐渐增加，最终他们成功了：卡拉可以安心舒适地独自在自己的床上睡觉。

尊重宝宝；你的孩子需要保留一些权利。让宝宝拥有选择的权利。当尼尔在洗澡的时候，马洛莉不应该这样问他："洗澡是不是该结束了？"因为他可能会回答"不！"这是马洛莉不想得到的回答。她应该给尼尔提供有选择的问题。比如"你愿意自己把水塞拔出来，还是我来把它拔出来？"选择可以让宝宝感到有控制力，因此更容易激发起与你合作的动机。

制定规矩并严格执行。如果尼尔选择不自己拔浴缸的下水塞，而说"我不出来"，马洛莉不得不出手来维护规矩的权威性，否则她将陷入从前的一再退让的模式中。"好吧，尼尔，"她平静地说，"我替你拔下水塞。"浴缸里的水被放走以后，她用毛巾把尼尔裹上（此时，尼尔还在浴缸里），把他从浴缸里抱出来，回到卧室里，关上房门以便切断他可能逃跑的路线。

留心微小的进步。改变宝宝的那些"偷窃父母时间坏行为"不可能在一夜间实现，所以需要你拥有极大的耐心。在确定方法和目标之后坚持按计划执行，尽管每天的进步微乎其微，但是日积月累之下，成效会一点点显现出来。一些家长总想快速解决问题，他们每每遇到前进中的小挫折就会感到沮丧甚至绝望，即使我帮助他们制定好计划，他们也会恐惧地说："真的需要两个月的时间吗？需要做这么久才行啊？"

"别着急，"我对他们说，"想想你被这个问题困扰多长时间了？两个月根本不算什么！关键是只要看到微小的成绩，我们就要坚持下去。否则，你会感到花一辈子的时间都解决不了这个难题！"

马洛莉正在努力地改变自己几个月以来无意识中形成的错误行为。尼尔一直在考验她的毅力，每一次她都不得不随机应变地进行应付。我们一起推测尼尔在上床之前可能会说到的"台词"和可能会做出的行为，比如，在为尼尔穿衣服之前，问他："你想先穿上衣还是先穿裤子呢？"

如果尼尔回答"不"，马洛莉也不要满屋子追着他给他穿衣服，这样，他会认为穿衣服是一个有趣的游戏。马洛莉改变了从前的方式，让尼尔知道他的行为会产生什么后果。"好吧，那我们就不穿衣服看书。如果你感到冷了就告诉我，那时再穿上睡衣吧。你想看这本书还是那本书？"尼尔选择了一本书，马洛莉对他说："选得好！你到床上去，我为你读书。"读了几分钟之后，尼尔说："我想穿衣服。"马洛莉问他："宝贝，你感到冷吗？"通过这种方式，马洛莉帮助尼尔知道洗完澡不穿上衣服会产生什么结果。"好的，你穿上睡衣就不会感到冷了。"真是奇迹，尼尔懂事了！妈妈没有朝他大声叫喊，也没有责备他，就让他知道了拒绝穿衣服会得到不舒服的结果。

现在，我要提醒你，世界上根本不存在奇迹。马洛莉在整个就寝期间都要坚持住她为尼尔制定的规矩。她对尼尔说："只要你上床睡觉我就给你读书听。定时器的铃声一响，我们就把灯关上。你想自己设定定时器吗？不想？好吧，妈妈来做。"她马上就听见尼尔在抱怨："不，我来做。"当他把定时器设定好，马洛莉说："你做得真棒！"为了避免下楼取水，马洛莉已经在床边准备了一杯水。"你现在想喝点水吗？不喝？好吧。水就放在这儿，你想什么时候喝都可以。现在躺下来，我为你读书。"

如果此时尼尔大呼小叫地反抗"不要到床上睡觉"， 这时，马洛莉无须花言巧语地哄骗和费尽口舌地规劝，更无须使用威胁的手段，但是她的态度一定要坚决："尼尔，我和你一起躺着读书，不过，你也必须躺下来。"后来，尼尔的"歌舞剧"开始上演，他哭了起来，拒绝到床上去。妈妈态度坚决地重复着她的立场："尼尔，该上床休息了。你到床上去盖上被子，我给你讲故事听。"小家伙儿如果用一些动作来继续反抗，也不会得到妈妈的重视。定时器的闹铃声响起来，尼尔还没有上床，马洛莉从床上起来，温柔地把尼尔抱在怀里。尼尔在她的怀里挣扎着乱踢，叫喊，她对他说："不要踢妈妈。"她把他放在床上，不再说任何的话。

过了一会儿，尼尔的"歌舞剧"因为没有得到马洛莉的回应而不得不停下来。他的行动没有获得妈妈特别的关注，所以做下去还有什么意义呢？最后，他自讨没趣地上床了。马洛莉平静地对他说："尼尔真乖！你睡着之前我会一直陪着你的。"这时尼尔提出要喝水，马洛莉把水杯递给他。这一次

她没有尝试着偷偷地溜出去，尽管她没说话，但尼尔看到她始终陪在他的身边。最后，尼尔睡着了。尽管此时已经是夜里十点钟了，但是还是比平常要早一些。

值得表扬的是，马洛莉和伊凡在之后的几周里严格执行他们的计划，他们轮流照看尼尔睡觉，这样的安排让马洛莉感到轻松很多。经过两三周的坚持，他们逐渐适应了新的生活规律，马洛莉和伊凡重新获得了夫妻共处的时间。他们的下一个目标是：每天晚上他们坐在尼尔身边，而不是和他一起躺在床上陪伴他进入梦乡。两个月后，即使尼尔没有睡着，他们也可以离开尼尔的房间了，而且，尼尔睡眠的时间已经提前到九点了。

无可否认的是，之前的状况是完全失控的状态。尼尔在睡觉之前满地"表演"，而父母之间又没有应有的合作来共同面对孩子的问题，所以压力完全落在妈妈马洛莉一个人的身上。这样的"拉锯战"持续了一年多的时间。当然，如果马洛莉意识到晚上的就寝习惯已经偏离了正常的轨迹而及时采取行动的话，问题就不至于变得这么严重。

重要提示

问题不会自行消失。

如果孩子的行为已经严重影响了你们的夫妻关系，你需要首先解决孩子的不良行为。

如果夫妻之间的争执造成了孩子的坏行为，你需要首先改变你们夫妻的相处方式。

当然，身为家长，犯错误在所难免。宝宝偶尔在晚上表现得异常兴奋并不一定会形成严重的行为问题。但是当一个特殊的行为模式长期持续并导致了无休止的沮丧和愤怒，甚至造成夫妻之间争执的时候，我们必须要寻求改变。不要再继续等待和观望下去，因为"盗取父母时间的坏行为"不会自行消失。如果这样的行为模式经过长期地反复强化，就会变成根深蒂固的坏习惯。

丽安娜：长期睡眠障碍

最普遍的"偷窃父母时间的坏行为"是宝宝的睡眠障碍，其中最糟糕的情况是宝宝在夜间反复醒来，而且需要喝奶才能恢复睡眠。有些妈妈在夜晚多次起床来安抚宝宝，当宝宝哭泣的时候把奶头递到他们的嘴边。还有些父母会故意拖延对宝宝的安抚，其结果是孩子在夜里长时间的哭泣。如果宝宝夜间醒来，父母们采取第一种解决办法，那么他们的睡眠质量将长期得不到任何保障——宝宝也不会了解这样做会有什么不良的后果。如果采取第二种方式来解决，不但父母会心疼宝宝，而且也会严重影响宝宝对他们的信任。无论采取哪种方式，疲惫的父母们都会感到压力巨大，力不从心。

维多利亚就是一位正在经历这种艰难处境的母亲。她的14个月大的女儿丽安娜在夜间会每隔一个半小时就醒过来，每一次都需要喝奶才能恢复睡眠。几天前，维多利亚由于长期睡眠不足导致反应迟钝，致使在开车的时候撞上了另一辆旅行车。幸运的是，这次事故并没有人员受到伤害，但是足以说明她的生活状态已经严重偏离了正常的轨迹。我必须要求这位母亲采取行动改变这样的处境。

维多利亚在我面前承认，在发生交通事故之前，她一直认为女儿晚上喝奶是天经地义的事。像维多利亚一样依靠母乳喂养宝宝的妈妈们都会有这样的想法。

"她只不过还没有适应，"贝芙莉坚称，"如果她适应晚上不喝奶，就会像婴儿般整夜沉睡不醒的。"维多利亚的心中闪过一个念头：丽安娜已经不再是婴儿了。但很快，她把这个念头抛到脑后。

"我的儿子乔尔两岁之后才不用我半夜给他喂奶。"尤妮思也这么说。

"我的女儿每晚需要喝五次奶，"桃乐丝插嘴说道，"我却不觉得这是个问题，这是作为母亲理应做出的牺牲。"

"我们和孩子在一起睡觉。"伊薇特说。她认为只要翻过身就可以给儿子喂奶，实在太方便了。

维多利亚听了其他母亲的看法之后，对我说："难道我对丽安娜的要求太高了吗？"不等我做出回答，她继续紧张地说："丽安娜是一个非常可爱的宝宝，我不想让她感到难过。我知道每次喝奶的时候她并不饥饿，但是她为什么会多次醒过来？我们已经尝试为她建立正常的睡眠规律，但是根本不起作用，反而情况越来越糟。如果我和她一起睡，她会整夜含着乳头。如果我把乳房移开，她就会哭着找我的乳房。我真是黔驴技穷，没有办法了！"

我帮助维多利亚制定了一系列的解决办法。

审视自己的行为，看看是不是自己的行为导致了宝宝的问题。在6个月到九个月之间的宝宝，他的睡眠模式已经和成年人差不多了——每隔一个半小时到两个小时就会经历一个睡眠周期。如果你把宝宝或者成年人的睡眠过程录像记录的话，你就会发现他们的每一个睡眠周期包含浅度睡眠阶段和深度睡眠阶段，每个晚上都会经历若干个这样的睡眠周期。他们翻身、变换姿势、把腿伸出床外、拽被子、小声嘟囔，甚至哭泣。婴儿和幼儿会在夜里醒来，有些孩子会清醒一个小时或者更多的时间，他们发出儿语、咕咕地叫。如果没有人打扰他，他们会按照自己的规律重新睡着。

不过，独立睡眠是一个后天习得的能力。从一开始父母们就要让孩子学会如何自己独立睡觉，让他们感到在自己的小床上是安全的。如果父母们没有在婴儿阶段培养宝宝独立睡眠的能力，等宝宝到了幼儿阶段，就会在午睡或者晚上睡觉的时候显示出睡眠困难的迹象。显而易见，丽安娜并没有学会独立睡觉，反而她把睡觉的行为和口含母亲的乳房的行为联系到一起。在每一次的睡眠周期的结尾，当她进入浅度睡眠状态的时候，她没有能力把自己送进深度睡眠。这样妈妈的乳房就成为她的"安慰品"——所谓的"安慰品"可以是任何东西，例如乳房或安慰奶嘴，或者是任何干预的方法——比如在车里的摇晃——如果这个"安慰品"被拿走或消失，宝宝就会由于失去安慰而感到痛苦。

"哦，都是我的错。"维多利亚悲痛地说。

"一切都是可以改善的，"我劝她，"我们不要有'可怜的宝宝'这样的想法，因为同情和怜悯不会帮助丽安娜解决她的问题。到目前为止，你已经尽力了，事实上，你能坚持这么久真的很不容易。现在我必须告诉你要把你的毅力放在正确的道路上！你的恒心和毅力会帮助你改掉丽安娜晚上吃奶的坏习惯，让她养成正常的睡眠习惯。"

使用"ABC法"分析问题产生的根源。丽安娜没有养成独立睡眠的习惯，这是显而易见的事实。无论午睡还是晚上睡觉她都需要妈妈的乳房。因为维多利亚的纵容，丽安娜过度吸吮奶水的睡眠模式被不断强化。下面就是维多利亚的描述，听了她的描述，我更加确定上述的分析。

通常丽安娜每天早晨5:30左右醒来。妈妈喂她奶水，然后她们一起下楼去。在楼下，丽安娜玩45分钟以后就开始打哈欠，妈妈又把她带上楼，坐在摇椅里喂她吃奶，直到她睡着为止。"有些时候我会感到很幸运，"维多利亚说："她允许我把她抱到床上去睡。不过更多的时候她希望我一动不动。"

一个念头在我脑海闪现。"请等一等！你说，她不让你动，这是什么意思？"我问道。

"啊，尽管她看起来睡着了，但是如果这时候我从摇椅上站起身，她就会哭。所以我一直抱着她，让她贴着我的胸口，这样她才会安稳地睡。如果我过一会儿再试图站起身，她就会歇斯底里地大哭。通常我尝试两次以后就放弃了，只好一直在摇椅里坐着抱着已经睡着的她。"

"哇，"我惊叹道，"一定很不舒服吧？"

"也不是，"维多利亚说，"我的丈夫给我买了一只脚凳放在摇椅旁边。丽安娜睡着以后，我就把腿放在脚凳上，这样会舒服一些。有一天丽安娜在我怀里睡觉的时候，我由于疲惫也睡着了，险些把宝宝掉到地上。所以，我的丈夫就帮我想了这个办法。"

通常在7:30左右丽安娜醒来，维多利亚帮她穿上衣服迎接新的一天。丽安娜可以吃一些固体食物当作早餐，在10:30左右她又困了，维多利亚再把她带上楼喂她吃奶。"通常，她只用5~10分钟就能睡着，一直可以睡20分钟。如果她要醒的时候我刚好在她身边喂她喝奶，过5分钟之后她还可以再睡一会儿。但是如果她哼哼的时候我没在她的身边，我就得花上一个小时安慰她才能让她再睡一会儿。到那时，她又饿了，我喂她吃奶，她还可以再睡20分钟。"

亲爱的读者，如果你对她的长篇大论感到厌倦，那么可想而知，当我听她诉说的时候也会和你有同样的感受。到目前为止，她才叙述到上午11:30！这位妈妈从来不让宝宝在白天到她的小床上玩耍，因为她怕宝宝看到床会哭闹。有时候，维多利亚会带着女儿外出，但是仅限于她在车上喂奶给她，先让她睡着。因为维多利亚认为，丽安娜不会允许她把她带到车座上。她弓着后背大声哭喊。"有时候邻居可能会以为我在折磨宝宝。"维多利亚向我吐苦水。

"哦，在我看来，"我说，"是她在折磨你！"

余下的时间里，她们基本做着与之前相同的事，直到5点左右，爸爸道格回家了。妈妈喂奶之后，道格给丽安娜洗澡，维多利亚兴奋地说："我的丈夫对我们很好！他为女儿讲故事，然后把她抱到我的身边。我给她喂奶，她还能安静一个小时。"

我问维多利亚，为什么不让爸爸哄女儿睡觉？"道格试过几次，"她回答我的问题，"可是女儿不愿意，她哭闹不止，我实在无法忍受宝宝的哭闹，所以我过去哄她，给她吃奶，她就睡着了。8点钟左右她起来和爸爸玩一会儿，11:30 我又喂她吃奶，她可以睡到12:30，我再喂她。这一次如果幸运的话，她能睡到3点左右，不过这样幸运的事情不常发生。她通常4点会醒，到了5:30，新的一天又开始了。"维多利亚停顿了一下，然后继续她惆怅的回忆："有一天她睡了5个多小时，我激动地把这一天记录在日历上……但是这样的情况只发生过一次。"

显然，这样长期形成的、根深蒂固的习惯非一日之功可以改变。维多利亚和道格需要完善的计划分阶段执行，才能根治丽安娜的不良习惯，让她养成独立睡觉的习惯。

制定计划，执行计划。"在白天的时候，你要趁着丽安娜心情好，把她放在她的小床上，"我对维多利亚说，"每天做两次。可能当你做第一次的时候，她会粘着你，还会哭会闹。这时候你要想办法分散她的注意力，逗她开心，比如用毯子和她玩藏猫猫的游戏，或者学小青蛙跳来跳去。如果你坚持做下去，最终她会开心起来的。最开始只需要花费4~5分钟的时间就能做到。对她说：'宝贝，你真好！妈妈在这里陪着你。'这样的话会让她感到安心。

"关键是：千万不要等到她哭起来才抱她离开小床。当她感到高兴的时候，让她从床上下来，尽管她只在床上待了两分钟也没关系。每天坚持做，每次让她在床上的时间延长一点——两周以后，她能在床上待15分钟就算成功了。可以给她几件玩具带到床上玩，最好让她感到只有在床上才能找到这些玩具。在这期间，不要试图改变其他规律。即使你不陪她玩，她也会自娱自乐，而且时间会越来越长。两周以后，在她忙着玩玩具的时候，你开始渐渐离开她的床边，但是千万不要悄悄地溜走。你可以时不时地对她说：'妈妈在这儿！'这样，她会越来越信任你。陪着她，和她一起待在卧室里，不过你可以做一些整理她的衣服、收拾她的衣橱的事情。"

过去，只要维多利亚把丽安娜放在床上，她就会感到恐慌，因为她知道妈妈想离开她。因为恐惧她不想学着独处，甚至不想独立睡觉，她紧张的情绪得不到放松。妈妈用喂奶的方式一次又一次地向她表示屈服也不能让这种状况得到改善。事实上，她给丽安娜传递了如下信息："你确实需要我！"现在，维多利亚必须让丽安娜信任自己，帮助她建立独自一人留在床上的习惯，最终，当她从睡梦中醒来的时候，如果发现妈妈不在身边也会感到心安。但是，我警告维多利亚，改变的节奏一定要走得慢一些。重拾丽安娜的信任，鼓励她独立都需要花费大量时间——还有家长足够的耐心。

放慢脚步，尊重宝宝自主的需求。"特蕾西，你说得对，"两周后，维多利亚打电话向我汇报，"我第一次把女儿抱到小床上，她哭了。不过她喜欢我给她准备的布袋木偶，我拿着木偶逗她，她又开心地笑了。但是第二次和第三次，布袋木偶也失灵了，她只能在床上待两分钟。不过

> ## 沉默的阴谋
>
> 尽管大多数"偷窃父母时光的不良行为"都和睡眠习惯有关，但在就寝这件事上也会发生"沉默的阴谋"，丽贝卡的经历正是如此：
>
> "我曾经担任过法院的陪审团成员，在工作间隙，我和其他女同事谈论起前一天晚上我花费几个小时的时间才让我的儿子乔恩睡着这件事。"她回忆："有一位年长的女性听我说完抓住我的手安慰我，对我说她的女儿小时候每天晚上和她们夫妻俩一起睡觉。直到现在女儿已经十五岁了，她才和她讨论分床睡的话题。'我感到十分惭愧'，她向我承认。这时候另一位女同事也加入到我们的谈话中，她尴尬地说她现在也在做着同样的事。
>
> "她们的话让我觉得并不是只有我一个人遇到过这样的难题，这让我感到宽慰了一些，但是也会感到困惑。'太奇怪了，'我对这两位女同事说，'最近我参加了一次生日聚会，几乎所有的妈妈都说她们的宝宝能自己睡觉，而且整夜不醒。'
>
> "'她们在说谎！'这两位女同事齐声对我说。"

我坚持在她开心的时候把她抱下床，后来竟然奇迹般地越来越好。

"在第二周的周末，我开始担忧如何才能离开她的小床边。所以我先和她玩'傻妈妈'的游戏，然后，我一点点移动到房间另一边的衣柜旁边，开始整理她的衣柜和抽屉。让我惊讶的是，她表现很好，只有一点点不安，所以我不时地和她说话，语气很平静，让她知道我认为她很乖。到了第三个周末。我可以大着胆子尝试暂时走出房间。我对她说：'妈妈要去把这些脏衣服放在篮子里，一会儿就回来。'我紧张地屏住呼吸看她的反应，不过丽安娜自己玩自己的，根本没有在意我的离开，我确定她几乎没有发现我离开了房间。"

我向维多利亚表示祝贺。在取得第一阶段的成功以后，我知道她渴望进入计划的下一个阶段——改掉宝宝过度吃奶的习惯。这一次要从丽安娜午睡

开始。维多利亚并不希望宝宝突然戒掉已经成瘾的习惯，但是我告诉她只有打破这一习惯，丽安娜才能开始自主地进入到深度睡眠状态。她认为丽安娜会哭闹，"或许你说的是事实，"我对她说，"她一定会哭闹，那就恢复喂奶。当她打瞌睡的时候，把乳头从她嘴里移开。坚持15分钟，如果她继续哭闹，你可以改变一下周围的环境，比如，带她下楼去。20分钟以后，再带她回到卧室重复前面的动作。

丽安娜不喜欢这个变化。第一次尝试的时候就激起了她的愤怒，她拼命地大哭。"我心疼宝宝，"维多利亚在电话里向我承认，"所以我还是让步了。但是第二天，我下定了决心，当她打瞌睡的时候，我就把乳头从她嘴里移走。她生气了，我把她抱到外面待一会儿，一切都是按照你的建议做的。经过五次这样的尝试，最终她在我的怀里睡着了，没有含着乳头。到了第七天，我们坐在摇椅里，她依偎着我，手里抓弄着我的衣服就睡着了。"

照顾好你自己

改变宝宝的睡眠习惯对你来说也是一件艰难的任务。如何缓解你自己的焦虑，以下是我的建议：
- 戴上耳机或者耳塞来降低传到你的耳朵里的宝宝哭泣的声音。
- 如果你急躁，没有耐心，请把宝宝托付给你的伴侣照看。如果你单身一人，或者伴侣在外出差，把宝宝放在安全的地方，走到外面透透气。
- 要做好打持久战的准备。如果你通过努力让宝宝成功地改善了睡眠，你会为自己感到骄傲的。

十个坏毛病——永远也不要对宝宝做的事和永远也不要对宝宝说的话

当家长碰到宝宝"盗取父母时间的坏行为"的时候，以下十条是他们经常犯的错误：

1. 打屁股。
2. 打耳光。
3. 羞辱宝宝："你真是个爱哭的孩子。"
4. 朝宝宝大喊大叫：（问问自己："我对宝宝大喊大叫的原因是什么？难道是因为太过纵容宝宝以至于自己都承受不了了？"）
5. 贬低宝宝：对宝宝说"哎呀！你把自己弄湿了"，而不是"我看你应该换一身衣服了。"
6. 责备宝宝："你让我感到伤心"，或者"都是因为你，我才迟到的。"
7. 威胁宝宝："如果你再犯一次，我就把你一个人扔在这儿"，或者"我警告你，你会受到惩罚的。"（更糟糕的是，你对宝宝说："你等着爸爸回来，看爸爸怎么收拾你。"）
8. 在他面前评价别的孩子：不要当他的面评价其他孩子，如果你非说不可，也要改变一下名字和性别。
9. 贴标签："你是个坏孩子"，而不是"你推拉尔夫了，就不能和他一起玩了。"
10. 问宝宝他回答不了的问题："你为什么打普里茜拉？"或者"你在商场里为什么不乖一些呢？"

注意观察微小的进步。三周过去了，丽安娜在午睡的时候不用含着乳头就可以睡着了。但是在夜间她还是时不时地醒来要吃奶。这时候，需要道格和维多利亚结成同盟共同应对。我直截了当地问维多利亚："你愿意让你的丈夫帮帮你吗？"维多利亚看起来不大情愿，因为她非常乐意照顾宝宝，不大希望别人来分享她的特权。

"你不让道格参与照顾宝宝，会让丽安娜觉得爸爸是一个外人，而你才是她唯一的依靠。丽安娜半夜醒来的时候，你也可以让道格去照看她。"我对她说。

我对她讲"感触睡眠"的概念——你一边鼓励宝宝在自己的小床上睡觉，还要一边安慰她而不是把她一个人留在房间里，让这两点达成一种平衡的方法，被称作"感触睡眠"。如果宝宝习惯了在哭泣的时候听见父母口头的安慰，在没有父母陪伴下他会难以入睡。所以，达到"感触睡眠"并不容易。不过丽安娜在白天可以不用含着奶头自己入睡，我相信，她在晚上一定也可以做到。

我对维多利亚和道格进行了指导："当丽安娜哭的时候，你们要陪着她，用身体的接触而不是用维多利亚的乳房让她知道你在她的身边。如果她越哭越厉害，把她抱起来安慰她。可以想象在最开始的几个晚上她会很不安，即使你抱着她，她也会大声哭泣的。她可能会在你身上翻滚，用脚踢你，你要抱着她坚持40分钟以上，想办法让她安静下来。只要她停止哭泣，你就把她放回到小床上。有可能她还会再次哭泣起来。如果这样的话，马上把她抱起来，可能你需要尝试好几次才能最终把她放在床上，可能需要50次，甚至100次！"我告诉他们让他们默记尝试的次数，以便看到取得的进步，两周之后，他们向我汇报结果。

第一晚，丽安娜断断续续地哭了将近两个小时，他的父母一直陪着她，尽力去安慰她。"听女儿哭，我实在太难过了。"后来，维多利亚对我说，"不过，我们还是没有放弃。我们把她从床上抱起来，再放到床上去，第一天晚上就重复了46遍。第二天重复了29遍，第三天12遍。到了第四天晚上，她从晚上九点一直睡到凌晨4:30。我不知道这是由于她过度疲惫导致的，还是由于我们太累了以至于没有听见她哭泣。不过，到了第七天夜里，她竟然睡了九个小时。在第九天，她夜里醒了两次，不过我们按照计划去做，没有打

扰她。我想或许她在考验我们。现在她已经连续十一天安稳睡眠。最让我们感到惊讶的是，当早上她醒来的时候，我们听见她在跟小动物玩具说话。她已经可以独立地自得其乐了。不过，当她发出不愉快的声音的时候，我就立即把她抱下床，以免再次破坏她对我们的信任。"尽管维多利亚和道格坚持认为丽安娜能整夜安睡是发生在她身上的"奇迹"，但对我而言，他们的成功其实归功于这对夫妻非凡的决心和毅力。

科迪："妈妈……不要离开我！"

"偷窃父母时间的坏行为"原因之一是分离焦虑。尼尔和丽安娜有着相同的恐惧：如果妈妈离开了我的视线，我就再也见不到她了。听起来似乎有些不可思议，但你要记住，大多数的学步期宝宝把妈妈视为生命的依靠。这些孩子需要克服的最大的两个难题是：意识到尽管妈妈离开了，但她会回来；妈妈不在身边的时候，养成自我安慰的技巧和能力。

尽管分离焦虑会随着年龄的增长而得到缓解，但当我看到总粘着妈妈的宝宝或者有睡眠障碍的宝宝的时候，我都想知道他的家长是否过多地屈服与让步？是在何时、因为何种原因宝宝丧失了对他们的信任？家长可能让宝宝觉得不可信任，他们偷偷地溜走，或者嘴上说"一会儿就回来"，却好几个小时不见身影。作为守门员的家长离开的时候，我们有什么理由责怪宝宝把球踢进球门？事实上，家长们也同样处境艰难。当他们离开的时候，要么迟到了，要么心情不好，内心愧疚，因为他们丧失亲人的宝宝犹如世界末日一般地哭泣。

如果宝宝没有获得足够的关注，如果家长没有满足宝宝的需要（或者反过来，他们过度满足宝宝的需要），或者家长让孩子觉得不可信赖，宝宝身上的问题当然就会被激发出来。还有，如果宝宝过分依靠别人的安慰，我们也需要让他学会如何进行自我安慰。另外，如果宝宝始终不能自行采用一些安慰的手段的话，我建议家长们向他介绍一种自我安慰的方法，随着宝宝的成长，他们需要自我安慰的时间就会越来越长，因为他已经习惯了依赖别人。现在他应该学会如何依靠自己了。

我曾经说过，很多宝宝在8~10个月大的时候会依恋于某种物品，这样的宝宝有更强烈的独立倾向，在幼儿时期更善于"自我安慰"。14个月的科迪就不是这种类型的宝宝。很多大人会把他说成是"难缠的科迪"或者干脆为他贴上"被宠坏的孩子"的标签。但是留给别人这样的印象并非错在科迪一人身上，他只不过在做大人教他做的事罢了——这是一个经典的育儿案例，最终让宝宝养成"盗窃父母时间的坏行为"——因此，我帮助科迪的妈妈达丽儿采取行动来纠正这些坏行为。

看看你都做了什么事鼓励和强化了这些不良的行为。从科迪很小的时候开始，他就很少有机会自己独处一会儿。妈妈达丽儿和保姆一直在他身边，一刻也不曾离开，他从来也没有独自一人在小床上或者游戏围栏里待一会儿。事实上，只要他睁开眼睛，就会有人在身旁。当科迪能够坐稳的时候，能和别人互动玩玩具的时候，达丽儿就在身边指点他，教他怎么玩——但是他从来也不曾拥有机会自己去发现新的玩法。结果是没有妈妈的指点，他五分钟都玩不上。达丽儿只能陪着儿子，除此之外什么事都做不了。

利用ABC法分析问题的原因。听完达丽儿的述说，我问她："如果科迪玩累了，他会怎么做？或者你离开房间了，科迪会有什么反应？"

"他会像世界末日一般大哭不止的。"达丽儿回答。

当然，这一定是事实。用ABC法分析科迪的情况，A——前情——科迪从未独处过，因此从未学会如何自我安慰。B——行为——可以预测的是，当无人陪伴的时候科迪就会大哭。C——结果——也基本符合：通常情况下，妈妈会立即赶回来。这就是一套行为模式的形成过程。

确定你有改变的愿望。我认为改变科迪一家人的问题可以分为两个方面。第一，达丽儿必须有改变的愿望和意图。她必须学会H.E.L.P.策略，这会让她在行动面前保持克制，鼓励科迪自己去探索。而不是一味地参与"科迪的活动"和做出"拯救科迪"的动作。第二，当科迪不开心、感到害怕或者需要人陪的时候，我们需要找到一种他可以随时拥有的东西来取代他对母亲的过分依赖。这两种改变都需要花费时间。一开始，我就建议达丽儿："你要随时监控你自己的行为，要和监控科迪的行为一样谨慎才行。"

制定计划。我们把大计划分成若干个小目标，从科迪的游戏时间开始做起。我教达丽儿学习H.E.L.P.方法，劝告她在科迪玩玩具或者主动参与活动的

时候抑制自己干涉的冲动，这对达丽儿和科迪来说都不是一件轻松的事。达丽儿已经习惯于和儿子一起玩游戏，总是想和儿子进行互动，而不是在一旁观察，让科迪自己去主导游戏。但是我给她施加压力："你不得不做出一些改变，哪怕很小的改变也好，要循序渐进地改变。从白天科迪最不可能发脾气的时间开始改变。"

循序渐进。最初，达丽儿站在地上。当科迪把一件玩具递给她的时候，她会耐心地要求科迪自己玩。当然，由于科迪习惯了达丽儿的配合，他通常会把玩具扔到达丽儿的面前，比如他会把木琴扔给达丽儿让她弹奏，而他自己在一旁观看。现在，为了鼓励他独立游戏，达丽儿把木琴放在咖啡桌上。她把弹奏木琴的木槌递给科迪，愉快地对他说："科迪，你为妈妈弹奏木琴吧。"科迪想过去抓她的手，他的意思是："不，你来弹奏木琴。"不过这一次达丽儿没有满足他的要求，坚持说："不，科迪，这次你来弹奏，妈妈不弹。"

有时候，科迪能自己独立做游戏，也有些时候，科迪会表现得很不耐烦。不过几周以后，科迪在没有达丽儿陪伴的时候也可以自娱自乐了。起初，达丽儿高兴得不住嘴地夸他，可是她发现她的夸奖"科迪，你做得真棒！"会打扰科迪的注意力，让他从游戏中分神，她的声音似乎在提醒他妈妈就在身旁，所以，科迪会马上要求她加入到游戏中去。我建议达丽儿让科迪独立游戏，等待10~15分钟以后再对他加以表扬。而且表扬的时候语气要随意些，千万不要小题大做。

建立规矩并遵守规矩。此时此刻，科迪只有和妈妈一起在房间里的时候，才能自己玩一段时间，但是这已经是很大的进步了。记录每个小进步很重要，千万不要因为进展缓慢而陷入负面情绪中。只要宝宝朝着好的方向发展，终有一日宝宝会不介意妈妈的离开。达尔丽开始一寸一寸地远离科迪，后来，她能坐在沙发上，看着科迪在距离她一两米远的地方玩。其实这对达尔丽来说也是一个艰难的改变，她试着通过看书和整理账单来打发这段时光。每当科迪走过来看她的时候，她会说："我在这儿呢！我哪儿也不去。"然后，她继续做手中的活计，通过这个方式她想让科迪知道他也应该回去做自己的事。

达丽儿从地板上移动到沙发上只是成功的第一步，下一个目标是她能够走出房间。当她第一次尝试的时候，对科迪说："科迪，我去厨房拿点东西，马上就回来。"科迪听见之后，马上就哭了起来，并停下正在做的游戏，跑过来跟在妈妈的后面。达尔丽转回身对他说："科迪，我很快就回来，我会在厨房里看着你，你也能看见我的。"

给孩子一件"安慰品"并让他拥有掌控权。试着让科迪接受一种物品，让他在妈妈不在身边的时候有所依靠，甚至能操纵它。科迪看起来并不喜欢毛绒玩具，也不愿意钻进"小被子"玩，所以，达丽儿给科迪一件柔软的旧运动衫，对科迪说："在我回来之前，你用手拿着它。"当她离开走向厨房的时候，继续和科迪对话，让他听见她的声音。这样过了几周以后，她能在房间外面待的时间渐渐延长，不过，每天只延长一分钟。

一旦达丽儿做到能离开房间并在外面待上十五分钟以后，她开始向下一个目标努力了——处理午睡的问题（对于依恋妈妈的宝宝来说，当他睡醒之后发现妈妈不在身旁，会感到焦躁不安，这是一个这种类型的宝宝十分难以克服的过渡期；因此，宝宝会得出结论：最好不要睡着，这样妈妈就会一直在身边。）达丽儿把科迪抱到床上，把那件旧运动衫递给他。一开始，科迪把运动衫扔到床边，不过，达丽儿把它捡起来，重新放回科迪的身边。她陪着他，用温柔的声音和科迪说话。当然，她陪伴科迪午睡的时间每天减少一分钟。

如果你的宝宝拒绝你给他的"安慰品"，你也不要轻易放弃。不要让自己相信宝宝不想要这件东西，而要坚持给下去，要充满耐心。当他需要安慰的时候——或者你想去安慰他的时候——就把这件东西给他，他会慢慢地把这件东西和自我安慰联系起来。你的目标是帮助宝宝在情感上独立起来，而且做事要有较长的注意力。一旦他不大关注你是否在身边，他的注意力就会更加集中，认真而长时间地专注于自己正在做的事。

庆祝来之不易的小进步。当科迪突然接受了她递给他的运动衫，并把它放在身边或者一直抓在手里的时候，达丽儿知道她距离最终的目标已经不远了。达丽儿把那件运动衫称作"宝贝"，很快，科迪也这么叫它。一天达丽儿问科迪："我们把'宝贝'放在哪里才能随时找到它呢？"只见科迪把运动衫塞在了一个坐垫下面。

最后的考验是达丽儿离开家。达丽儿在第一次尝试离开家的时候对科迪

说："亲爱的，我想去商场买东西，弗蕾达会在我不在家的时候陪着你。我不在的时候，你会让'宝贝'陪着你吗？"科迪不高兴了，不过现在，科迪能够在"宝贝"的陪伴下睡觉。尽管不情愿，但他还是把"宝贝"放在胳膊下面。

事实证明，整个的过程需要六周的时间。如果科迪再大一些，可能花费的时间还要再长些。如果科迪的妈妈能够在科迪的坏习惯没有养成之前就到我这里咨询的话，可能就不用这么费时费力了。这绝不是一件孤立的案例，也不是一件特殊的案例。有很多家庭，父母们过度关注宝宝，他们的行为一方面出于对宝宝的爱，另一方面出于照看宝宝的强烈愿望。当这个平衡被打破的时候，家长的行为会不知不觉地阻碍宝宝情感上的独立，所以他们必须采取措施来重新建立爱与愿望之间的平衡。

抛弃那些令人讨厌的"安慰奶嘴"

当我们谈论培养宝宝情感独立的话题的时候，可能会疏忽了一个问题：安慰奶嘴的用法。你可能已经注意到安慰奶嘴并没有被列在前面的表格中。我宁愿看到宝宝吸吮大拇指或者奶瓶，也不愿意让宝宝津津有味地咀嚼一件自己不能把它放在嘴里的东西。

别搞错：我不是坚决反对安慰奶嘴。实际上，对于年龄在3个月之内的婴儿，我推荐他们使用安慰奶嘴，因为吸吮反射对他们来说非常重要。当婴儿们还不能使用双手的时候，安慰奶嘴为他们提供了所需要的嘴部的刺激。但是一旦宝宝能够控制四肢的活动，家长仍旧把安慰奶嘴塞到他们的嘴里的话，宝宝就会把它当成一个精神支柱。这不是宝宝自行选择的结果，因为他还不能在没有大人的帮助之下把安慰奶嘴放在嘴里，所以，安慰奶嘴不能成为一个实现自我安慰的物品。尽管如此，宝宝还是会依赖安慰奶嘴在嘴里的感觉。如果宝宝在6个月的时候还没有放弃安慰奶嘴的话，这个坏习惯将很难得到纠正。

事实上，通过分析家长们向我咨询的与宝宝睡眠习惯相关的"盗窃父母时间的坏行为"，我得出一个结论：这些孩子都有一个共同的特征——对安慰奶嘴成瘾。在我的网站上成千上万的焦急的家长们的来信都讲述了如下的情况：他们一晚上要起来好几次把安慰奶嘴插进宝宝的嘴里。其中有一位母亲的来信最为典型，它真实反映了这些家长的困境：14个月大的吉米每晚都得吸吮安慰奶嘴才能睡着。一旦他进入深度睡眠，他的嘴张开，安慰奶嘴就会从嘴中滑落。因为吉米已经习惯了安慰奶嘴在嘴里的感觉，所以当它滑落的时候，吉米就会感到不安而醒过来。情况好的时候，吉米会找到安慰奶嘴把它重新放到嘴里继续睡觉。不过，安慰奶嘴经常被卷在被子里或者掉落在地板上，可怜的吉米，会因为找不到它而从睡眠状态马上过渡到恐慌的状态中，大声地哭喊直到妈妈进来帮他找到安慰奶嘴，只有这样吉米（还有家中的其他人）才能继续睡觉。

我也发现家长们有时候拖延宝宝对安慰奶嘴的依赖。他们整天使用安慰奶嘴，它就好像一大块硬糖一样能让宝宝安静下来，或者往坏一点说，能让宝宝把嘴闭上。安慰奶嘴的使用当然无助于宝宝学会如何自我安慰。一位妈妈乔茜对我说："斯库特不让我把安慰奶嘴从他嘴里拿走。"我就劝她在自己身上找找原因。毕竟，是她把安慰奶嘴给了斯库特，她应该负责。

关于"安慰品"的一些建议

- 放手不管！除非你的宝宝整天沉迷于安慰品，而且对其他活动排斥，如果不是这样的话，就不要插手干涉。（不要让宝宝用安慰奶嘴当安慰品）另外，让宝宝改掉坏习惯的最好办法是忽视。努力劝诱和与之斗争都有可能强化宝宝对这些行为和他们喜爱的物品的依恋。我保证如果你放手不管，宝宝最终会自己找到一种合适的方式离开这些东西的。
- 及时清洗！布料或者毛绒制作的安慰品应该定期清洗（最好在宝宝睡觉的时候洗）。如果长时间不清洗，宝宝会对安慰品或者它的气味习惯，这样，再清洗的时候，宝宝会认为你要把它夺走，从而激怒宝宝。
- 找一个副本！如果你的宝宝特别喜欢毛绒小动物或者毛绒玩具的话，最少一样买三个。宝宝可能不至于一直把它带到大学里，但是多年以后，这些东西会变旧，也会破损的。
- 随时携带！如果你们想外出旅行，记得带上所有让宝宝感到安慰的东西。一个爸爸发现宝宝的泰迪熊忘记带了，一家人因此误了航班。

"我总是会随身携带安慰奶嘴，甚至宝宝不想要的时候我也带着它。"乔茜承认。简言之，安慰奶嘴不是斯库特的精神支柱，而是乔茜的。乔茜在某种程度上赋予安慰奶嘴以神奇的魔力：它能让他的儿子斯库特安静下来。只要有安慰奶嘴的存在，她就可以让斯库特在任何地方睡午觉，她就不会在

戒掉安抚奶嘴的两个方法

宝宝的年龄越大，戒掉使用安抚奶嘴的习惯就越不容易，这和你采取何种措施没关系。但是无论如何，在你尝试让宝宝戒掉安抚奶嘴之前，为他介绍一种能够起到安慰作用的东西是必要的。一旦他对一个毛绒玩具或者一件丝织品感到依恋的时候，他就会不自觉地摆脱对安抚奶嘴的依赖。

循序渐进的方法。帮助宝宝戒掉安抚奶嘴，一定要在白天的时候开始实施。最开始的三天，让宝宝含着安抚奶嘴睡午觉，等他睡着以后，把奶嘴从他嘴里取出来。之后的三天，在午睡的时候不给宝宝安抚奶嘴（我认为你应该给他准备另一件安慰品），直接告诉宝宝："以后在午睡的时候不要含着奶嘴了。"如果宝宝哭泣，要尽量安慰他，千万不要再把什么东西塞到宝宝的嘴里。给他一件安慰品，抱着他、轻轻拍他，让他感觉到你的身体和他的有接触，对她说："宝贝，你真乖，现在你能睡觉了。"

一旦宝宝习惯没有安抚奶嘴也能睡觉的时候——如果宝宝的年龄小于 8 个月，需要花费一周左右的时间，如果年龄超过 8 个月，花费的时间可能会更长——在晚上睡觉的时候也这么做。首先，在他临睡之前允许他含着安慰奶嘴，睡着之后把它取走。他可能会在半夜里醒来，就像从前一样哭着想要。不过区别是你不会再给他提供安抚奶嘴了。用你身体的动作而不是语言来安慰他，让他手里拿着他的安慰品。不要放弃，更不要表现出你对他的歉意。毕竟，你做的是对他有益的事：你是在教他学习自己睡觉的技能。

一蹴而就的方法。对于年龄不超过一岁的宝宝，我不推荐突然而彻底地戒除不良的习惯，因为宝宝会难以理解"没有了"的含义是什么。然而，让大一些的宝宝放弃安抚奶嘴就会不那么困难，特别是当他们可以理解"安抚奶嘴不在这里"是什么含义的时候。就像有一位妈妈对她的宝宝说："哦，宝贝，奶嘴飞走了！"

"它飞到哪里去了？"女儿问道。

"它飞到垃圾箱里了。"妈妈愉快地告诉她。

可能宝宝还不理解什么是垃圾箱，但是她却接受了奶嘴不在的事实。很多宝宝会哭泣，有些宝宝哭泣的时间长达一个小时，不过用不了多久他们就会忘记这件事。还有些宝宝会追问，会继续不开心，但是几天以后这种状况也会得到改善。例如，22 个月大的里基听到爸爸告诉他："你的安抚奶嘴对你的牙齿有害，我们不再要它了。"的时候非常不开心。里基可能根本没在意过他的牙齿。他痛哭流涕，而他的爸爸，为了他的承诺，对宝宝的眼泪不为所动，对他说："哦，可怜的里基。我们不再需要它了。"经过了三个晚上，里基就完全适应了。

两种方法的结合。有些家长会把循序渐进和一蹴而就这两种方法结合在一起。例如，为了让 11 个月大的伊恩改掉含着安抚奶嘴睡觉的坏习惯，妈妈玛丽萨把戒除这个习惯变成早晨起床后的一个例行仪式。每天早晨，玛丽萨会问候伊恩，拥抱他，然后把手张开伸到伊恩的面前，对他说："现在该把奶嘴交给我了。"伊恩会很自然地把安抚奶嘴交到玛丽萨的手上。但是过了一个月，伊恩仍旧习惯于含着奶嘴睡觉。玛丽萨经过晚上的观察，发现伊恩的奶嘴并不影响他睡眠，因为奶嘴从伊恩嘴上滑落的时候，他并不会醒来。所以一天晚上睡觉之前，玛丽萨鼓励伊恩说："你已经长大了，不需要使用奶嘴了。"问题就这么解决了。

无论你采取什么方法，都要本着实事求是的原则。毕竟，对你的宝宝来说，这是一个改变习惯的经历，一定会很艰难，但是要坚持下去。你要事先预料到会有几个哭泣的夜晚，不过最终情况会变得越来越好的。在之后的日子里，这个"戒掉安抚奶嘴"的故事会成为你们全家茶余饭后最有趣的话题之一的。

公共场所感到为难。她认为的所谓的魔力不但是子虚乌有，而且一旦安慰奶嘴脱离了斯库特的嘴，这个小家伙儿就会哭闹不休，乔茜不给儿子提供表达自己情感的机会——她不想当儿子的听众。

如果你在阅读这本书，并且你的宝宝现在也在使用安抚奶嘴，我想他的年龄或许已经超过了8个月。当然，是否让宝宝抛弃使用安抚奶嘴完全取决于你的决定，我想这对家长来说也是一个艰难的抉择。事实上，一位有四五岁孩子的家长最近和我谈到了她放弃使用安抚奶嘴时候的不情愿："这是我拥有的唯一有用的东西。"你要记住，只要宝宝还没有找到一件能安慰他的物品，你一定要继续努力促成他最终找到为止。你等待他培养自我安慰的办法，从而培养他情感上的独立，这个等待

> **长大的孩子，长大的床**
>
> 很多父母都在纠结何时给宝宝换一张大床。我会告诉他们：尽可能地拖延换大床的日子！许多宝宝仍然处于头重脚轻的状态；他们的头部发育得快。而且，你要在他们适应小床之后再决定换大床的事。否则，你是在给宝宝出另一道难题来难为他。同时你还需要注意：
>
> 把大床放置在宝宝的房间。不要购买稀奇古怪的床，因为过不了一两年宝宝就会对它奇异的功能感到厌倦。你要购买一张标准的双人床并且在床边加上护栏。
>
> 耐心等待宝宝对在大床上睡觉感兴趣的那一天。先不需要配弹簧床垫，所以床会非常矮。而且先让他在午睡的时候在大床上睡觉，作为对他的奖励。
>
> 注意防范风险——注意灯具以及宝宝可能会够到的东西。如果你不确定，那么你需要花些时间观察宝宝的房间里存在着哪些安全隐患。

的过程所花费的时间越长，宝宝抛弃使用令人讨厌的安抚奶嘴越困难——你就会越长时间地忍受晚上睡不好觉的痛苦。在218页，会有我的建议，帮助你的宝宝改变这个坏习惯。当然，只有你知道哪一种方法会最终在你的宝宝身上发挥作用。

菲利普：积习难改的坏脾气

尽管如何应对宝宝发脾气是本书上一章的内容，但是我在这里必须指出，父母不断地安慰发脾气的宝宝、满足宝宝苛刻的愿望以及管理宝宝失控的行为，这些事同样耗费父母大量的时间和精力。而且，宝宝乱发脾气说明了他还有其他的问题，其中最重要的一点是父母在宝宝的心里失去了权威。

卡门和沃尔特这对夫妇和我在电话里聊了一个小时，他们一家居住在

圣路易斯城，他们给我打电话谈他们22个月大的儿子菲利普的事。根据这对夫妇的描述，在他们的小女儿博尼塔出生之后的六个月里，菲利普变成了"可怕的、具有攻击倾向的、坏脾气的"孩子。如果父母的注意力从他身上移走，特别是转移到菲利普的妹妹博尼塔身上的时候，菲利普就会表现出不能忍受的样子。例如，卡门为博尼塔换尿布的时候，一旁的菲利普就会发脾气。为了取悦他，卡门试着去拥抱他，可是菲利普对她又踢又咬。卡门尝试的所有方法失效以后，爸爸会过来调解，他对菲利普说："菲利普，你这样做是不对的。"最终，大人们不得不在地上转着圈儿地想办法让菲利普安静下来。

到了夜晚，菲利普要求在父母中间睡觉，他要用手分别抓着父母的耳朵才能睡着，父母也不介意他拽着他们的耳朵，他们甚至都没有对菲利普说过"你把我的耳朵拽痛了"或者"你可以抓着我的手，而不要拽我的耳朵"这样的话。不用问就能想到，这对父母已经精疲力竭了。祖母罗莎每周至少会来一次，她居住在几百公里以外的地方，她的到来能让卡门有片刻的休息，但是菲利普从未得到过一对一的照顾。

卡门和沃尔特尝试过在问题发生之前就做处理，或者至少他们想过要这么做。例如，他们告诉我最近他们带着菲利普和博尼塔外出兜风的时候，他们允许菲利普把一大袋的玩具放在车上。毫无疑问，菲利普很快就厌倦了这些玩具。他感到厌倦了以后，就开始尝试着摆脱汽车座椅的束缚。"如果你解开了你的安全带，我就把车停下。"沃尔特对菲利普大喊起来，威胁他说："年轻人，到家之前你要老实地坐在座位上，否则有你好果子吃！"菲利普最终在爸爸的高分贝的怒吼中老实地待了一会儿。

我很清楚所有人都被这个小家伙儿操纵着。他只有两岁，可是卡门和沃尔特却不断地给他讲大道理。他们没有给宝宝制定规矩——事实上，作为父母，他们没有尽到责任——他们不知不觉地在教菲利普成为一个操纵者。其实，菲利普的"攻击性"的行为和他的"坏脾气"是他对规矩的乞求。

"对宝宝的爱并不表现在你可以让他拽你的耳朵，或者让他伤害你而无需道歉，"我尽可能委婉地对卡门和沃尔特说，"或者爱也不表现在你送给他成堆的玩具去取悦他，或者允许他粗暴地把你或者他的小妹妹撞倒。你们的儿子在呼唤着你们为他制定规矩。我很担忧菲利普有一天会做出伤害他的小妹妹的事情，只有这样做才能把你们的注意力完全吸引到他自己的身上，是这样吗？"

"但是我们是多么有爱的一家人啊。"沃尔特连声说道。事实上，他说的是事实。卡门外表平静，说话声音非常温柔，沃尔特也是一个很有爱心的人。"菲利普曾经是一个很乖的孩子。"卡门补充道。我从未怀疑过他们的看法，但是在某些方面，这对父母并不称职。除了父母的爱，菲利普还需要其他的东西——他需要父母对他的约束。

"让我们先从解决他的坏脾气开始，"我建议他们，因为这是最紧迫的问题。"他再发脾气的时候，你们必须采用让你们彼此都感到舒服的方式去应对，"我解释道，"例如你们可以对他说：'你的这个行为是我们不能接受的'，并把他带回到自己的房间，陪他一起坐着，但是不要和他说话。"

值得表扬的是，卡门和沃尔特遵照我的建议做了。不过第一次尝试过之后，他们不但高兴不起来——的确这个行动对菲利普发挥了作用——反而对菲利普心生歉意。"我们不想成为苛刻的家长，也不想让他感到伤心难过。"沃尔特承认，"当我们对他说他的行为我们不能接受的时候，他低下了头走出了房间。"

我对他们说菲利普极有可能自行改掉乱发脾气的坏毛病——他发脾气可能出于沮丧和疲倦，再加上对博尼塔的嫉妒之心，在他看来，这个小脸粉红的侵入者把他的父母从他身边夺走了。而父母没有把他的坏行为扼杀在摇篮中，而是通过哄骗和安抚鼓励和强化了他的坏行为，让他一次又一次地情绪失控。现在，菲利普知道如何来争取他们对他的关注。

我尽力使这对家长不被暂时的现象所蒙蔽。"规则、界限和失望都是我们生活的组成部分。菲利普已经具备了解真相的能力，他的老师们会对他说'不'。当他没有被心仪的棒球队选中的时候，或者他的第一个女朋友抛弃他而选择另一个小伙子的时候，这些失败会让他感到心碎的。同样，他必须具备承受这些痛苦的能力，你们需要做的就是让他拥有这样的能力。另外，让他接受教训是对他有益的事，难道你们不认为由富有同情心的家长来教育会比冷酷的世界来教育对他更有好处吗？"

根据卡门和沃尔特叙述的细节，我们一起为改变菲利普制定了计划。

首先，他们必须成为有责任心的家长："你们总说'菲利普不让我这么

做',"我重复着他们的话,"我的15岁的女儿总说这样的话,'我的妈妈不让我这么做',而你却说'我的尚在学步期的宝宝不让我这么做',究竟是谁的责任?一个只有两岁的宝宝对他的父母发号施令,这是一件多么奇怪的事啊?你想让他整天开心,但是如果你听之任之,这个孩子可能长大以后对别人发号施令,那该怎么办……因为你允许他这么做。"

第二,他们必须要在孩子面前维护自己作为家长的权威。我建议他们必须要限制菲利普的选择权——吃饭的时候,让他在两个谷类食品中选择其一;或者在车上的时候,让他从两件玩具中选择其一。卡门听到这个计划以后想了一会儿,问道:"如果他哼唧着抱怨说'我想要这些'或者提出要满口袋的玩具的时候,我们该怎么做呢?"

我告诉她必须拿出作为父母的威严来。"你对他说:'不,菲利普,机器人和小卡车,你必须选择其中一个。'你不能让他控制你。"我强调着。

最后,当父母中有一个人陪着博尼塔或者为博尼塔换尿布,菲利普在一旁发脾气的时候,他们会说:"菲利普,我们不会接受你的行为。"如果他继续发脾气,他们会把他带到楼上去,必要的时候要教训他一下。我警告他们,这个年龄段的孩子的行为在变好之前总会经历一段令人头痛的时期。

莎伦:吃饭也疯狂

并不是所有的父母都会因为照顾宝宝而睡不好,但是在吃饭的时候宝宝的坏习惯同样也令人感到尴尬和头痛,消耗着家长们大量的时间。更糟糕的是,不好的就餐习惯可以持续长达数年。刚刚出现的问题往往不能引起足够的重视——可能家长是非常严格遵守就餐习惯的人,他们会担忧宝宝没有吃饱。他们可能用强迫或者哄骗的手段让宝宝顺从他们的想法。无论家长在餐桌上采用哪一种方式,家长总是必输无疑,而且餐桌上的表演会一直持续下去,吞噬着他们的宝贵时间。

卡罗尔请求我到她家中做客,因为她一岁大的女儿莎伦变成了"极度偏强的坏宝宝",她几乎拒绝所有的东西。正如大多数幼儿都会经历一段"叛逆期"一样,这件事本身听起来没什么大不了的。但是如果家长对于叛逆的宝宝给予过度的关注，就会鼓励和强化宝宝的叛逆行为，最终演变成挥之不去的恶劣习惯。

我恰巧在午餐时间来到她的家。莎伦坐在她的餐椅上，妈妈正在把手里的面包圈递给她，小姑娘仰起脸，转动身体躲避妈妈递过来的食物。这对母女的心情看起来都不大好。

"把面包圈放下。"我建议卡罗尔。

"但是她还没有把面包圈吃完呢。"

我让卡罗尔观察一下莎伦的状态：她正在踢腿，做着鬼脸——她的小脸扭曲，嘴唇紧闭。可是这位妈妈一直在恳求她："再吃一块好吗？宝贝，把嘴张开。"

这时，卡罗尔把女儿不吃饭的原因归结到面包圈上。"你想吃点别的吗，宝贝？你想吃麦片吗？还是想吃香蕉？酸奶怎么样？这里还有甜瓜，你想吃吗？"莎伦看也不看一眼，她坐在椅子上使劲儿地摇着头。

"好吧，好吧，"最后卡罗尔不得不说，"我把你抱下来。"她把女儿从餐椅上抱下来。洗完手之后，莎伦歪歪扭扭地走出去。卡罗尔在后面跟着她走进了游戏室，一只手拿着盛着苹果酱的碗，另一只手拿着莎伦没吃完的面包圈。她在莎伦的身后温柔地哼唱："嗯，真好吃啊！吃一口吧……就吃一块好吗？我的宝贝。"

"你刚刚告诉过她午餐结束了，"我对她说，"可是现在，在她进入游戏状态之后你却还在追着她吃饭。她正在地板上跑来跑去，把玩具找出来，而你悄悄地跟在她身后，试图把食物塞到她的嘴巴里。"

卡罗尔望着我，理解了我话中的含义。我们开始交谈，她告诉我莎伦每一天都是如何度过的。事实是：莎伦在洗澡和吃饭的时间"拒绝合作"。"就像刚才吃午饭时那样，你总是给她提供很多种选择吗？"我问她。

卡罗尔想了一会儿。"是的，"她骄傲地说，"我不想把我的意愿强加给她。我想让她学会独立思考。"

我让她给我举个例子。"好吧，在洗澡的时候，我会对她说：'你想去洗澡吗？'如果她回答'不'，我就说：'好，你再过几分钟去好吗？'"

我深知莎伦不可能理解"再过几分钟"的真正含义，这样的故事我听过无数遍，数都数不清。我打断卡罗尔的话，对她说："让我大胆推测一下接下来的情况好吗？几分钟之后，你不得不再给她更多的时间，可能还需要好几个'几分钟'。最终你无法忍耐下去，你就把她抱出来上楼去。这时候，她会在你怀里踢打、尖叫，是这样吗？"

卡罗尔目瞪口呆地看着我。我继续说："我敢打赌一旦你给她穿上睡衣，你会问她是否想上床睡觉，对不对？"

"对。"卡罗尔顺从地回答。"她总是回答'不'。"眼前这位妈妈瞪大了眼睛在想我是怎么知道她们之间的对话的。

"卡罗尔，她只有一岁大，而你是个成年人！"我告诉她，在莎伦就餐坏习惯的背后，隐藏着更大的问题：卡罗尔给莎伦过多的权利和过多的选择——而且都是虚假的选择。真正的选择是家长先选择出两个可行的选项，对宝宝说："你想要面包圈还是酸奶？"而不是丢给宝宝一大堆大杂烩般的选项。"你现在想洗澡吗？"就不是一个真正的选择，因为家长知道宝宝必须洗澡。另外，这个选择只需要回答"是"或者"不"，这对宝宝来说太容易选择了。

具有讽刺意味的是，尽管卡罗尔给莎伦过多的权利，但是并没有给予她应有的尊重。"如果她不感到饥饿，就不要强迫她坐在餐椅上吃东西。"我责备她说，"听听她的想法。要根据她的需求，而不是你的主观愿望做事。看在上帝的份上，不要跟在她的身后追着她喂食物，这只会让事情变得更糟。你需要帮助她培养能力，变成你希望她成为的样子，不要让她感到猝不及防。"

我警告卡罗尔："如果莎伦不愿意坐在她的餐椅上，你不要一而再地劝她过来吃东西，她会在吃饭的事情上感到有压力，这样做会让她对食物没有胃口。卡罗尔，在你和她之间的较量中，你永远不会成为赢家的。"

这个吞噬父母时间的坏行为会在数个月里变得越来越糟糕的：莎伦正在变成家中的"小女皇"和"统治者"。她的固执的行为会与日俱增的。如果家长不及时限制她的权利，教她学会抑制自己的行为，他们也就无法指望莎伦在公共场所的良好表现了。

"你们要重新为莎伦建立规矩，尊重她的想法，让她在吃饭的时候不会感到有压力，在做到这些之前，你们不要把莎伦带到餐厅去就餐。"我建议，"相反，如果你们不按照我的建议做，执意带着她到公共场所吃饭的话，她就会做出不好的事情破坏就餐的气氛。如果你带着莎伦去别人家吃感恩节大餐，她也不会乖乖地坐在餐桌旁吃饭的。莎伦在吃饭的时候到处乱跑，把食物洒在沙发上，祖母可能会因此不高兴，你也不得不匍匐在餐桌下面收拾她制造的烂摊子！"

在接下来的两个月里，卡罗尔和我每周都通电话。我们先制定计划重点解决莎伦的吃饭问题。卡罗尔需要清楚，如果莎伦想吃饭，她一定会到餐桌上来，但是如果莎伦不想吃饭，她也不必把就餐时间延长下去。

两周之内，莎伦就懂得了就餐的规矩——不到餐桌上，就不能得到食物。她逐渐明白如果她不想继续吃饭，不必像从前那样必须在餐椅上做出各种动作才能让大人们明白她的意思。她只要伸出双手，卡罗尔就会把她从餐椅上抱下来，她渐渐开始信任妈妈了。最重要的是，卡罗尔也在改变。现在她不会为宝宝提供虚假的选择了，她越来越擅于提供真正的选择，允许莎拉掌握主动选择权。（"你愿意让妈妈还是爸爸为你读书呢？"或者"你想看神话故事书还是想看恐龙巴尼的书？"）每天其他的活动也变得顺利起来。当然，小莎伦还是会时不时地表现出她叛逆的一面，不过卡罗尔会想办法解决，不再浪费大量的时间和精力与女儿的叛逆行为做斗争了。

毫无疑问，解决长期形成的坏习惯和对付"盗窃父母时间的坏行为"一样，在最初的阶段都会令人感到力不从心。但是关键是方向要正确，步骤要清晰。我相信你一定不希望你的宝宝长到三四岁还有睡眠问题，还会时常大发脾气，以及其他的难以解决的坏行为。因此，从现在开始接受挑战吧！只要能把偏离正确轨道的行为纠正过来，几周甚至几个月痛苦的坚持和无眠的夜晚都是值得的。

另外，心中要装着更大的愿景。育儿是一件艰苦的工作，也是最重要的工作。抚养孩子需要你的创造力、想象力、耐心和智慧，特别是在训练孩子遵守纪律方面更是如此。在下一章中，你会发现在育儿方面，你的深思熟虑和远见卓识是多么重要。

第九章
家庭的成长：第二个宝宝为家庭带来的改变

只有改变才是永恒的。

——赫拉克利特

治国容易治家难。

——蒙田

大问题

"你们什么时候打算要第二个宝宝？"或者"你们在努力要第二个宝宝吗？"这样的问题足以让任何勇敢的父母灵魂颤抖。很多家长都是有条理的规划者，甚至在怀第一个宝宝之前就想好了孩子们之间最理想的年龄差，当然前提是他们既幸运又果断，而且身体状况也能配合他们的想法。不过，并不是所有的人都有平和的心智和良好的运气的。事实上，就我的经验而言，在回答是否想要以及何时想要第二个宝宝这样的问题的时候，大多数家长会犹豫不决，而且，他们担心："我们能够应付过来吗？我们有这个经济实力吗？"或者："如果第一个宝宝很乖巧，我们的幸运会持续到第二个宝宝身上吗？""照看第一个宝宝让我感到精疲力竭，我还有勇气重新再来一遍吗？"

在第一次怀孕期间，家长们可能对自己的责任认识得不够充分，但是现在他们懂得了"养育子女"这一词汇的分量和真正内涵——既有丰厚回报又需要殚精竭虑，既是一个令人兴奋的事业又具有相当强的复杂性。拥有一个宝宝，"家庭"这个概念已然成型，难道还需要让它再扩大一点吗？

本章中，我们将关注即将到来的小宝宝和家庭的规模问题，以及如何让你的大宝宝接纳他的弟弟或者妹妹。更重要的是，如何在满足自我需求和维系家庭关系中间达成平衡。要知道，如果你的家庭增添新的成员，会有更多的挑战需要你勇敢地面对，所以你必须在为家庭的壮大而喜悦的同时，考虑考虑随之而来的潜在风险。

选择还是放弃（再次怀孕的抉择）

这是一个十分重要的抉择，所以不能犯错误。当然，前提是父母双方必须评估一下他们的实力：比如银行里的存款、家里房间的数量等等，当然，他们还要评估一下自己是否有足够的爱心，足以让两个宝宝得到应有的关注和照顾。通常，妈妈必须要考虑她的职业规划问题：假如由于大宝她放弃了自己的事业，她还愿不愿意为了照顾小宝继续留在家里带孩子？如果她已经回到职场，对于她来说，照顾大宝和应付工作已经让她分身无术，如果再增加一个小宝会怎样？相反，很有可能出现如下情况：在大宝出生以后，女人发现照顾婴儿让她获得极大的幸福感——她喜欢用自己的乳汁喂养宝宝的感觉，喜欢把宝宝抱在怀里的感觉，她对宝宝的热情甚至超出了从前的想象。当宝宝开始走路、说话和断奶以后，她意识到和宝宝的"蜜月期"已经结束，所以她非常想拥有第二个宝宝来延续她和宝宝的亲近感。尽管如此，在决定之前，她必须问问自己的内心，是否做好了重新再来一次的准备。

通常，夫妻双方会在"是否要二宝，何时要二宝"上难以达成共识，所以有关这个问题的争论也会对夫妻关系造成一定的影响。这可不是一个简单的怀不怀孕的问题，夫妻双方的分歧必须得到妥善的解决。每个人都需要理性地思考他想要二宝的真正原因：是否有来自家人和朋友的压力？还是由于自己童年的某些经历促使他作出决定？是否由于夫妻一方或者双方都有世俗的偏见，觉得只有一个孩子的家庭不算美满，他们必须让自己的宝宝有兄弟姐妹的陪伴？是否由于生理上的惯性？还是以上原因兼而有之？

下面的三个故事讲述了三对夫妻抉择是否要二宝的过程。其中两对夫妻经历了痛苦的抉择，而另一对显然是"上帝"替他们做了抉择。

约翰和塔利亚

约翰和塔利亚的第一个宝宝克里斯汀现在已经3周岁了，这个宝宝是在他们夫妻经历五年痛苦的不孕症的治疗和两次流产之后，好不容易盼来的宝贝。年近四十的塔利亚知道，她的年龄越大，通过冷冻的胚胎顺利怀孕的机会就越渺茫。可是比塔利亚年长十三岁的约翰却不那么热心，因为他的上一段婚姻已经让他有两个孩子了。他当然喜欢"中年的礼物"，他视小女儿克里斯汀为"掌中宝"，但是等到克里斯汀长大成人，他已经年过七旬了。塔利亚却用约翰的观点来反驳他："所以我们更应该再要一个宝宝，这对我们非常重要，"她坚称，"将来，克里斯汀需要亲人的陪伴，而她已经衰老的父母却不能陪伴她。"他们为此争执了好几个月，最终约翰被说服了，他也不想让克里斯汀在未来感到无依无靠。令人惊喜的是，塔利亚很快就怀孕了。现在，克里斯汀已经见到了她的小弟弟。

凯特和鲍勃

经营一家时装店的凯特想把"小弟弟"当礼物送给她的儿子，当然她有很多的事情需要提前考虑。35岁的凯特在事业上是个"女强人"，她非常喜欢自己的工作。儿子路易斯的降生让她不得不暂时放弃工作，所以她制定了计划，等路易斯6个月的时候就回去继续她的工作，事实上，她也是这么做的。她的儿子路易斯是一个"活跃型"的宝宝，想法多，而且睡眠习惯也不大好，尽管有兼职保姆的帮助，可是凯特还是感到一边工作一边照顾宝宝让她感到力不从心。因为经常在半夜里照顾路易斯，凯特会在第二天早上狼狈不堪地赶到店里去工作。丈夫鲍勃来自于拥有五个兄弟姐妹的大家庭，他想自己的小家至少有两个孩子，可是路易斯一个人就相当于两个半孩子让他们操心了。更糟糕的是，凯特的父亲患了癌症，生命垂危，她的妈妈对她说："我多么希望你的父亲在有生之年能亲眼见到路易斯有个弟弟或者妹妹呀！"说完，她还会加上一句："我也老了！"

凯特为此感到痛苦和自责。她当然希望有两个宝宝，但是无数个不眠之夜让她心有余悸，一想到每天晚上喂奶水、换尿布，她就感到惊慌失措。最终，凯特还是动了恻隐之心，在路易斯4岁生日的前后生下了她的第二个宝宝马尔科姆，当然这一次她如愿以偿地得到了一个"天使型"的宝宝。

梵妮和斯坦

尽管有时候夫妻二人会为了是否生第二个宝宝而争论不休，但是有时候，其他的力量会帮助他们作出决定。40岁的夫妻梵妮和斯坦在患有不孕症多年以后领养了他们的第一个宝宝，来自于柬埔寨的小陈，当只有两个月的小陈来到他们身边的时候，他们感到自己的梦想变成了现实。小陈的到来让这对夫妻的感情加深，他迅速地成为他们家中最重要的成员，而且小陈是一个乖巧懂事的"天使型"宝宝，抚养小陈让梵妮和斯坦觉得轻松而幸福。在小陈5个月的一天早上，梵妮起床之后连续干呕，她觉得一定是得了胃肠感冒，斯坦前几天也有类似的症状。让她惊讶的是医生告诉她她怀孕了。在喜悦的同时，她也倍感焦虑，因为她不确定是否有能力同时照顾两个都不超过两岁的宝宝，更别提经济上的压力了。不过，尽管压力重重，但是二宝已经在路上了。

应该要……还是不应该要……

尽管每一个"是否要二宝"的故事都有它们各自的纠结和挣扎，但是在做出决定之前，家长务必考虑如下几点：

● 身体状况。你的年龄？你的身材是何种类型？你有足够的精力照顾第二个孩子吗？

● 情感状况。考虑考虑你的性格，想想你是否愿意为此付出更多的时间和精力。你准备好放弃你和大宝之间已经建立的强烈的亲密关系吗？

● 第一个宝宝。大宝的性格是什么类型的？他的婴儿期和幼儿期是怎样的情况？他能适应环境的改变吗？

● 经济状况。如果夫妻有一方不得不放弃工作，另一方有能力应付未来家中增加的开销吗？你们有应急的存款吗？

● 工作。你愿意继续推迟返回职场的时间吗？如果你不得不等到孩子长大后才能回到职场上工作，你介意吗？

● 后勤保障。你家中有足够大的空间来抚养两个孩子吗？新出生的孩子在哪里睡觉？他会和大宝分享一个房间吗？

● 动机。是你自己想要二宝，还是在别人的施压下不得不要？你介意只有一个孩子吗？是否是你自己的童年经历——有一大堆的兄弟姐妹或者没有兄弟姐妹——影响着你要二宝的抉择？

● 支持和帮助。如果你是一位单亲家长，谁会给你支持，向你伸出援助之手？

如果我们生活状况足够完美，所有的事情都按部就班地开展，那样的话，在考虑是否要二宝的问题上我们就不会有这么多的纠结，只需要快快乐乐地做好准备就可以了，我们就会从容地决定大宝和二宝的年龄差，按部就班地怀孕。

但是，家长们面临的压力往往超出了他们的计划和期待。可能你希望在银行中有更多的存款，家中有更多的房间，有更多的时间来照顾宝宝。或许由于这些原因让你不得不推迟计划，你会觉得有压力，你会因为下面的事情而犹豫不决：生物钟在滴答滴答作响，你已不再年轻；你的第一个宝宝带给你那么多欢乐和麻烦；你的伴侣正急切地催着你要二宝。尽管你的身体状况或者经济状况有些不尽如人意，但是你还是会奋不顾身地去选择。

不同的年龄、不同的阶段

要二宝的计划可没有理想的时间表。你需要权衡利弊并祈祷"上帝"的帮助。

在大宝 11~18 个月的时候。"爱尔兰双胞胎"指的是两个出生在同一年份的孩子。不过这么小的年龄差带来的麻烦可不小。两个宝宝都穿着纸尿裤，你需要为他们准备双份的婴儿物品。而且，让大宝守规矩是一件更难做到的事，因为你会在每天照顾两个宝宝的生活中感到心力交瘁。好处是在大宝有能力扩大活动空间之前，你能结束从孕育二宝到生产的艰难历程。

在大宝 18~30 个月的时候。这个时期大宝在经历他的第一个"叛逆期"，也是他走上独立的"过渡期"。这个时候二宝的降生会让大宝得不到他需要的来自你的足够关注。由于你专注地照顾二宝，和大宝疏离，这样就会产生许多问题。大宝的脾气也决定着两个宝宝之间是长期的斗争关系还是亲密的伙伴关系。

在大宝 2 岁半到 4 岁之间。因为大宝已经相当地独立了，有他自己的朋友和稳定的生活规律，所以他不会嫉妒二宝。因为大宝和二宝之间有较大的年龄差，他们不可能成为游戏的伙伴，也不会在一起亲密地成长，不过等到他们长大以后，关系可能会发生相反的变化。

在大宝超过 4 岁的时候。由于二宝的降生，大宝可能会感到"失落"，因为他期待的是一个马上能够一起游戏的伙伴。他会参与照顾二宝，不过家长要留心他对二宝的过度的"负责任"。两个孩子之间会少一些对抗，但也不要期待他们之间有更多的互动和交流。

等待第二个宝宝的降生

此时，你体内的荷尔蒙主导着你，你的情绪会有很大的波动，毕竟，有一个小生命在你的身体中孕育着，而一个蹒跚学步的幼儿在四处跑来跑去。有时候，想想如田园牧歌一般的幸福家庭——有几个孩子围坐在晚餐桌旁；

在圣诞节的早上大家一起拆开礼物的那一刻；或者一大家子的人在迪斯尼乐园度假——你会感到幸福得如同在天堂里一般。还有的时候，当你想到这些问题——怎样和大宝解释？我还需要做哪些准备？如果大宝感到不愉快，我该怎么办？如果我的爱人对生二宝的事没有足够的信心，我该怎么办？——你就会痛苦得如同在地狱里。你的大脑在不停地旋转着，最终，最可怕的问题会出现在你的脑海中：我的努力会得到什么结果呢？

只有一个宝宝会怎样?

在历史上，第一次出现了拥有独子的家庭数量超过了拥有多子的家庭数量的现象。令人感到讽刺的是，尽管越来越多的成年人选择只要一个孩子，可是他们依然对独生子女抱有偏见。这些偏见是：独生子女一般是被宠坏的孩子；他们要求苛刻；他们不懂得和别人分享；由于父母的溺爱，使他们认为他们的索取和接受都是理所应当的事。由于没有兄弟姐妹，他一定会感到孤独的。斯坦利·霍尔，20世纪90年代的心理学家的言论更加刺耳，他说："独生子女都不健康。"

天啊！最近的调查表明，独生子女会更自信——他们的智商水平比那些拥有兄弟姐妹的孩子更高。当然，身为独生子女的家长，可能要把更多的精力投入到工作中，为他们的孩子建立更多的社交渠道，在外出旅行的时候找些朋友加入以便减少对独子的过度关注。他们必须谨慎管束孩子，不要让孩子接触为他们提供成人信息和情感的"损友"。不过好家长一定是负责的家长，不管他们有一个孩子还是有五个孩子。家长的能力、身心的健康状况，以及他们对孩子的爱和约束要更重要。

是否通过生孩子来使家庭壮大，这个小小的纠结是很正常的，也是可以理解的。但是在深思熟虑之后，如果再次怀孕的想法有悖于你的本心，你有权利坚持你自己的观点：只要一个孩子就够了。三口之家也很好，当孩子渐渐长大，你要对孩子强调这是你自己的选择。因为你的内疚、失落和后悔会让孩子感到是他剥夺了你有更多孩子的权利，而且，他也会因为你剥夺了他拥有姊妹兄弟的权利感到不满的。（顺便说一下，有些兄弟姐妹成年以后根本不来往。）

你的情感在九个月的怀孕期间犹如坐过山车一般起伏着、煎熬着。你既要照顾好自己，和爱人保持良好的夫妻关系，同时，你还必须让大宝慢慢接受家庭的变化。让我们先从成年人的事情谈起。

你的感觉再正常不过了。几乎所有到我这里咨询的孕育第二个孩子的母亲都会说的一句话就是："我希望我的选择是正确的。"她们会在不同的时间，由于不同的原因感到恐慌。最开始的几个月里她们还能够忍受这种恐慌，但是到了体重增加，连抱孩子都感到力不从心的时候，她们会把即将发生的分娩想象成一场迫在眉睫的灾难。有些家长会把养育孩子当成生活中的困境，他们更无法想象应付两个宝宝的场面，或者再次经历宝宝从婴儿开始

的成长过程让他们感到心力交瘁，对生活失去信心。也许你正和你的爱人在街上散步，可能经过的电影院或者饭馆让你突然想起没有孩子时候的浪漫生活，可是转念一想：难道我还要再经历一次养育孩子的过程啊！这个想法简直令我发疯！

当恐慌袭来，你要做如下的祷告来安慰自己："上帝赋予我平和的心态让我接受无法改变的事实，赋予我勇气尽我所能改善我的处境，赋予我智慧来辨别事物的不同本质。"怀孕就是一件无法改变的事实，但是你需要有良好的心态来面对这一切。所以你需要深呼吸，找一位临时保姆或者一位好朋友帮你照看孩子，去做一些自己喜欢的事。

说出你的恐惧。最近，室内装修设计师莉娜第二次怀孕已经七个月了，她的会计师丈夫卡特邀请我到他的家里，因为他们正在重新考虑想要第二个孩子的决定。从他们的两岁半的儿子凡出生之后，我就认识了这对夫妻。

"我整天考虑凡，"莉娜说，"我不确定是否给了他应有的关注。难道我真的想再生一个宝宝来分享我对凡的爱吗？"

"我认为我们没有花足够的时间来陪伴凡，"卡特赞同妻子的想法，说，"而现在，第二个孩子却要来了……"

"那么你们认为什么时候生第二个孩子最合适？"我问他们，我知道这个问题其实没有正确答案。"你们怎么知道凡何时会觉得你们的陪伴足够了？等到他4岁，或者5岁吗？"

这对夫妻懂了我的意思，他们无奈地耸耸肩。我建议他们回忆一下在七个月前是什么原因让他们决定怀第二个孩子的。"我从不认为凡会是我们唯一的孩子。"莉娜说，"我们计划生两个或者更多的孩子。在凡出生以后的几个月里我暂时放弃了工作，但后来我返回职场后，我的工作渐入佳境。我们两人的工作都很不错，所以我们的经济条件变得越来越好。我们计划等到凡三岁的时候再要一个宝宝，到那时他应该会有自己的朋友圈，有更强的独立能力了。"

这个理由听起来很合情合理。莉娜和卡特还翻新了他们的房子，在没有大费周章地换一个新房子的前提下扩大了他们的居住空间。显然他们已经做好了迎接第二个宝宝的准备。而且，这对夫妻看上去十分幸福融洽，凡也是一个非常乖巧的小男孩，他有一位极好的住家保姆在照顾他，而且，莉娜刚刚获得了一项室内装饰的大奖。

　　但是他们还另有隐情。首先，莉娜正被大量荷尔蒙所控制，她经常发脾气，而且体重增加了五十多磅。凡也因为得不到妈妈的拥抱而变得不开心，而妈妈也无法向他解释。莉娜告诉我关于她的一些出人意料的想法和卡特的小心掩饰的计划。由于被她之前的设计所打动，一位富翁要求她帮助设计位于马利布的豪宅。这项工作涉及巨大的经济利益、声誉和知名度，而且工程巨大，需要花费大量的时间——对于一个怀着孩子的妇女来说，这是不可能完成的工作。

　　在我们交谈的时候，我了解了莉娜的身体状况，同时也感受到了她由于错过使自己获得事业成功的机会而产生的郁闷心理。第二个宝宝的到来并不是使她郁闷的唯一原因。"你就像一匹垂头丧气的老马，"我的语气好像正在对着约克郡煤矿里拖着煤车的老马说话一样，我对莉娜说，"这些原因中的任何一个都可以让你的生活变得黯然失色。"这份工作在莉娜看来是"一生只来一次"的机会，更让她痛苦的是她深知她不得不拒绝这个机会。

　　"你已经把失望的情绪表现出来了，"我说，"如果你努力地隐藏自己的想法，这些想法会慢慢地影响你的心情，最终会吞噬你的幸福感。更糟糕的是，你会对这个即将到来的小生命心怀怨恨。"

　　生活不是汉堡王，它不会总遂你的心愿。我们每个人都有对生活的期待，都有想达成的心愿，但是生活并不能满足我们所有的愿望。当你感到不如意的时候，不要首先质疑你怀孕的理由，也不要因为错过的工作机会而感到失望，你必须接受生活原本的样子。我告诉莉娜，"你可以和那位给你工作机会的富翁谈一谈，要求他考虑考虑你的身体情况和家庭情况，但是你

再次怀孕的妈妈需要帮助！（给爸爸的清单）

　　妈妈在孕育第二个宝宝的时候感觉比第一次怀孕更加疲惫，她不仅仅要承担额外增加的体重，而且还要承担照顾大宝的职责。这个时期，爸爸（或者帮助照顾宝宝的人——祖母、祖父、姨妈、最好的朋友、其他的母亲或者保姆）必须援助正在怀孕的妈妈。爸爸和其他的帮助妈妈的人要做到如下几点：

● 代替妈妈承担起照顾宝宝的责任，无论何时，只要有可能就把孩子从妈妈手里接过来，最好有固定的时间照顾孩子。

● 替妈妈跑腿儿，听她差遣。

● 为全家准备餐食。

● 给宝宝洗澡——怀孕的妈妈很难弯下腰来为宝宝洗澡。

● 不要为了额外的家务抱怨——你的抱怨会让妈妈感到为难。

真想这么做吗？尽管你失去了眼前这次机会，也会有其他更好的机会在等着你，但是你再也不会有机会和你的宝宝在一起了。"

几天以后，莉娜打电话对我说她感觉好多了。"我一直在回忆当初决定要第二个宝宝的原因——对我们来说，这是最好的时机。现在我已经接受了暂时留在家里养育孩子而放弃工作的事实，所以我感到轻松许多。"莉娜的情况在今天的女性中绝不是特例，她们在努力平衡着照顾孩子和外出工作的关系，她们不得不做出某些牺牲。工作机会失去了会再得到，而宝宝却是生活中永恒的主题。

小宝宝，大期待

处理自己的问题只是解决问题的一个方面，另外一面是解决宝宝的问题，宝宝还不能理解为什么你的腹部渐渐隆起，为什么你不再把他抱起来拥入怀中。以下是几个让你和宝宝之间消除隔阂的小建议，它们会有助于让你轻松度过这个特殊的阶段。

你的宝宝还不能完全理解。当你对他说"妈妈的肚子里有个小宝宝"的时候，宝宝可能还不能理解这句话的含义。（即使我们成年人对生活中发生的奇迹也不能完全理解！）宝宝可能会骄傲地指着你隆起的腹部，学着说你对他说的话，但是他并不知道这个新来的宝宝对他意味着什么。我并不认为让宝宝做些准备是不必要的，但是在做这件事情的同时，不要对宝宝有过分的期待。

不要过早地告诉宝宝你怀孕的事。对宝宝来说，九个月的时间太长了，如果你告诉宝宝"你快有一个小弟弟/妹妹啦"，他会认为这件事明天就会发生。尽管很多家长都会在分娩前几个月告诉宝宝这个消息，但是我还是认为在分娩前四到五周左右告诉宝宝最为妥当。你了解你的宝宝，在决定告诉他之前要充分考虑他的个性和接受新事物的能力。当然，如果宝宝注意到你隆起的腹部并询问原因的时候，你就可以利用这个机会告诉他。

在你决定告诉宝宝你怀孕的消息的时候，一定要注意用最简单的语言："还有一个小宝宝在妈妈的肚子里，你就要有一个小弟弟/小妹妹啦。"真诚地回答宝宝的问题，比如"他会住在哪里"？或者"他会在我的小床上睡觉吗"？尽量省略这样的话题：这个宝宝不会一出来就会走路和说话。有很多家长兴奋地对宝宝说："他很快就会出来陪你玩啦！"然后当他们从医院里带回来的是一个除了睡觉、哭喊和吃妈妈奶以外什么都做不了的小东西的时候，宝宝会感到多么失望啊？

> **一位妈妈的来信**
>
> 在我孕育二宝期间，我和儿子公开地谈论我肚子里小宝宝的情况，比如它从哪儿来，它会是什么样子等等。我们想让儿子在二宝出生之前在心理上适应并接受。当女儿降生以后，我们送给儿子一件礼物，并告诉他这是他的婴儿妹妹送给他的见面礼（这个想法是我从一本杂志上看到的）。这让他觉得他的妹妹爱他，就不会产生嫉妒妹妹的心理。

在二宝出生之前的六个月，送大宝去参加游戏小组的活动。宝宝会在与同龄人之间的游戏中学会与人分享和合作。即使大宝和二宝年龄相差得很小，他们之间的共同点也不多，只有双胞胎宝宝们可以从彼此互动的游戏中学会分享。在与其他小朋友接触的时候，宝宝至少可以知道什么是"分享"。但是也不要期待他在二宝出生以后一下子变得懂事起来，要知道，理解分享的含义对于这么大的宝宝来说是很困难的，所以不要对他有过高的期待。

向其他孩子展示你的关爱。你需要在宝宝面前与其他孩子互动做游戏。有些宝宝不会介意自己的妈妈拥抱亲吻其他的宝宝，但是也有些宝宝会显得愤愤不平——因为他的妈妈从未在他面前表现出对其他孩子感兴趣。还有一些宝宝会感到惊讶，比如14个月大的奥德莉，看见妈妈佩里抱起游戏小组里另一个小朋友的时候，脸上露出震惊的表情。她的眼睛瞪得很大，脸上的表情似乎在说："啊？妈妈，你在做什么？我在这儿呢！那个人不是我！"对佩里来说，给奥德莉上这一课很有必要，这样奥德莉就会明白妈妈也可以被别人分享。

在家里，如果宝宝会在爸爸拥抱妈妈、亲吻妈妈的时候愤怒地推开爸爸，就需要让宝宝明白：妈妈既爱宝宝，也爱爸爸。有一位妈妈曾经告诉我说她的两岁大的儿子"只要看到我们夫妻接触就会生气"。我建议她不要在宝宝面前避免夫妻的亲密接触，而要对宝宝这样说："宝宝过来，让我们一起拥抱吧！"

让宝宝接触婴儿。让宝宝看一些描写婴儿的书籍；在杂志里找一些婴儿的图片，或者他自己婴儿时期的照片给他看。最好让他看到一个真正的

婴儿，和他谈论婴儿的事情。对他说"这个宝宝比妈妈肚子里的宝宝大一些"，或者"我们的宝宝出生的时候不会这么大"。让宝宝明白婴儿是非常弱小的："这是一个新生婴儿，看看他的小手指是多么纤细啊！他很娇嫩，也很脆弱，所以我们必须小心点。"不过，你要知道，对待别人家的婴儿他会非常小心的，而对待你从医院里带回家的那一个，就不会这样了。

小贴士： 许多准父母们愿意去医院待产的时候带上自己的孩子一起去，他们习惯性地认为这样做可以让宝宝明白妈妈到医院去是为了迎接新来的"婴儿"。我不同意这么做。对于年幼的宝宝来说，医院是一个可怕的地方，宝宝会错误地认为"婴儿"是从那个只有生病才会去的地方来的。

时刻留心宝宝的想法。即使宝宝由于智力的原因还不能完全明白到底发生了什么，但是我可以向你保证，宝宝一定意识到了生活的变化。他听见你们几乎每次的交谈（即使有时候你认为他根本没留意）中都会有"如果宝宝出生了"之类的语言，他意识到一定有"大事"要发生；他会注意到你经常需要休息；他会奇怪为什么几乎所有的人都会说"不要碰到妈妈的肚子"之类的话；他留意到原来不用的房间被刷上油漆，门口还挂上了"宝宝的房间"的门牌；或许你已经把他的婴儿床换成了大床。尽管他可能不会把这些和你正

> **一封来信：把减法变成加法**
>
> 我在帮助我的大儿子接受即将出生的宝宝的时候采取了如下的做法：我在怀孕末期，由于隆起的腹部，所以在拥抱大宝的时候感到十分困难。我对儿子说："要等到宝宝出生以后我才能抱起你，我都有些等不及了！"或者问他："当你的小弟弟来了以后，你第一件事想让妈妈做什么？"我的儿子毫不犹豫地说："来抱抱我呗！"
>
> 当我分娩以后，我的丈夫把儿子带到医院看望我和新出生的小宝的时候，我把新宝宝放在摇篮里，抱起了我的儿子，让他贴近我的身体，我兑现了曾经向儿子许下的诺言！

在孕育的宝宝联系到一起，但他一定知道他习惯的环境有了重大的改变。

说话要当心。不要找出来宝宝的旧衣服对他说："这些衣服原来是你的，现在给新宝宝穿。"带他去商场为新生儿买衣服的时候，也不要大惊小怪地发出这样的赞美之词："这些小衣服是多么可爱啊！"或者走到玩具柜台选购婴儿玩具的时候，不要对宝宝说："这些玩具是给新宝宝买的，你已经是个大孩子了，不能玩这样的玩具了。"这些可爱的毛绒玩具对他仍然有

很强的吸引力，为什么他不会以为这些玩具是给他买的？最重要的，不要对他说要热爱新出生的小弟弟/妹妹，因为他不可能这么做！

和宝宝分开，在外面过夜。不要让宝宝第一次与你分离是因为你去医院待产。祖父或者祖母、宝宝喜欢的姨妈，或者你的好朋友都可以把宝宝带到他们家里过夜。或者雇一个保姆让她陪着宝宝在家中过夜。提前三天告诉宝宝你的计划："乔伊，你要到奶奶家住三天（或者，'奶奶要来我们这里住几天'）。我们需要在日历上做个标记吗？让我们一起做个记号吧。"让他帮助你整理他需要带上的物品——他的睡衣和玩具。如果安排奶奶来家中，让他帮你为奶奶铺床，整理奶奶的房间。

> **有关断奶的提醒**
>
> - 放慢节奏。自己提醒自己：完全断奶需要至少三个月的时间。
> - 不要把未出生的宝宝当做断奶的理由。断奶的原因是为了宝宝的成长，而不是为了未出世的孩子。
> - 为宝宝断奶，和你有没有怀孕无关。

一两个月之后，你的预产期就要到了，你和宝宝都需要准备一个袋子。你和他要多谈论去奶奶家里住的事情，尽量不要谈论你去医院生产的事情。简单地对他说："今天妈妈要去医院迎接小宝宝了。你要怎样怎样（你的计划）。"因为他已经有过在别人家过夜的经历，所以你尽量地让他回想起他经历过的令他开心的事，让他知道就像上一次一样，你们很快就会重逢的。

利用你的常识，相信你的直觉。别人可能会给你无数的建议帮助你的宝宝适应新的变化，甚至有些家庭服务中心会提供一些"适应兄弟姐妹"的课程，但是在听取这些建议的时候，我建议你不要盲从。比如这些课程中，有些"专家"在课堂上会建议家长要"放纵"大宝，让大宝在家庭中占据"权威"的地位。最有经验的玛雅曾经对我说："宝宝来到我们身边，是为了让我们的生活更加丰富，他不应该受到孤立，也不应该在家里受他哥哥的管束。"玛雅说得对：在家庭中，任何人的需要都应该受到重视。

如果可能，让大宝断奶。在本书的第四章我就说过，所有的哺乳动物都会经历断奶，这是它们成长的必然结果。断奶的过程能否变成宝宝痛苦的经历取决于你如何应对。在很多地区，由于家庭中宝宝们之间年龄差很小，妈妈会习惯性地"连续哺乳"，但会耗费妈妈大量的体力。当然，如果你的宝宝是"爱尔兰双胞胎"（同一年出生的两个宝宝），或者如果大宝仍然需要只有母乳可以提供的营养物质，你可能需要同时为两个孩子一起哺乳，但是

我仍然建议妈妈们认真考虑一下是否可以利用其他的替代品来解决大宝断奶的问题。

当然，如果大宝已经两岁或者更大些，把喝母乳的事当做一种慰藉的方式，而不是真的需要母乳的营养的话，在第二个孩子出生之前为他断奶是有好处的。如果他吸吮奶水只是为了寻求安慰，你需要帮助他找到其他自我安慰的方式。这个时候正适合为他介绍一种安慰物品，在二宝出生之前帮助他找到自我安慰的方法，这是个好机会。否则，他会为此痛恨新来的婴儿，如果大宝四岁以后，消除他对弟弟或者妹妹的怨恨会更加困难。

关于"侵略者"

任何一个尚处于学步期的幼儿，在新出生的婴儿出现在家里以后，都会感到失落，你千万不要为此责怪他。想想：如果你的丈夫带回家一个女人并要求你爱她，照顾她，你会怎么想？事实是，我们对仍然年幼的宝宝要求太高了。妈妈突然消失了，一两天以后从医院里带回来一个不停地哭喊的蠕动的小东西，而且有好多的

> **应该把宝宝带到医院里去吗?**
>
> 通常情况下，家长会把大宝带到医院去看望新出生的婴儿。你可能也会这样选择，但是请在决定之前考虑一下大宝的性格特点。他可能会因为你不能和他一起回家而感到不愉快。而且，当看到他没有对新生婴儿显现出由衷的喜爱的时候也不要感到失望。给他时间，满足他的好奇心，给他机会表达他的真实的感受——即使这些感受并不是你希望的样子。

客人到家里来看它，似乎大人们的所有注意力都被这个小东西吸引过去了。每个人都在谈论着让他当一名"大哥哥"，去照看这个新来的小婴儿，这是对他的伤害和侮辱。啊！等一等！他会这样想："那么我呢？我不想要这个侵略者。"这是他正常的反应。每个人都有嫉妒之心，只不过成年人懂得如何伪装和隐藏。但是，孩子是这个世界上最诚实的生物——他们会表现出他们的真实想法。

我们无法准确地预测宝宝会如何对待新出生的婴儿。影响他的行为的因素很多，比如他的性格、你之前为他做的准备、婴儿回到家之后发生在他周围的事情等等。有些孩子会表现得体，并能一直保持用这样的方式来对待婴

儿，我的合著者的大女儿詹妮弗，当她的弟弟杰里米出生的时候，已经三岁半了。从看到弟弟那一刻开始，詹妮弗一直充当着"小妈妈"的角色，这是因为她是一个性格随和、乐于助人的"天使型"宝宝——当然，两个宝宝之间年龄差的因素也不能排除。她和父母之间有大量的单独相处的时间，所以她更愿意包容这个新来的小东西，不怕他侵犯她的领地。

与之相反，有些宝宝只看了婴儿一眼就开始憎恨它，而且非常固执。丹尼尔就是一个典型的例子。他第一次用手敲打他的小弟弟的头部的时候，这个只有23个月的聪明的小男孩马上就意识到：啊，我只有这样做才能让大家忽略这个愚蠢的小东西！还有一个叫奥利维娅的孩子，她会激烈而大声地表达她的怒火。婴儿从医院回家没过几天，米兰姨妈建议他们一家四口人照一张全家福的照片。在照相的时候，奥利维娅好几次差一点把新出生的小弟弟科特从妈妈的怀里推到地上。

不过绝大多数的幼儿不会这么过火地表达他们对婴儿的不满，他可能会对其他的小朋友有攻击性的行为，或者用身体上的反抗来宣泄情绪，因为他们还不能用语言来表达，而且大人们也不鼓励他们表达自己的情绪。他可能会拒绝做一些以前没有抗拒过的简单的事情，比如收拾他的玩具。他也可能会在餐桌上乱丢食物，或者拒绝洗澡。或者他可能会出现发育倒退的行为：他几个月前就已经能够自己走路了，可是突然拒绝走路，在地上爬来爬去；或者尽管他已经连续好几个月整夜睡觉，突然会在半夜里醒来不想睡。有些孩子还拒绝吃饭，或者已经断奶好几个月了，仍然想抓着妈妈的乳房不放手。

很多西部片里的情节，在关键时刻牛仔们只出一招儿就解决了所有问题，这是可能的吗？不一定。有时候，你必须沉着应对可能发生的一切，而且要有长期解决问题的准备。但是以下这些建议可能会在关键的过渡阶段里帮助你减少些麻烦。

为你的宝宝多安排一些你和他单独在一起的时间。当二宝出生之后，小

一封来信：对妹妹的爱

最近我有了第二个宝宝。我们在宝宝出生之前，对已经快三岁的儿子泰勒实施过心理培训，我们经常和他谈论宝宝的事，对他说妈妈要去医院里把宝宝生出来。我还曾经让泰勒帮忙装饰他的妹妹杰西卡的房间，他非常乐于做这件事。他甚至把自己的旧玩具包起来，把它们放在妹妹的房间里。当我在医院待产的时候，他和爸爸一起到商店为杰西卡购买玩具，他还为此感到骄傲。他十分爱慕他的小妹妹，不停地亲吻她，和她说话。不过有时候做得有点过了！

家伙需要长时间的睡眠，这个时候你要多陪陪大宝，多拥抱他，花费更多的时间和他一起玩；在你休息的时候，让大宝安静地陪着你。但是不要随机地决定你和他单独在一起的时间，你要有计划地陪伴他，比如带着他和朋友定期约会吃午饭，或者在天气好的时候和他一起到外面散步——可以去公园、去喂鸭子、去咖啡店喝咖啡或者去市中心逛逛。晚上睡觉之前也要抽出时间和他单独相处。

一个玩具娃娃做不了这件事

有些人建议在二宝出生的时候送给大宝一个娃娃，这样会有个"宝宝"需要他来照顾。我不赞成这样做。娃娃根本不能比作有生命的"婴儿"——它是一件玩具。你不能期待宝宝把一件玩具当成活的"婴儿"。相反，他会拽娃娃的头发、用手打它，或者把它丢到沙发的后面。几天以后，你会发现娃娃脏兮兮的小脸，因为宝宝曾给它"喂"三明治的果酱。这个办法不会让他学会怎么对待一个真正的婴儿的！

不管你如何规划，你也要承认新出生的二宝更加需要你的照顾和关注。你最好诚实地面对这个事实，有计划地培养大宝的接受能力。例如，你在给大宝读书之前对他说："我为你讲这个故事。不过如果小弟弟醒了，我就必须回去照顾他。"

让大宝帮助你做一些小事，但不要对他有过高的要求。假如宝宝对新出生的婴儿充满好奇，有想帮助你照顾他的强烈的愿望。这种情况下，如果你拒绝他参与照顾宝宝，就仿佛对他说："这里有一盒糖果，但是你不能吃。"他会非常失望的。我曾经让我的热心的大女儿萨拉帮助我把婴儿尿布摆放整齐。不过，尽管大宝热心帮你做事，渴望和你合作来照顾婴儿，但是你不要忘记他还只是一个孩子，让一个两三岁的宝宝来当保育员是不公平的。

小贴士：在一个幼儿的眼里，新出生的婴儿就像是一只坐着的（或者躺着的）小鸭子一样，即使他非常爱它，也接受了它，他也会这么想。不要让宝宝和婴儿单独待在一起。即使你和他们共处一室，也要时刻留心宝宝的一举一动。

当小婴儿睡觉时，如何才能让大宝保持安静？

就像你对待大宝一样，你必须尊重新出生的婴儿对安静环境的需求。不过，让一个精力充沛的幼儿"轻声说话"，即使在你的要求下，他也不可能做到。另外，他可能完全不能理解你的要求的含义。如果遇到这种情况，你要开动脑筋想个办法。你可以转移大宝的注意力，或者陪着他在远离婴儿的房间玩。

接受大宝的发育倒退的行为，但不要鼓励他这么做。如果你的宝宝此时做出了发育倒退的行为，不要过度反应，这是一件非常正常的事。他可能会爬到游戏桌上，到小床里玩一会儿，或者试用婴儿的玩具。这都没有关系，但是这里的关键词是"试用"。当萨拉想坐到妹妹索菲的婴儿车里的时候，我就允许她坐一会儿。不过我会对她说："好，你已经尝试过了，这个车不适合你了，索菲坐很合适，因为她还不会走路呢，而你已经可以自己走了。"幼儿对婴儿玩具的热衷只会持续一到两周的时间。只要家长满足宝宝的好奇心，他们就会重新玩更适合他们的玩具。

不过，这样的"试用"不适用于哺乳。住在蒙大拿州的莎娜最近和我通电话，向我诉说她在第二个宝宝海伦出生前五六个月就已经给15个月大的女儿安妮断奶了。她把海伦妹妹抱回家以后，过了几天安妮也要吃奶。莎娜有点疑惑不解了。她遇到国际母乳协会的成员，他们认为只要安妮需要，就可以给她喂奶——如果妈妈拒绝她的要求，会对她造成"心理上的伤害"。"但是我觉得不合适。"莎娜说。我同意莎娜的观点，另外我还认为这样做会纵容安妮控制母亲的行为，这对她来说可能是更大的伤害。我建议莎娜直接和安妮谈谈："不，安妮，这是婴儿的食物，我们必须把它留给妹妹海伦。"由于安妮可以吃固体食物了，在吃饭的时候，莎娜要强化两种食物的区别："这些是水果和鸡肉，是安妮和妈妈的食物。而这个（指指自己的乳房）是海伦的食物。"

要提高警惕

以下这些话是宝宝说给大人听的，可是并不是像听起来那么"可爱"，它们揭示了宝宝对新生婴儿的真实想法。听到这些话，你要提高警惕：
- 我不喜欢她哭。
- 她太难看了。
- 我恨她。
- 她什么时候回来？

鼓励宝宝表达他的感受。在决定第二次怀孕的时候，我是经过深思熟虑才做出决定的，即使这样，我也没有想到莎拉会问我："妈妈，那个小孩儿什么时候回来？"起初，在听到她的问题的时候我并没在意，我的第一反应是：她的话真可爱！但是过了几周之后，莎拉告诉我她"恨"索菲妹妹，因为"妈妈现在整天陪着她"。她在我给索菲喂奶的时候跑到婴儿室把抽屉掏空，要不是安装了婴儿锁，还不知道她会把柜子里面弄成什么样子呢。后来，她开始把卫生纸从纸卷上扯下，弄得满地狼藉。显然，我并没有花时间解读萨拉给我的暗示，或者认真倾听她的真实感受。我做了什么：每次当她想吸引我的注意力的时候——通常会在我给索菲喂奶或者换尿布的时候——我就会对她说："妈妈现在忙着呢！等一会儿好吗？"很显然，这样的话让她觉得很不舒服。

为了避免她认为我对她心不在焉，我帮助萨拉找些事做，让她也忙碌起来。我把装满蜡笔和彩色图画书的"百宝囊"拿给她，这些东西能让她在我给索菲喂奶或者抱着索菲的时候自己玩上一段时间。我们把让莎拉自娱自乐的"百宝囊"当成我们生活中不可缺少的一部分。我对她说："把你的'百宝囊'从柜子里取出来吧，这样在我照顾索菲的时候，你也有事做。"

无论你做什么，也不要让宝宝觉得他是一个愚蠢的孩子，或者总做错事的孩子。不要建议他"发自内心地"热爱他的小弟弟。不要认为宝宝对待小弟弟的糟糕态度是你的错——这和你的育儿能力无关。相反，要通过与他的交谈探查他的真实想法。比如你问："你因为什么不喜欢小宝宝呢？"很多孩子会说："他总哭！"听到这样的解释，你还觉得有理由责怪他不懂得包容吗？有的时候就连成年人都会感到无法忍受婴儿的哭泣，对你的宝宝来说，一想到小宝宝的哭泣会招来妈妈的关注，他就会对他产生更大的敌意。尽量对他解释小宝宝的哭泣是他们"在说话"。告诉他："当你还是婴儿的

当宝宝有了小弟弟/小妹妹的时候，永远不要对他说这样的话

"你必须照顾他。"
"你必须喜欢他。"
"对他好点儿。"
"你必须保护我们的宝宝。"
"难道你不爱他吗？"然后，当宝宝回答"不"的时候，你说："不，你爱他。"
"和你的妹妹一起玩。"
"照看你的小弟弟。"
"在我做饭的时候，你要照看你的妹妹。"
"你要和弟弟一起分享你的东西。"
"现在你已经是大姑娘了。"
"别装做没长大的样子。"

时候，你也这样和我说话。"或者，给他举一个现成的例子："我们在学习跳跃的时候，必须反复练习才行，是吗？有一天我们的宝宝会像我们一样说话的，所以现在他必须反复练习才行。"

要留心你的语言。宝宝通常会模仿大人的语言和动作。因为宝宝会认真听你讲话，所以在说话的时候，小心把不好的想法灌输到他的脑海里。比如他听见你对别人说："他在嫉妒他的小妹妹。"那么，他就会产生嫉妒的想法。

而且，和宝宝换位，听一听你自己说出来的话。我们做家长的有时候会忽视宝宝的失落感带给他的伤害有多强烈。当你说"你必须要爱你的小弟弟"或者"你必须要保护你的小妹妹"的时候，宝宝可能会在心里想：难道让我来爱一个像一只小猫似的，整天只会哭，把妈妈从我身边夺走的小东西吗？我可不愿意！你对宝宝说"别再装做没长大的样子了"，只能证明你不顾及宝宝的感受，因为他根本听不懂你的话。或者你对她说"你现在已经长成大男孩了——睡大孩子的床，玩大孩子的玩具"。其实，宝宝根本不知道"大孩子"的定义是什么，而且，一个两岁大的宝宝会愿意有这样的负担吗？

小贴士：永远不要把你的新出生的小宝宝当成借口，比如你说："乔纳森要睡觉了，我们必须离开这儿。"

如果大宝向你抱怨，你要认真对待。贾斯汀3岁的时候，她的弟弟马修出生了。最初，贾斯汀看起来很快乐，但是到马修4个月的时候，贾斯汀就开始给大人找麻烦了。尽管贾斯汀好几个月之前就接受了自己便溺的训练，而且做得很好，可是现在她又开始尿床了，在卫生间里四处涂抹她的粪便，还拒绝洗澡，在晚上睡觉之前发脾气。"我们搞不懂这个孩子到底怎么了。"贾斯汀的妈妈桑德拉对我说，"她一向是个乖巧听话的孩子，但是现在她变得刻薄了。我们试图跟她讲道理，可是一点作用也没有。"

"你爱你的小弟弟马修吗？"我问贾斯汀，她的父母带她一起来拜访我。但是没等贾斯汀回答我的问题，她的爸爸插嘴说："她肯定是爱弟弟的，难道不是吗？"

婴语的秘密②

　　贾斯汀瞪着她的爸爸，好像在说：哼！我才不爱呢！这不是事实！

　　看懂了她的表情，我继续我们之间的对话："你不喜爱小弟弟哪一点？他做了什么事让你觉得不可爱？"

　　"哭！"贾斯汀回答。

　　"他是用哭来说话的。"我向她解释，"在他能说话之前，他只能用哭声告诉我们他需要什么。他用一种哭声在说'妈妈，我想吃饭'，用另一种哭声说'妈妈，我需要换尿布'。如果你能帮助妈妈分辨马修的哭声，那有多好啊！"

　　我发现贾斯汀在认真地思考我的建议，好像在掂量着是否她要帮助妈妈分辨弟弟的哭声。"还有什么是你不喜欢的？"

　　"他占了妈妈的床。"她说。

　　"难道你不把你的娃娃放在你的床上吗？"

　　"不。"（这个时候，爸爸反驳她的话："宝贝，娃娃在你的床上。"）

　　"啊！"我继续说："妈妈把宝宝放在床上是为了方便给他喂奶。你还不喜欢他什么？"

　　"我必须和他一起洗澡。"

　　"哦，或许我们可以为你做点什么。"我很高兴，因为我终于从她的嘴里知道了她的家长应该在哪方面改进他们的育儿方式了。

　　和我说了一会儿话之后，贾斯汀被其他的玩具吸引过去了。我对桑德拉和她的丈夫说："如果贾斯汀一直把洗澡看待成生活中重要的部分，现在的变化让她很不开心，她不愿意洗澡了，你们应该认真对待这件事。我知道让两个宝宝一起洗澡会节约很多时间，不过贾斯汀不喜欢。很显然她很怀念她和你在一起的时光，所以她把怨恨和怒气发泄到她的小弟弟身上。"我建议他们可以先为马修洗澡，然后再让贾斯汀一个人洗，"为了家庭的平静，给两个宝宝分别洗澡又何妨？"我说。

　　当然，倾听宝宝的心声并不意味着让他操纵整个家庭。当听到宝宝抱怨的时候，先想想他的过去："有没有宝宝已经习惯的事情现在被剥夺了？"也要考虑一下要求的内容。如果他的要求是合理的，就尽量满足他的要求好了——前提是不能伤害到他的同胞弟妹，也不把他的同胞弟妹排除在外。

小贴士：尽量发现他对小弟弟／妹妹友好的一面，然后表扬他："你真是个好哥哥。"或者"你看你握着吉娜的小手，你真是个有爱心的宝宝！"

让宝宝知道你对他的期待。如果你忙于照看小婴儿，可以直接对大宝说你希望他做什么。你的孩子需要直接了解你对他的期待。当他对小弟弟／妹妹不好的时候，或者想要伤害他的时候，你一定要直接对他说。拿丹尼尔的事情为例：因为丹尼尔的家长在二宝出世以后，感觉"亏欠"了丹尼尔，放松了对他的约束。所以，丹尼尔一有机会就会袭击他的小弟弟。我问他的妈妈为什么不管管，她说："毕竟他还不懂事。"我对她说："你最好教育教育他。"

不幸的是，这对家长没有意识到问题的严重性，依然同情丹尼尔的行为，对他继续纵容："可怜的孩子，他感到失落。"或者他们坚信："他还是爱他的弟弟的。"直到有一天丹尼尔用圆珠笔尖扎了弟弟稚嫩的头皮。为宝宝的行为找借口或者否认他的坏行为对他不会有任何的好处。当丹尼尔要掐弟弟的时候，你要对他说："你必须要爱你的小弟弟。"并且重申规则："你不可以伤害克罗克。你这样做会让他受伤的。"妈妈要认同他的感受（"我知道你感到失望。"），但是要帮助他面对现实："我不得不多花时间陪着他／照顾他，就像以前我照顾你一样，因为他还是个小宝宝。"

把危险的行为掐断在萌芽中

当宝宝感到受到父母亲冷落的时候，他们不可能会说："妈妈，我想让你过一会儿陪陪我。"事实上，他们会表现出生气和冲动的行为。他知道伤害小宝宝会吸引你对他的关注，所以，无论你的大宝对小宝宝企图做什么，按照我之前的建议酌情处理。你可以把他的双手控制住，平静地对他说："如果你掐小弟弟，你就不可以继续待在这儿。你这样做会伤害他的。"回忆情感教育的原则和方法，告诉他用欺负别人或者欺负动物的方法发泄情绪是不对的。

预见到宝宝会"犯规"——但是要坚持原则。尽管家长们坚决要求3岁大的娜内特"对小妹妹好点"，但是她却持续犯错误。只要有机会，娜内特就会爬上只有8周大的小妹妹埃塞尔的小床上，根本不在意安装在床顶的摄像头。娜内特会推搡，或者用身体挤床上的小婴儿，直到她哭起来。妈妈伊莱恩在厨房做饭的时候，从监视器里第一次看见娜内特悄悄地打了一下埃塞

尔，她赶紧跑进房间，把娜内特赶出了埃塞尔的小床，并告诉她今天不让她喝她喜欢的果汁，作为对她的惩罚。娜内特抗议地说："我只是想亲亲她。"伊莱恩一句话也没说，她不想揭穿只有3岁大女儿的谎言，她也不想把事情闹大。

不过，伊莱恩意识到娜内特对小妹妹的不友好，她害怕娜内特会因为她拥抱小宝宝而产生更强烈的嫉妒之心，所以她把娜内特暂时托付给了保姆或者她的祖母来照顾。她还告诉家人和朋友，如果想送给埃塞尔礼物的话，最好顺手送一件礼物给娜内特。"我不喜欢过于严厉地约束她。"当伊莱恩和我讲述她的故事的时候，她承认："因为在小妹妹出生之后，娜内特感到失落。"

一天我拜访伊莱恩的家，她正准备带娜内特去公园。"怎么不带小宝宝一起去？"我问。

"娜内特不想让她一起去。"她回答着我的问题，丝毫没有意识到她在纵容娜内特控制她的决定。后来，我们在监视器里看见娜内特又爬上了埃塞尔的小床，这一次她要猛击埃塞尔。

"你必须马上过去，"我催促伊莱恩，"告诉她你看见了她的行为。让她知道这是不可接受的。"

这样的情况很容易演变成"消耗父母时间的坏行为"，因为伊莱恩不知不觉地强化了娜内特最自私和最刻薄的行为——让埃塞尔置于危险之中。在我的催促之下，伊莱恩马上来到埃塞尔的房间，对娜内特说："娜内特，不要这样做！你会伤害到埃塞尔的！你不可以打小宝宝。现在你必须回到自己的房间。"伊莱恩把娜内特带回到她的房间，并在大发脾气的娜内特身边安静地站着。"我知道你不开心，娜内特，但是你也不能袭击小宝宝。"伊莱恩对她说。从那时开始，只要娜内特对埃塞尔动手动脚，伊莱恩就会把她带回自己的房间。相反，当娜内特对小宝宝表现友好的时候，就会得到妈妈的赞美。后来，娜内特意识到只要她表现好，她就会得到妈妈更多的关注，而不会在自己房间闷闷不乐地待着。

对娜内特有时候的"哼哼唧唧"的抱怨行为，伊莱恩也停止做出任何回应。当大女儿抗议的时候，她不会把小女儿送到保姆身边，而是对大女儿说："娜内特，如果你不好好说话，我就不会和你讲话的。"她明确地告诉娜内特她是永远不会妥协的。"我现在要去照顾小宝宝了。她也需要我，我们是一家人，对吗？"

不要做过度的反应。如果你的宝宝用做惊险动作吸引你的注意的话，你的本能会促使你大发雷霆。但是，正如我在第七章和第八章里详细讲过的一样，过度的反应恰恰会强化这种不好的行为。有一次，我准备去赶赴祖母家的周日午餐，我给女儿们穿上白色的连衣裙，精心地打扮她们。可是一不留神，萨拉就把索菲带到了储存煤碳的地窖里。当我找到索菲的时

> ## 当大宝发脾气的时候
>
> 　　如果自己一个人既要照顾襁褓中的婴儿，又要应付哭闹的大宝，对任何一位母亲来说，都会像经历一场噩梦一样令她们痛不欲生。事实上，大宝会选择在你照顾婴儿无暇分心的时候发脾气。难道这不是一个发脾气的最好时机吗？他们知道此时的你分身无术。有人务必需要等一等，而这个人一定不会是小宝宝。
>
> 　　我建议伊莱恩："下一次当你忙着照顾小宝而娜内特在一旁发脾气的时候，马上把手中的婴儿放回小床里，给娜内特一点时间。"我认为除了要确保小宝宝的安全之外，你选择优先照顾小宝宝是因为你想让大宝知道她即使发脾气也不会引起你的关注。

候，看见她从头到脚一身的煤灰。我深呼吸，没去理会萨拉，平静地对索菲说："啊，看来我有必要把你重新打扮一下。我们会迟到的。"

莉安娜回忆起小女儿杰米刚出生几个月之后发生的故事，她的两个女儿卡伦和杰米之间相差两岁半："当我照顾小女儿杰米的时候，我必须时刻留意卡伦的举动，她可能会趁我不注意打她或者掰断她纤细的手指。所以一般在这个时候我会建议卡伦看书。我经常看见卡伦因为没有得到我的关注而小脸气的通红的样子。但是我从不大惊小怪，所以也没发生什么事。"

小贴士：一切要按部就班。正如丽安娜所说："建立有规律的生活习惯会有助于对宝宝的约束，因为我总对她们说：'我们现在不会做这件事。'"事实上，小宝宝和大宝的生活规律是不同的，但是对于小宝宝来说，接受这些规律会很容易。换句话说，他们会渐渐习惯有哥哥姐姐在身旁的生活。

不要试图尝试让你的大宝爱上或者喜欢上新来的宝宝。玛格丽特惊魂未定。她告诉儿子利亚姆对小弟弟"好点儿"并经常提醒他，可是一个月后，她的大儿子对小宝宝似乎越来越不友善了。利亚姆会看着妈妈，举起他的手要打小宝宝杰西。玛格丽特用温柔的、带着歉意的声音对他说："利亚姆，

我们不要打小宝宝。"然后，她给利亚姆派了个小差事并给他买了一件新玩具。

我告诉玛格丽特："你对他约束得还不够。可能是因为你不坚持立场的缘故，利亚姆才会憎恨杰西的。但是，他不喜欢杰西已经是事实了，你不可能要求所有的人都喜欢他。你所能做的是承认事实，接受利亚姆的想法，并给他制定清晰的行为规范来约束他。"我还建议玛格丽特让利亚姆做事的时候，不要用给他买玩具的方式取悦他，从而缓解对他的内疚之心，而要提前通知他："我们要去商店给杰西购买尿布。如果你想要新玩具，我也可以给你买一件。"

小贴士：在新生的小宝宝回家之后的前几个月，帮助大宝学会控制自己的情绪是很重要的。如果你发现他的情绪失控，请回想一／二／三规则的内容，想办法抑制住他的怒火。例如，你可以采用这个最简单、最及时的问句来干预："你是不是太兴奋了？"这么说可以让他知道你在关注他的行为，你在陪伴他，随时想帮助他。

制止疯狂的行为！

你不能阻止同胞兄弟之间的争执，但是你可以减少他们出现争执的机会，减轻争执产生的结果。

- 制定明确的规则。告诫他们的时候一定不要含糊其辞，比如："乖一点！"而要对他们说："你不可以打他，推他，或者骂他脏话。"
- 不要拖延，要及时进行干预。3岁或者4岁以内的孩子通常会让事件迅速升级。
- 不要过度保护小宝宝。
- 把他们当成独立的人看待。注意他们的弱点和优势，以及他们的小花招。
- 在孩子们不在的时候和你的伴侣讨论一下管教孩子的问题。不要在孩子面前和你的伴侣发生争执。

也不要允许小宝宝破坏规矩。当你听见婴儿的哭声，你的本能的反应是把小宝宝当成无辜的人而先去关照他，但是事情并不总是这样的。经常会发生下列情况：大宝花了一上午时间建造他的"伟大工程"，比如用积木搭了一个城堡，而由于小宝宝的破坏全部毁于一旦，大宝是值得同情的。当然，如果宝宝大到可以学习爬行，甚至学习走路了以后，他也必须要学会遵守规则。有研究表明，一个8~10个月的宝宝就可以开始与他的哥哥或者姐姐建立

起和谐的关系了。到了14个月，他甚至可以预感到哥哥姐姐的动作。换句话说，你的小宝宝可能比你想象得更有"心机"。

　　小贴士：在小宝宝做出侵犯和破坏游戏的行为之后，不要一味地要求大宝忍让，也不要为小宝的行为找借口。"他只不过还是个小孩，他并不知道他在做什么"这样的话只会让大宝觉得更恼火。因为你的大宝还没有能力阻止爱捣乱的小家伙儿的胡作非为，所以他们最初产生的本能反应可能会是对他进行身体上的报复。

　　为大宝单独开辟一块特殊的空间。人们总是对大宝说"要乖点儿"、"要和小弟弟分享"这样的话，但是她玩娃娃的时候却总发现娃娃身上留下弟弟的齿痕；她想去看书时却发现最喜爱的书中的书页被弟弟撕没了；她想去摆弄她的CD，却发现上面留下了弟弟吐出来的脏东西。尊重是互相的，所以你要设法保护大宝的空间和物品，让他的地盘儿不受到小宝宝的侵犯。

　　莉安娜是一位冷静而操劳的母亲，她和我分享了她的做法："你永远也无法做到你的家不被孩子弄得乱糟糟，因为卡伦只有3岁，而且两个宝宝都喜欢各种各样的小东西，所以，我单独为卡伦准备一个'专属空间'——一张简易的小桌子，这样，她可以在上面玩拼图游戏，或者玩一些小型玩具。我告诉他：'如果你不想让杰米动你的东西，你必须把它们放在你的桌子上。'"

　　在一家宾馆里见到了莉安娜和她的两个女儿，小宝宝杰米现在已经在蹒跚学步了，她不断地招惹她的姐姐。姐姐手里有什么，她就像要什么。她不是想伤害姐姐，而是在模仿姐姐的动作。看见卡伦越来越生气——根据我过去的经验，我知道在幼儿感到疲惫的时候，他们的情绪很容易失控——莉安娜尽力转移她们的注意力来避免卡伦爆发。这个聪明的妈妈指着一张放在角落里的带着厚厚椅垫的椅子对卡伦说"那是你的椅子"。卡伦马上心领神会，她爬到椅子上去躲避妹妹杰米的骚扰。几分钟之后，杰米直奔向椅子，但是莉安娜用一把勺子成功地转移了杰米的注意力，这样她就不会再打扰姐姐的游戏了。

　　把每一个宝宝看成独立的人。用公平和分别处理的方式对待孩子之间

的纠纷。即使你非常爱他们，你也会感觉到两个宝宝之间的差异——他们是不同的：一个孩子消耗着你的耐心，而另一个孩子想办法取悦你；一个宝宝喜欢问问题，而另一个性格随和，会帮助你做事情。每一个宝宝都有他们不同的天赋和缺陷，他们会用自己独特的方式来探索生活。每个宝宝都需要拥有你的照顾，拥有独立的空间和物品。当两个宝宝在一起玩的时候，把上述的特点考虑在内，并承认你对他们的感觉。如果一个宝宝做事情比较专注或者更容易接受你的指导，那么你可能需要改善针对他的规则以便满足他的需求。这个时候，你要用到一/二/三技巧。如果你的小宝宝整天因为哥哥玩他的积木而大喊大叫，你要及时阻止这样的情况，给大宝一个单独的空间，带小宝到其他地方去。另外，也要尽量避免对他们比较。即使最微小的暗示——例如"你看，你的姐姐在桌子旁边坐着"——也是有伤害的。而且，如果你的宝宝不想合作，这个时候你提到他的同胞兄弟姐妹，会出现与你的期望相反的后果。

当然，即使你再精心，也不能避免他们之间发生冲突。如果你迅速采取行动，往往会做出不公正的判断，做出管理失当的事情。如果发生这些情况，你最好及时纠正自己的错误。

要有远见。如果你厌倦了继续当杂要演员或者裁判员的话，你要知道，你的宝宝也不会一直是婴儿或者学步的宝宝。另外，竞争不是坏事。拥有兄弟姐妹可以激发他们展现与众不同的个性，宝宝之间的差异也会让宝宝接受和欣赏彼此的独特性。通过同胞兄弟姐妹之间的互动，孩子们学会了谈判的技巧，也学会了为了某种

拥有同胞兄弟姐妹的好处

当你的大宝对小宝动手动脚，或者小宝弄塌了大宝正在搭建的城堡，这个时候你要提醒自己：有很多研究表明拥有同胞兄弟姐妹对宝宝来说是有益处的。

● 语言。当大宝着迷地盯着小宝看的时候，他在教小宝如何交流呢。通常宝宝学会的第一句话都是这样被教出来的。

● 智力水平。显然，小宝会模仿大宝的动作，从他们身上学习。但是好处是双向的：宝宝会在帮助另一个宝宝解决问题的时候，让自己的智力得到提高。兄弟姐妹也会互相鼓励去探索和创造。

● 自信。兄弟姐妹之间的互助，或者无条件的赞美和关爱会让他们更加自信。

● 社交技能。兄弟姐妹之间会互相观察和模仿。宝宝可以从哥哥姐姐身上学会很多交往的规则和技巧；知道按照不同的环境和场合做出合适的行为；知道如何让家长给予赞许。

● 情感的滋养。兄弟姐妹可以在经历挫折和痛苦的时候互相帮助支持。年长的哥哥姐姐可以告诉弟弟妹妹他们的人生经验，传授他们处事的诀窍；弟弟妹妹也可以为哥哥姐姐喝彩助威。拥有同胞兄弟或者姐妹也能让孩子获得发泄情绪和培养信任感的体验。

妥协而不得不放弃和忍耐，这对他们以后和同学及朋友的交往打下基础。事实上，无论大宝还是小宝，他们都能够从兄弟姐妹的交往中获得很多好处。

很多时候，你都会有莉安娜同样的感受："第一年，我的工作是把她们分开！"她承认，只有当女儿们都睡着了之后，她才能获得片刻的休息。"如果除了照顾两个宝宝，我还有其他的任务要完成的话，我会感到不堪重负的。"但是好处也是明显的。吉米现在一岁了，她正处于学步，学说话的阶段，这两个女宝宝会做出很多有趣的事来。重要的是，卡伦相信妈妈莉安娜一定会支持她，不会因为小妹妹而冷落她。由于她的家长既敏感又公正，她们愉快地度过了一个年头，卡伦现在渐渐懂得了她是这个家庭中非常重要的成员。

夫妻之间的摩擦

家庭成员越多，家庭关系就越复杂。我们在第八章里了解到：孩子的问题，无论是短暂的还是长期的，可能都会引发夫妻之间的摩擦。而反作用也是客观事实：当家长不一起配合共同承担养育子女的责任，或者当把问题搁置以至于产生严重后果的时候，也会引发孩子行为上的失控。下面我会举几个例子来说明夫妻产生冲突的一般形式、产生伤害的原因以及应该采取哪些措施来避免事态进一步恶化。

家务纠纷。尽管很多男人会花时间照顾孩子，也会做一些家务，但是爸爸们依然会认为他们只是一个"帮手"，而非"主要负责人"。无可否认，家务纠纷会给当今的家庭关系造成很多的困扰。尽管女人会为她们的丈夫找借口（"他工作到很晚才回家。"），或者试图去控制丈夫（"在周六的早上我假装没睡醒，所以他不得不去照顾克里斯蒂。"），但是在她们心中对丈夫的懒惰还是有怨言的。男人也可以抗议（"如果我能做得更多，我会做的。"），或者进行自卫防御（"有什么大不了的？她的工作不就是照看孩子吗？"），但是他会坚持拒绝任何的改变来缓解夫妻之间的家务纠纷。

事实是，如果家中有两个成年人，孩子们会接受两个人共同的教育。他

们不同的个性和才华会激发孩子身上不同的潜能，更重要的是，在为孩子建立行为规范和生活规律的时候，两个成年人一起教育宝宝做要比一个人做更有效果。当两个家长都参与到照顾孩子的家务中的时候，孩子们就不会有机会把错误的行为暂时保留起来以便用来对付其中的一个家长。例如，在第八章里，马洛莉和伊凡每天晚上轮流照顾两岁的尼尔睡觉，他们得到双倍的好处：既能让马洛莉得到充分的休息，更重要的是，还能够让尼尔以新的形式和爸爸接触交流。要知道，尼尔并不会试图像控制马洛莉一样控制伊凡。这件事说明，谁在孩子身上花的时间多，宝宝就越会跟他"耍心机"。

有一位女士问我："我如何才能让我的丈夫更多地参与照顾宝宝？"我先建议她好好审视一下自己的态度和行为。有时候，妈妈无意中阻挠了爸爸去照顾宝宝。我也建议她和丈夫一起坐下来谈谈他最喜欢做什么样的家务事。当然，那些爸爸不喜欢的事都会由妈妈来承担，这也是不公平的，但妈妈也要现实点。如果你的丈夫认为照顾宝宝就像抱着宝宝在电视机前看湖人队的比赛那么轻松惬意，那么即使你让他挑选最愿意做的家务做，他也不愿意做出回应。

我的祖母经常说："蜂蜜会比醋吸引更多的苍蝇。"如果你是一个善良慷慨的人，你会鼓励其他人也成为善良慷慨的人。每周六的下午，爸爸杰伊会带着女儿玛德琳到公园去，他这样做是为了让妈妈格兰特在午饭的时间和朋友约会，或者看一场电影，做一做美甲。然而，如果周六下午恰巧有让杰伊热血沸腾的橄榄球比赛的话，他们要么请一位临时保姆帮助照看孩子，要么格兰特会取消她的约会。

为宝宝做记录

查尔斯最近向我吐苦水，他是一位两个宝宝的父亲，第一个宝宝4岁，第二个宝宝只有3个月。"当我的妻子敏妮第一次怀孕的时候，我们兴奋极了，为此我们去听讲座，外出旅行，每个月都拍照来记录妻子的变化。在依琳出世以后的前几个月，我们就为她单独拍摄了上千张照片，我们把照片镶嵌在一个缠着丝带的、厚度足有三寸的影集里，更别提还有为她拍摄的大量视频。可是，让我感到羞愧的是，我只给第二个宝宝哈利拍了很少的照片，这些照片都随意地放在抽屉中。"

敏妮和查尔斯的做法在家长中非常普遍。他们会疯狂地用相机记录第一个宝宝的每一个瞬间，他们感到这是他们的责任。但对待第二个宝宝，他们就没有这样的热情了，或者他们害怕由于过度关注小宝宝而让大宝产生嫉妒。但是如果小宝宝长大以后想去看看她小时候的照片该怎么办啊？所以为了不要让他失望，家长要为小宝宝多做记录才行。

别告诉妈妈。一天，爸爸弗兰克和妈妈米莉亚姆开车带着儿子扎克回家。在长长又崎岖的便道入口处，弗兰克对只有两岁的扎克说："嗨，扎克，想不想开车？"他把车停下来，在米莉亚姆的抗议声中，他还是坚决地把扎克从儿童安全座椅上抱出来，放在自己的膝盖上。"为爸爸把着方向盘！"他指导者扎克，而扎克很自然地咧着嘴笑着。

从此以后，这对父子一旦有机会单独留在汽车里，弗兰克就会让扎克"开车回家"，并警告儿子"不要把这件事告诉妈妈"。有一天，米莉亚姆看到车上的扎克正坐在爸爸的膝盖上，怒气冲冲地过去。"我告诉过你不要让宝宝做这件事。"她一边动手打她的丈夫，一边说"这很危险"！弗兰克大声笑着，并坚持说根本不存在任何风险——毕竟，我们"只在便道上开"。

妈妈仍然是家务劳动的主力

绝大多数的女性无论在职场上如何叱咤风云，她们始终在家务劳动中扮演着"主要负责人"的角色。现在，越来越多的爸爸参与到照顾孩子的家务中，其中1/4的男人表示他们花费75%以上的休闲时间来陪伴孩子，每周陪孩子的时间超过20个小时。但是，那些相对琐碎和繁重的家务活儿则是女人的"分内事"。针对超过1000对夫妻的问卷调查，以下的家务活主要是由妈妈来承担的：

● 带宝宝去看医生（70%）
● 当宝宝生病的时候，即使夫妻双方都有各自的工作，仍是妈妈留在家里照顾宝宝（51%）
● 经常给孩子们洗澡（73%）
● 承担大多数的家务（74%）
● 喂宝宝吃饭（76%）

摘自：2001年6月普罗媒体的网络调查 americanbaby.com

无论是涉及食品（"不要把我给你买蛋糕的事告诉妈妈。"）、行为（"我让你涂口红，但是你不要把这件事告诉爸爸。"），或者改变习惯（"我们今天读了四本书，比平常多读两本，不要对妈妈说。"），当其中一位家长在孩子面前破坏另一位家长的权威和规矩的时候，孩子可能从中学会"打小报告"或者说谎等坏行为，甚至变成桀骜不驯的"规矩破坏者"。而且，这也会给另一位家长带来事后的麻烦。在扎克体验了"驾驶"的乐趣几周之后，只要米莉亚姆试着把儿子放在车后座的安全座椅上，他就会反抗，他想坐在妈的膝盖上"开车"。

遇到这种情况，我建议先要有意识地杜绝此类事情再次发生，不要让孩子成为你的"同谋"。另外，家长们要及时沟通处理彼此行为和思想上的分

如何避免家务战争

- 公平地分配家务。
- 做合理的妥协。
- 在条件允许的情况下，尽量允许一方选择自己愿意承担，或者最擅长做的家务。
- 互相为对方腾出时间。
- 找临时保姆，或者让祖母和好朋友帮助临时照顾宝宝。

歧，因为孩子们能够感觉到父母对他们不同的期待和不同的要求——一个愿意购买垃圾食品，而另一个从来不买；一个在睡前为宝宝读两本书，而另一个会读四本。父母要共同维护为宝宝制定的规矩，而不要试图用欺骗的手段去帮助宝宝破坏规矩。如果爸爸可以破坏妈妈的规矩，为什么宝宝就必须遵守这个规矩呢？这种方式会让宝宝学会"当面一套、背后一套"，我们在很多孩子，特别是十几岁的儿童身上经常发现这样的行为。

（顺便说一下，没有安全感，就不会有谈判的空间。弗兰克并不仅仅在破坏米莉亚姆制定的规则和标准，他还让扎克认为在开车的时候不必坐在安全座椅上，这是十分危险的想法。开车的时候让扎克坐在他的膝盖上是违反法律的行为，而"只在便道上开"也不能成为正当的理由。一个两岁大的宝宝不懂得区分哪里是便道，哪里是高速公路。）

我的方式是最好的。"上课的时候让乔迪自始至终坐在教室的角落里不参与活动，你到底在干吗？"戈登对他的妻子狄安娜怒吼着，"你在照顾我们的儿子吗？这太荒唐了！下次不用你照顾。"戈登出生于运动员世家，他曾经是一名橄榄球运动员，现在在一家健身中心担任主管。在妻子狄安娜怀孕的时候，他就迫不及待地盼望着橄榄球运动未来的"超级四分卫将"的到来。宝宝出生几周以后，由于他身体瘦弱，害怕噪音和强光，这让戈登失望极了，因为这和之前的九个月里儿子在他心目中的形象反差太大。甚至当乔迪长成一个健壮的学步期幼儿的时候，只要爸爸把他抱起抛向空中，或者做一些剧烈的活动，他都会害怕地哭喊着找妈妈。戈登一直在指责狄安娜把乔迪培养成"胆小鬼"，此时，听说18个月大的乔迪不愿意参加"运动的金宝贝"课程的时候，戈登认为这都是狄安娜的错。

狄安娜和戈登的情况非常普遍，家长通常会为了谁对谁错彼此争论不休。他们通常在宝宝的行为上（"你为什么让宝宝把食物弄得一团糟？"）、建立规矩上（"你为什么让他穿着鞋上沙发？我从来不让他这样做。"），或者睡觉习惯上（"就让他一直哭下去"vs"我实在忍受不了他的哭声。"）不能达成共识。

当夫妻有分歧的时候，他们不是通过沟通达成共识，共同面对问题，而是在孩子面前不断地争执，互相抱怨和指责对方过于偏袒孩子或者对孩子的要求过于严格。事实上，当家长的一方变得很极端的话，另一方一定会走到他的反面。他们之间的对峙让孩子成为最大的受害者，即使孩子听不懂他们的话，也能感受到家里紧张的气氛。

我建议这些家长要通过沟通来解决彼此之间存在的分歧。争论谁对谁错是没有意义的，要看看哪一种做法对孩子最有好处。其实，每一次争论都有许多积极的内容，但家长们忙着辩驳孰是孰非而拒绝听取对方的意见，这些积极的内容也会对孩子造成负面的影响。但是，如果双方都能够停止争吵，倾听对方的想法，他们就可能彼此理解，最终设计出让双方意见都得到满足的计划。

我试着让戈登和狄安娜用没有偏见的眼睛观察乔迪的活动，同时，对自己的育儿计划重新进行评估。"催促乔迪做他不愿意做的事情并不能改变他的个性，"我对戈登说，"而且，听到你和妈妈之间的争吵会让乔迪感到难过，让他变得越来越胆小，不愿意离开妈妈的身边。"狄安娜也诚实地检讨了一下自己的行为：是不是她因为丈夫"充满男子气概"的做法而给予儿子过度的补偿？了解你自己的宝宝，允许他按照自己合适的节奏成长，这是非常重要的。或许戈登应该知道：他需要激励乔迪，即使他坐在教室的角落也要给他更多的鼓励。值得表扬的是，狄安娜和戈登都学会了倾听彼此的意见，他们不会继续在儿子面前争吵，他们共同谋划着培养孩子的方式，他们决定让戈登陪着乔迪去上"运动的金宝贝"的课程——不过他不是去"修理"他，而是去鼓励他。过了六个星期以后，乔迪终于在上课的时候主动参与了。我们不知道这是父母的策略发挥了作用还是乔迪本身成长的结果，但是，如果这对家长不能一起合作共同面对宝宝的问题，我想至少"金宝贝"的课程他们是继续不下去了。

"烈士"妈妈和"魔鬼"爸爸。 尽管查米妮曾经担任过电视节目的制作人，在14个月的女儿塔米克出生以后，她还是选择留在家里做全职妈妈。她

的丈夫埃迪是一位唱片公司的负责人，整天忙于工作，每天下班很晚，甚至经常在塔米克睡着之后才回到家。查米妮因为独自承担着繁重的育儿工作而心生怨恨，她仍然渴望回到她的制片人的工作岗位上。在周末的时候，她要求埃迪和她一起照顾宝宝，但总嫌埃迪做得不够好："不，埃迪，塔米克是不会喜欢你这么做的……她喜欢早饭以后玩她的玩具消防车……你为什么给她穿这套衣服？……在去公园之前，记得一定把她的泰迪熊带上……带上零食……不，不要买金鱼牌的饼干；买胡萝卜，这对女儿有好处。"最终，就连最有爱心的爸爸都会因为受不了她的喋喋不休而说出"好吧！你来照顾她好了！"这样的话来。

查米妮没有和埃迪谈起过她独自在家照顾宝宝时候的难过和孤独，而她心里却悄悄地希望埃迪能够理解她，甚至补偿她。她内心非常矛盾，一方面她想让埃迪照顾女儿，另一方面，她对埃迪做事极度不放心。此外，当一名"烈士"母亲是非常不容易的，即使埃迪在照顾塔米克，查米妮仍然感到精神紧张，不能得到丝毫的放松和解脱。

当然，最强烈地感受这种紧张氛围的人是小塔米克，当爸爸埃迪陪她玩的时候，她哭喊着把他推开——她的动作在说："我想让妈妈陪着我，不要你！"诚然，塔米克正处于更亲近妈妈的年龄，不要说爸爸，只要有妈妈在，塔米克不会对任何人表示亲近。然而，只要看不到妈妈，塔米克发了一顿脾气之后，就会变乖一些，这说明问题不是出于幼儿特有的分离焦虑症，而是由于妈妈不情愿退出。此外，塔米克还能听见妈妈在一旁监督爸爸，而且对爸爸指手画脚。她可能不理解妈妈的语言，但是她却能清晰地感受到妈妈批评的语言所带来的压力。如果这种状况一直持续，只要爸爸埃迪出现在她面前，她就会心情烦躁地发脾气。这位"烈士"妈妈成功地在孩子面前把爸爸变成了一个"魔鬼"。

父母双方的感受都应该被了解，被尊重。查米妮需要承认她心中的不满，承认她想放弃做全职妈妈。埃迪也应该让妻子知道她的批评对他造成的影响，也应当多承担一些家事。当夫妻一方说"我不得不出去工作"的时候，其实他在做出选择。如果埃迪真想多参与照顾宝宝，他就可能抽出更多的时间，做出不同的选择；查米妮也应该在家里给埃迪留更多的参与家务事的空间。

"不要坚持认为'塔米克不愿意和埃迪在一起'，"我对查米妮说，"你应该想想用什么办法让塔米克愿意和爸爸在一起。对丈夫要多表扬、少批评。一边鼓励女儿，一边帮助丈夫，让他们之间建立和谐的亲子关系，这很重要。"

埃迪也需要改变对待塔米克的方式。查米妮曾经抱怨他有时候对待女儿的方式过于"粗暴"。男人们往往喜欢用相对"粗暴"的方式和孩子们一起做游戏。塔米克不习惯，也不喜欢爸爸的这种活泼的游戏，从她的泪水就可以知道这一点。"或许等她长大一点会改变她的看法的，但是也不一定。"我对埃迪解释，"无论如何，你都要尊重孩子的真实想法，当你把她抛向空中的时候，如果她哭着要找妈妈，你就知道她感到不开心，所以你一定要停止用这种方式和她玩了。"

我觉得塔米克也并不一定因为对妈妈感到更亲近而喜欢和妈妈在一起，可能是由于她更喜欢和妈妈做游戏的方式而已。"可能她更愿意玩她的玩具转盘，她把这些她喜爱的玩具和游戏项目和妈妈联系到一起。你要先着手让她感到放松，和她一起玩她愿意玩的游戏项目——或许她可以在你的影响下增加更多喜爱的游戏项目呢。"我对埃迪说。

还没有解决的问题。过去遗留的老问题可能会破坏夫妻关系，甚至会影响家庭的幸福。泰德是一位设计制造限量版家具的木匠，在女儿萨沙出生前有一段婚外情。他的妻子诺尔玛是一家大公司的副总裁，在怀孕之前对丈夫的婚外情一直一无所知。当她知道的时候，她发现怀孕了，为了他们即将出世的宝宝，他们达成协议，对外严守秘密，至少保持着表面上的幸福和谐。萨沙是一个健康的宝宝，诺尔玛作为母亲非常称职，泰德也保持着对妻儿的忠诚。一年以后，这对夫妻开始探讨再要一个宝宝。不过当诺尔玛为萨沙断奶的时候，她感到深深的失落。产科医生告诉她很多的女性在停止喂宝宝母乳的时候都会发生严重的心理波动，但是诺尔玛意识到她的情况越来越严重了。她仍然为丈夫的出轨而伤心。同时，泰德与她的感受大相径庭，他从未想到他对孩子有这么深的感情，他还想再要一个宝宝。

泰德已经翻开了新的一页，而诺尔玛还停留在对过去事情的感伤之中。她提出去做针对夫妻关系的心理治疗，从而治疗创伤。诺尔玛现在不再关注

莎萨了,她变得越来越容易发脾气。"你要怎样才能忘记过去?"泰德追问她,"我们现在有了一个漂亮的宝宝,我们的生活应该回到正轨上。"

令人难过的是,诺尔玛在宝宝出生之前没有及时处理丈夫带给她的伤害,而是沉浸在怀孕和产后养育宝宝的忙碌的喜悦中。现在,这对夫妻却各自走上了不同的道路而渐渐地疏远起来。妻子诺尔玛想驱散笼罩在她头上的阴霾,而丈夫泰德却想用另一个宝宝拯救他濒临崩溃的婚姻。

诺尔玛和泰德在萨沙3岁的时候离婚了,因为诺尔玛一直摆脱不了痛苦,而泰德对等待和内疚深感厌倦。诺尔玛至少在一件事上做得对:再多一个宝宝无助于他们的婚姻。当婚姻面临问题的时候,不要回避,而要着手解决。只不过,她知道得有点晚。

在我的第一本著作中,我曾经提到过一位叫克洛伊的母亲,由于宝宝在经过产道的时候被卡住了,她经过20个小时的痛苦分娩才生出第一个宝宝伊莎贝拉。这次难产的经历让克洛伊心有余悸而难以忘怀,直到宝宝5个多月她仍然会向别人抱怨此事。我曾经建议她把自己的怨恨发泄出来,甚至可以去咨询专业的心理医生。现在,伊莎贝拉已经快3岁了,克洛伊依旧责备丈夫赛斯,但不会和他好好谈谈她真正的心结是什么。萦绕在她心头挥之不去的不仅仅是对分娩的恐惧回忆,还有她认为赛斯没有在关键的时刻对她伸出援助之手,她有被丈夫抛弃的感觉。他们一次又一次地争吵——当时情况是多么危急、医生是如何在她面前消失的、她当时感到多么无助以及她当时感到气愤的心情。克洛伊始终不能从痛苦中解脱出来。几个月以后,赛斯试图理解妻子的感受,而克洛伊变得愈发暴躁,经常指责他不是一个称职的父亲。

后来赛斯变得越来越沮丧,这时候他提出来再生一个宝宝。克洛伊听到这个建议立即火冒三丈。"别忘了我对你说过的话,"她愤怒地谴责他,"难道你已经忘了我们经历的痛苦了吗?"最后,赛斯离开了家。

这个故事和诺尔玛和泰德的故事异曲同工:当你感到被坏情绪控制的时候,你需要发泄掉你的坏情绪,并尽可能地向心理医生求助。如果克洛伊早一点去做心理修复治疗,或者婚姻问题顾问能帮助这对夫妻找出使他们不快乐的根源所在,并及时疏导负面情绪的话,她和赛斯的婚姻也不至于破裂。如果他们阻止了怨恨情绪的蔓延,他们可能还有机会。

夫妻之间的问题多种多样，但是无论冲突以哪一种形式发生，最直接的受害者当然是他们的宝宝。如果你发现自己被负面情绪所困扰，你要谨慎，夫妻之间每一次的争执都需要你发挥创造力去用心处理。在下面的表中，我列出了你需要记住的几项重要问题。

预防夫妻之间的问题

- 把怨恨发泄出来，而不要让它在心里蔓延——但是不要在宝宝面前为任何事发生争执。
- 尝试共同解决问题；制定计划解决睡眠、吃饭以及旅途中遇到的问题。有时候需要接受分歧的存在。
- 对宝宝的要求尽量一致，这样宝宝的表现会最好，但是宝宝也可以面对不同的标准，只要你预先让他知道：和爸爸在一起的时候可以读三本书，而和妈妈在一起就只能读两本。
- 如果你认为你的伴侣正在走极端，你就不要努力地走向另一个极端。
- 听听你对宝宝说的话。当爸爸对宝宝说："你把脚放在沙发上妈妈会生气的。"这句话其实在告诉宝宝你和妈妈有分歧，你正在悄悄地破坏妈妈制定的规矩。
- 不要把宝宝的反应看待成针对你个人——孩子在不同的家长面前会有不同的行为，这很正常。
- 如果夫妻之间持续争执，请咨询专业人士。

请为自己留些时间，花时间维持你的人际交往

避免矛盾升级的最好方式之一是懂得呵护自己的感受，维持与他人之间的人际交往——你不仅仅要维持夫妻关系，还应当维持与朋友们的友谊。尽管你在抚养一个或几个宝宝，但也应该花时间照顾自己的感受，保持和其他成年人的接触。以下是一些常识性的建议，但是在忙碌奔波的家庭生活中，我们经常会忘记这些常识。

制定具体的计划。"我需要给自己留一些时间"或者"我需要花些时间和别人相处"，光说这些话是远远不够的，你还需要为此制定具体的计划。最好制定日程表来实施你的计划（在读过此书之后，为什么不立即着手制定计划呢？）。和伴侣进行有规律的约会；和朋友一起共享午餐或者晚餐——注意避免因为朋友没有孩子而导致约会半途而废。如果你和其他成年人之间没有交往，问问自己，是什么原因阻止了你和别人之间的交流？有些家长会因为离开孩子而感到自责；还有些人喜欢自己作为"烈士家长"的形象。你

要知道不花些时间滋养自己的身心会产生灾难性的后果。相反，一个经过充分休息的、对生活满意的、懂得自我保护的人最不可能在孩子面前发生情绪失控的行为，或者最不可能在伴侣面前发泄她的不满。

令人遗憾的是，有一半的婚姻最终走向离婚的结局，而大多数离异夫妻都拥有不足5岁的儿童。即使你和你的伴侣不生活在一个屋檐下，但陪伴孩子成长，共同承担起养育子女的义务是十分重要的。这不是一个轻松的小事，但是为了你们共同的孩子考虑，你和你的前妻（夫）之间要达成应有的默契，共同合作养育子女。一本针对离异家庭的书《父母合作抚养宝宝的十个关键》可以作为你的参考，这本书是由我的合著者梅琳达·布劳所著。

一封来信：创造夫妻共享时间

我是一位全职妈妈，因为我们的儿子在晚上9点半就寝，而我的丈夫麦克需要每天从下午4点工作到凌晨两点，所以我和我的丈夫很难找到单独相处的时间。后来我们想出一个写"爱情日记"的办法。只要我们有想法、有时间，我们就会为彼此写小纸条。用这些纸条我们表达我们的爱；诉说每天生活和工作中遇到的有意思的事或者我们想向对方倾诉的任何事。每次在枕边找到"爱情日记"的小纸条的时候，我们都会感到兴奋。这些纸条提醒着我们彼此的夫妻关系，传递着我们之间的爱情和亲情。

当你休息的时候，要真正地让自己放松下来。当你和你的伴侣外出约会的时候，请不要谈论与孩子有关的事情；当你和朋友共享午餐的时候，你们谈论的话题要么是世间的风云，要么是性感的瑜伽教练，请不要在这个时候交换你们的育儿故事。亲爱的，请不要误会我的意思。我完全赞成家长之间做有关孩子的成长和育儿经验的交流，我认为在家长之间分享彼此的育儿经验的是一件十分重要的事，但是你偶尔把这个话题搁置一下，留出空间感受生活中其余的部分，也是十分有必要的。

找到可以短暂休息的方法。你不必等到"大逃亡"或者"停工"的时候才偷一点时间休息。你可以独自或者和你的伴侣一起在房子周围散散步；把宝宝放在游戏围栏里，这样你可以抽空在跑步机上锻炼一下身体或者读一读杂志；打个小瞌睡也会让你恢复体力和精神；如果你的伴侣在家，你也可以找机会和他亲热一下；每天早起床15分钟来沉思，写日记或者回顾一下和宝宝在一起的时光。

锻炼身体。你还要锻炼自己的身体，要么单独锻炼，要么和伴侣、朋友一起出去锻炼。你可以在邻居里找一个步行的伙伴，或者去健身房；如果找不到临时保姆，你可以带着宝宝一起锻炼；最重要的是你要让血液循环加快，让你的肺部吸收更多的新鲜氧气——最好每天抽出30分钟锻炼的时间。

宠爱自己的身体。我的意思并不是让你抽出一整天的时间去做一个全身的spa，不过如果你真这么做，你会获得更多的能量。你至少要确保每天做一次深呼吸，为自己做一次全身的香氛按摩，或者在温暖的浴缸里全身舒展，好好享受一次。即使每天只留5分钟的时间来宠爱一下自己的身体也是必要的。

保持活力和激情。保持夫妻之间的性爱。要给你们夫妻之间的浪漫和性爱留一点时间。为彼此做一些让对方愉快的事，或者偶尔给对方一个小惊喜。保持夫妻之间的激情，培养新的情趣。在关注孩子成长的同时，不要忽略了自己的成长。可以去听讲座，寻找新的爱好，参观博物馆、美术馆或者到大学里参观，在这些地方你一定会认识让你觉得有趣的人。

创建亲子支持体系。在家照看子女很容易让家长产生"与人隔离"的感受，因此，出去参加大型的社区活动是很重要的事。你可以去拜访当地的社区中心，考察一下当地的社区为家庭服务所提供的设施。和宝宝一起参加亲子课程，或者参加游戏小组的活动。建立社交网络，去发现拥有和你的宝宝年龄相仿的宝宝的家庭。

扩大你对"家庭"的定义。你要确保你的社交生活不被这个只有几十厘米高的、小手总是黏糊糊的、永不疲倦的小家伙儿局限住。你可以偶尔外出聚会，也可以请朋友到家里来。和祖父母和其他的亲戚保持来往。定期举办家族的晚餐聚会和节日庆祝活动。邀请你们的朋友参加家庭聚会。对宝宝来说，接触大量的成年人对他的成长有很多好处。

小贴士：所有的家长，包括单亲家长都应该让孩子接触其他成年人，花时间陪着宝宝参加各种活动。一般来说，孩子在成长期接触的成年人越多，未来当他面对形形色色的人的时候，就会更显从容。

要在必要的时候寻求别人的帮助。当家长由于压力过大而感到心力交

痒、力不从心的时候，他们可能已经患上了严重的生理或者心理疾病。如果你觉得身体透支到无法忍耐的时候，你要把情况如实地对你的伴侣讲。如果你有经济能力，最好雇个保姆帮忙照顾宝宝，哪怕雇佣一个临时保姆也好。如果你在宝宝参加的游戏小组中，发现某个宝宝家长照看孩子的方式让你感到很舒服，你可以建议和她结成照看宝宝的伙伴，一起协商轮流地照看两个宝宝。

　　学会自我照顾非常重要，否则，我们很容易感到力不从心。我们会和伴侣大打出手、会冲着孩子大喊大叫，怨恨和沮丧会侵蚀我们的内心。养育子女的过程是艰辛的，而且不是一成不变的。就像我的奶奶曾经说过的那样："你必须戴上很多顶帽子才行。"对于大多数的家长来说，在他们列出的工作清单里永远把满足自己的需求放在最后。只有"烈士型"的家长才能在心存怨恨的情况下一直工作下去，直到他们跌倒了或者精神崩溃为止。请求别人的帮助并不意味着你的失败，只能说明你是一位智慧的家长。

结束语

人们在回忆中赞美那些才华横溢或者曾经触动自己的情感的教师。对于成长中的孩子、对于孩子的灵魂，学习是必须的，但更加重要的是给予他们人性的温暖。

——卡尔·荣格

每一位称职的家长在得到快乐，收获自我认同的同时，也会感受到"幸福来之不易"。养育孩子的过程是艰辛的，而这个艰辛之旅正是从孩子蹒跚学步的时候开始。我们会怀念还是婴儿时期的宝宝，那时的他只要吃饱、为他及时更换尿布就能每天快乐无忧，可是现在，每一天都是在惊心动魄的变化中开始的，风险无处不在，问题越来越复杂。宝宝走得正常吗？宝宝说话正常吗？宝宝需要小朋友吗？别人会喜欢我的宝宝吗？宝宝第一天去幼儿园会不会感到害怕？我怎么才能做得更好？……

这本书的内容可以为你的宝宝度过这个充满挑战的学步时期帮点忙。但是在书的结尾我必须清楚地告诉你：你可以鼓励、培养宝宝，却不能催促他成长；你可以介入他的活动防止危险的发生，可以帮助他解决问题，但是你不可以处处以营救的名义干涉他探索的自由；你可以，也必须对宝宝负责，但你不能去控制宝宝的个性，让宝宝丧失自我。无论你多么渴望让宝宝能矫健行走，完美表达，让他有朋友，让他出类拔萃……但你要记住，他的成长有自己的"时间表"，这个"时间表"绝不是你强加给他的。

我的宽容又睿智的祖父曾经对我说，家庭就像一个美丽的花园，孩子们就是花园里的鲜花。花园里的花花草草需要你细心地呵护，精心地照料。肥沃的土壤、优秀的园艺、合理的布局都是美丽花园的必要条件。当你播种下

种子以后，你必须远远地看着，耐心等待种子自己发芽成长。你不能因为想让它成长得快一些就"拔苗助长"。

当然，花园里的花朵需要你持续的照料。你必须坚持为土壤施肥，为花儿浇水，用爱心去呵护它慢慢成长。你辛勤的照料和哺育会帮助它发挥最大的潜能去开花结果。如果有野草妨碍了它们成长，或者害虫在啃食它们的叶片，你必须立即采取措施。养育孩子和照顾花园的道理是一样的，每个孩子就是一朵稀有的玫瑰或者珍贵的牡丹，需要你无微不至的照顾和扶持。

祖父的这番话至今仍然让我记忆犹新。他告诉我应该做一个擅于观察、有耐心的家长。我们应该为孩子的成长加油，给孩子无条件的爱，帮助他做好人生的各项准备，教会他独立的基本技能。当这一切准备就绪以后，宝宝会充满自信和勇气地对着大千世界说："我来了！"

最后的提醒
随着你怀里的宝宝渐渐长大，请不要忘记这本书的核心内容——婴语的本质。因为这些原则既适用于学步期的幼儿，也适用于十几岁的青少年。 ● 孩子是独立的个体——你要尽量去了解他。 ● 花些时间来观察他的行为、倾听他的心声，和他交谈，而不要一味地对他进行说教。 ● 给予孩子应有的尊重，你的尊重会促使他去尊重别人。 ● 孩子需要按部就班的生活，这会给他生活的可预见性和他需要的安全感。 ● 让你对孩子的爱和约束达到平衡。